运输类飞机舱门设计

The Doors Design of Transport Airplane

姚雄华　邓军锋　冯蕴雯　主编

钟至人　张柱国　主审

国防工业出版社

·北京·

内 容 简 介

本书对运输类飞机舱门的定义、功用、分类与形式及部分舱门的特点进行了介绍,总结了运输类飞机舱门的设计要求、设计流程和主要工作内容,从总体布置、载荷选取、结构与机构设计、密封设计、分析与仿真、电气控制与告警以及相关试验等方面对运输类飞机舱门的研制进行了较全面的论述,并对部分典型舱门设计进行了实例分析。此外,本书较详细地叙述了舱门的可靠性、安全性设计和分析方法及流程,对运输类飞机舱门适用的主要适航条款进行了细致解读,并给出了舱门常见故障的处理方法。最后,展望了运输类飞机舱门的技术发展与创新设计方法。

本书主要以我国运输类飞机设计、制造与使用维护工程技术人员为读者对象,力求科学严谨、实用可行、浅显易懂,可供通用飞机、旋翼机工程技术人员参考,也可作为航空高等院校相关专业的教学参考书。

图书在版编目(CIP)数据

运输类飞机舱门设计/姚雄华,邓军锋,冯蕴雯主编.
—北京:国防工业出版社,2017.3
ISBN 978-7-118-11180-4

Ⅰ.①运… Ⅱ.①姚… ②邓… ③冯… Ⅲ.①运输机—飞机门—设计 Ⅳ.①V223

中国版本图书馆 CIP 数据核字(2017)第 030636 号

※

*国防工业出版社*出版发行
(北京市海淀区紫竹院南路23号 邮政编码100048)
北京嘉恒彩色印刷有限责任公司
新华书店经售
*
开本 710×1000 1/16 印张 24 字数 442 千字
2017 年 3 月第 1 次印刷 印数 1—2500 册 定价 108.00 元

(本书如有印装错误,我社负责调换)

国防书店:(010)88540777 发行邮购:(010)88540776
发行传真:(010)88540755 发行业务:(010)88540717

前　　言

运输类飞机舱门在全机结构中的重量占比不大,军用和民用运输机分别约为 7% 和 5%,但舱门的设计、分析与试验的工作量达到全机结构总工作量的 10% 以上。据波音公司统计,B707 飞机 1 号登机门的设计工时为 7118 人·时,而 B757 飞机 1 号登机门增加到 28686 人·时;B747 飞机 8 个登机门、服务门的设计工时为 69203 人·时,而 B777 相应的 8 个舱门增加到 163160 人·时。可见,随着运输类飞机的发展,从表象看,舱门的研发工作量呈现快速增长趋势;但从深层次看,主要原因是舱门的设计要求越来越高,研发活动愈加复杂。

运输类飞机舱门是集机、电、液为一体的复杂系统。从舱门功能来说,舱门不仅要在正常情况下反复使用,保证人员、货物、装备等通畅、顺利进出机舱,有些舱门还要在应急情况下能够有效使用,确保人员快速、安全撤离。从舱门设计需求来看,舱门不仅要满足强度、刚度和寿命等力学特性要求,满足重量、可靠性、安全性、维修性等设计指标要求,还要具有良好的人机工效品质。可见,舱门的功能与设计需求多种多样,矛盾突出,需要舱门设计人员综合平衡、合理取舍。

在人类百年的航空史上,运输类飞机的舱门曾经暴露出许多问题,甚至有些酿成灾难性事故。这些血淋淋的教训,不断推动着运输类飞机适航标准的发展。美国联邦航空管理局(FAA)自 1965 年 2 月制定 FAR25 以来,分别于 1967 年 10 月、1970 年 5 月、1980 年 10 月、1990 年 8 月、1996 年 12 月与 2004 年 6 月颁布了 FAR25-15、FAR25-23、FAR25-54、FAR25-72、FAR25-88 与 FAR25-114 修正案,从安全性角度,对运输类飞机舱门提出了更全面、更细致与更严格的设计要求。《中国民用航空规章》第 25 部《运输类飞机适航标准》自 1985 年 12 月发布以来,已先后于 1990 年 7 月、1995 年 12 月、2001 年 5 月和 2011 年 11 月进行了 4 次修订,现行有效的标准是 CCAR25-R4。对于舱门来说,CCAR25-R4 的要求相当于 FAR25-114 修正案的水平。已于 2014 年 12 月取得中国民航型号合格证的 ARJ21 飞机所符合的适航标准是 CCAR25-R3,而对于我国正在研发的 C919 与 MA700 飞机,必须满足 CCAR25-R4 的要求,即将研发的宽体大型客机将视 CCAR 25 修订情况,满足该型号合格审定申请时现行有效最新版本的要求。

波音、空客和庞巴迪等西方公司经过几十年的高速发展，已形成了民用运输类飞机干线、支线市场垄断的格局。舱门设计已成为美国、欧盟各成员国重点保护的关键技术之一，对我国实施严格技术封锁，或在我国开展了知识产权保护布局。虽然我国从 20 世纪 80 年代就开始承揽波音、空客飞机的舱门转包生产，但按图来料的转包生产不可能让我国掌握舱门设计的核心技术，这在后续研制的 MA60 与 ARJ21 飞机上得到了充分体现。从 MA60 与 ARJ21 飞机舱门研制暴露的诸多问题来看，表明我国对适航规章的理解不透彻，可靠性与安全性设计、分析的方法还没掌握，也大量缺乏舱门研发的高水平人才。

本书尝试从全面总结国内外运输类飞机舱门的发展历程、技术现状、特点和舱门设计各相关要求出发，概述了研发各阶段舱门设计的主要工作内容，细致解读了舱门相关适航条款要求，重点介绍了舱门可靠性、安全性与适航性设计与验证方法，并对典型舱门实例进行了分析，最后简要提出了舱门设计的创新方法。作者希望通过本书能够引起国内运输类飞机的专家、同行对舱门研发重要性的认识，能够对 C919 与 MA700 飞机和未来的宽体大型客机的研发提供一些帮助，并为切实提高我国舱门研发水平、培养技术人才方面能够起到较好的推动作用。

本书是中国航空工业第一飞机设计研究院结构设计研究所舱门设计研究室与西北工业大学航空学院飞行器设计研究所共同合作的结晶。姚雄华研究员牵头编写了第 1、2、5、6、7、8、12 和 14 章，邓军锋研究员牵头编写了第 3、4、9、10 和 13 章，冯蕴雯教授编写了第 11 章。参加部分章节编写有高明亮、张琦、冯冬翔、吴海弟、刘万春、郑香伟、刘小飞、张鹏、蒋立宅、刘文光、任晓炜、范东、耿彦芳、王小军、张宇龙、魏海洋、王文浩、高海燕、陈继玲、李颖、刘韩巍、肖允庚、苏爱民和张引利等。西安航空职业技术学院陈兴虎教授提供了部分参考资料，并对本书部分章节提出了修改意见。本书由国内飞机结构强度专业著名专家、西安飞机设计研究所原副总设计师钟至人研究员和中国民航上海航空器适航审定中心张柱国高工任主审，他们对本书提出了许多宝贵的修改意见。在本书编写与出版过程中，得到了第一飞机设计研究院冯军副院长、段卓毅总设计师的关心，得到了结构设计研究所王乾平所长、朱胜利书记的支持，得到了总师办周卫国主任、科技委郭圣洪副主任和科技信息档案研究所许云峰研究员的帮助，结构设计研究所助理工程师王琛与总师办助理刘红娟对部分图文进行了编辑。在此，一并表示感谢。

本书编著历经四年，几易其稿，推敲求真，力求完善。但由于编者水平有限、经验不足、资料匮乏，不妥之处在所难免，敬请各位读者批评指正。

姚雄华

2016 年 11 月

目　　录

第1章　总论 ·· 1

　1.1　舱门定义与范围 ·································· 4

　1.2　舱门功用 ·· 4

　1.3　舱门分类 ·· 5

　　1.3.1　按用途分类 ·································· 5

　　1.3.2　按开启方式分类 ····························· 8

　　1.3.3　按密封形式分类 ····························· 8

　1.4　舱门形式 ·· 8

　　1.4.1　堵塞式舱门 ·································· 8

　　1.4.2　半堵塞式舱门 ································ 9

　　1.4.3　非堵塞式舱门 ······························· 10

　1.5　舱门设计发展历程 ································ 11

　1.6　舱门设计依据 ···································· 11

　1.7　设计流程和主要工作内容 ······················ 12

　　1.7.1　设计流程 ···································· 12

　　1.7.2　主要工作内容 ······························· 13

第2章　设计要求 ··· 15

　2.1　总体布置与重量要求 ····························· 15

　2.2　外形阶差与间隙要求 ····························· 15

　2.3　强度、刚度与寿命要求 ··························· 17

　2.4　锁定要求 ·· 18

　2.5　密封要求 ·· 18

　2.6　内装饰要求 ·· 19

　2.7　告警、指示要求 ··································· 19

　2.8　开启力与开启时间要求 ··························· 19

　2.9　可靠性与安全性要求 ····························· 20

　2.10　维修性要求 ······································· 20

2.11 水上迫降要求 ·· 21

2.12 人机工效要求 ·· 21

2.13 使用环境要求 ·· 21

2.14 适航要求 ·· 22

    2.14.1 第25.783条款 机身舱门 ························· 22

    2.14.2 第25.795条款 保安事项 ························· 23

    2.14.3 第25.801(e)条款 水上迫降 ····················· 23

    2.14.4 第25.807条款 应急出口 ························· 23

    2.14.5 第25.809条款 应急出口的布置 ················· 23

2.15 使用维护要求 ·· 24

2.16 经济性要求 ·· 25

第3章 舱门总体布置 ··· 27

3.1 概述 ··· 27

3.2 舱门布置 ··· 28

3.3 客机应急出口布置 ·· 34

    3.3.1 相关要求 ······································· 34

    3.3.2 应急出口布置的均匀性 ··························· 44

    3.3.3 旅客应急出口均匀分布的计算分析方法 ········· 46

    3.3.4 型号应急门布置优化设计应用示例 ············· 50

3.4 军用运输机应急出口布置 ······································· 58

3.5 货舱门布置 ··· 60

3.6 舱门布置的结构设计考虑 ······································· 62

第4章 舱门载荷 ··· 63

4.1 安全系数 ··· 63

4.2 飞行与气密载荷 ··· 63

4.3 地面载荷 ··· 64

    4.3.1 突风载荷 ······································· 64

    4.3.2 随机载荷 ······································· 64

    4.3.3 手柄载荷 ······································· 64

    4.3.4 应急打开载荷 ··································· 65

4.4 破损安全载荷 ··· 65

4.5 水上迫降 ··· 66

4.6 驾驶舱门防侵入载荷 ·· 66

4.7 军用运输机后货舱门载荷 ······································· 66

第5章　舱门设计与分析基础 ·· 67

　　5.1　运动机构设计基础 ·· 67

　　5.2　舱门受力特性及载荷传递 ·· 68

　　　　5.2.1　堵塞式、半堵塞式舱门受力特性及载荷传递 ············ 69

　　　　5.2.2　非堵塞式舱门受力特性及载荷传递 ····················· 71

　　　　5.2.3　军用运输机后货舱门受力特性与载荷传递 ············· 74

　　5.3　舱门运动学设计基础 ·· 77

　　　　5.3.1　运动学基本概念 ·· 77

　　　　5.3.2　舱门机构运动学仿真 ······································ 78

　　5.4　舱门动力学设计基础 ·· 78

　　　　5.4.1　动力学基本概念 ·· 78

　　　　5.4.2　舱门动力学建模对象 ······································ 79

　　　　5.4.3　舱门动力学仿真分析步骤 ································· 79

　　5.5　舱门强度分析方法 ·· 79

　　　　5.5.1　有限元素法结构分析 ······································ 80

　　　　5.5.2　边界 ··· 82

　　　　5.5.3　载荷 ··· 82

　　　　5.5.4　有限元计算时应遵守的原则 ······························ 83

　　　　5.5.5　计算结果与强度结论 ······································ 84

　　　　5.5.6　舱门有限元分析过程中应注意的问题 ·················· 84

　　5.6　舱门优化设计基础 ·· 86

　　　　5.6.1　结构优化一般知识 ··· 86

　　　　5.6.2　舱门优化设计流程 ··· 88

第6章　舱门初步设计 ·· 90

　　6.1　舱门方案优选 ··· 90

　　　　6.1.1　舱门开启方式和舱门形式的选择 ······················· 90

　　　　6.1.2　舱门增压预防措施的选择 ································· 94

　　6.2　机构交点位置协调与定义 ·· 96

　　　　6.2.1　机构组成定义 ·· 97

　　　　6.2.2　定义机构交点位置需要考虑的因素 ···················· 100

　　　　6.2.3　机构运动原理 ·· 101

　　6.3　结构布置方案设计 ·· 102

　　　　6.3.1　概述 ··· 102

　　　　6.3.2　舱门结构的布置与组成 ···································· 103

　　　6.3.3　结构初步设计需考虑的因素 ……………………………… 103
　　　6.3.4　舱门结构初步设计示例 ……………………………………… 104
　6.4　系统要求协调 ………………………………………………………… 106
　　　6.4.1　与液压系统的协调 …………………………………………… 107
　　　6.4.2　与电气系统的协调 …………………………………………… 107
　　　6.4.3　与货运系统的协调 …………………………………………… 108
　　　6.4.4　与内饰专业的协调 …………………………………………… 108
　6.5　运动空间协调 ………………………………………………………… 109

第7章　舱门详细设计 …………………………………………………………… 111
　7.1　交点位置综合协调 …………………………………………………… 111
　　　7.1.1　堵塞式、半堵塞式舱门交点的协调 ……………………… 111
　　　7.1.2　非堵塞式舱门交点的协调 …………………………………… 113
　7.2　结构详细设计 ………………………………………………………… 113
　　　7.2.1　技术协调冻结 ………………………………………………… 114
　　　7.2.2　结构优化设计 ………………………………………………… 114
　　　7.2.3　定义连接和选用紧固件 …………………………………… 116
　　　7.2.4　零组件细节设计 ……………………………………………… 116
　　　7.2.5　重量控制 ……………………………………………………… 117
　　　7.2.6　维修性设计 …………………………………………………… 118
　　　7.2.7　防、排水设计 ………………………………………………… 118
　7.3　机构详细设计 ………………………………………………………… 119
　　　7.3.1　锁闩机构 ……………………………………………………… 119
　　　7.3.2　提升机构 ……………………………………………………… 120
　　　7.3.3　手柄机构 ……………………………………………………… 122
　　　7.3.4　助力、缓冲与平衡机构 …………………………………… 124
　　　7.3.5　机构优化设计 ………………………………………………… 126
　　　7.3.6　机构补偿设计 ………………………………………………… 126
　7.4　系统界面设计 ………………………………………………………… 131
　7.5　运动学、动力学仿真分析 …………………………………………… 131
　　　7.5.1　运动学仿真分析 ……………………………………………… 132
　　　7.5.2　动力学仿真分析 ……………………………………………… 133
　7.6　强度、刚度与抗疲劳/耐久性设计分析 ………………………… 138
　　　7.6.1　应力分析 ……………………………………………………… 138
　　　7.6.2　强度分析 ……………………………………………………… 138

7.6.3 刚度控制分析 ·· 140

7.6.4 抗疲劳与耐久性设计分析 ··························· 140

7.6.5 损伤容限和疲劳评定 ······························· 141

7.7 绝热隔音和内饰设计 ·· 141

7.8 安装与调整技术要求编制 ··································· 142

第8章 舱门密封设计 ·· 144

8.1 概述 ··· 144

8.2 舱门密封结构形式 ··· 144

8.2.1 充气管密封 ··· 144

8.2.2 空心管形压缩密封 ··································· 147

8.2.3 脚形压缩密封 ·· 150

8.2.4 隔膜压缩密封 ·· 153

8.2.5 包覆填充物压缩密封 ································ 154

8.2.6 舱门开启方式对密封结构形式的影响 ············ 155

8.3 舱门密封带材料 ··· 156

8.3.1 密封带材料的主要性能指标 ······················ 156

8.3.2 橡胶密封材料的选择原则 ························· 156

8.3.3 适用于舱门密封带的橡胶材料 ··················· 158

8.3.4 国内外飞机舱门密封材料应用情况 ··············· 161

8.3.5 舱门橡胶密封材料的增强措施 ··················· 163

8.4 密封带仿真分析 ··· 164

第9章 舱门电气控制和告警设计 ······························ 168

9.1 舱门的电气操纵控制系统 ··································· 168

9.2 位置信号装置 ··· 174

9.2.1 位置信号装置的特点 ······························· 176

9.2.2 舱门位置信号装置的安装 ························· 177

9.3 应急舱门的飞行锁电气控制 ································ 178

9.4 舱门的告警系统 ··· 181

第10章 舱门设计实例分析 ····································· 185

10.1 登机门设计实例分析 ······································· 185

10.1.1 伊尔76飞机登机门实例分析 ··················· 185

10.1.2 新舟600飞机门梯合一登机门实例分析 ········· 189

10.2 服务门实例分析 ·· 195

10.2.1 ARJ21飞机服务门实例分析 ···················· 195

　　　10.2.2　新舟60飞机服务门实例分析 ································· 199

　10.3　应急舱门实例分析 ·· 205

　　　10.3.1　机组应急门实例分析 ····································· 205

　　　10.3.2　水上应急舱门实例分析 ··································· 206

　　　10.3.3　后应急门实例分析 ······································· 211

　10.4　货舱门实例分析 ·· 215

　　　10.4.1　侧货舱门实例分析 ······································· 215

　　　10.4.2　B787飞机货舱门实例分析 ······························· 218

　　　10.4.3　伊尔76飞机后货舱门实例分析 ··························· 221

　10.5　起落架舱门实例分析 ·· 230

　　　10.5.1　主起舱门结构 ··· 230

　　　10.5.2　主起舱门收放机构 ······································· 231

　10.6　内部舱门实例分析 ·· 235

　　　10.6.1　驾驶舱舱门概述 ··· 235

　　　10.6.2　电子锁 ··· 236

　　　10.6.3　泄压保护 ··· 237

　　　10.6.4　应急出口 ··· 238

　　　10.6.5　控制逻辑 ··· 238

　10.7　新型舱门实例分析 ·· 238

　　　10.7.1　铸造舱门 ··· 238

　　　10.7.2　复合材料舱门 ··· 243

第11章　舱门适航性、可靠性、安全性设计与验证 ···················· 257

　11.1　概述 ·· 257

　11.2　适航性 ·· 257

　　　11.2.1　舱门适航性要求的概况 ··································· 257

　　　11.2.2　舱门相关主要适航条款解读 ······························· 261

　11.3　可靠性与安全性 ·· 275

　　　11.3.1　故障状态影响等级、概率及功能研制保证级别 ··············· 275

　　　11.3.2　舱门故障模式与统计分析 ································· 276

　　　11.3.3　舱门安全性分析 ··· 281

　　　11.3.4　舱门可靠性设计 ··· 288

　　　11.3.5　舱门可靠性试验评估 ····································· 306

　　　11.3.6　舱门可靠性、安全性设计与分析案例 ······················· 309

　11.4　舱门符合性验证方法 ·· 313

第 12 章　舱门试验 ··· 316

12.1　概述 ··· 316

12.2　舱门选型试验 ··· 321

12.2.1　试验目的 ·· 321

12.2.2　试验内容 ·· 321

12.2.3　试验件设计 ··· 322

12.3　舱门功能试验 ··· 322

12.3.1　试验目的 ·· 323

12.3.2　试验内容 ·· 323

12.3.3　试验件设计 ··· 325

12.4　舱门人机功效试验 ··· 325

12.4.1　试验目的 ·· 325

12.4.2　试验内容 ·· 325

12.4.3　试验件设计 ··· 325

12.5　舱门可靠性试验 ·· 326

12.5.1　一般知识 ·· 326

12.5.2　试验目的 ·· 326

12.5.3　试验分类 ·· 327

12.5.4　试验一般流程 ·· 328

12.6　舱门机上试验 ··· 329

12.6.1　试验目的 ·· 329

12.6.2　试验程序 ·· 329

12.7　舱门试验示例 ··· 329

第 13 章　舱门常见故障处理 ·· 346

13.1　概述 ··· 346

13.2　漏气 ··· 346

13.3　漏水 ··· 348

13.4　卡滞 ··· 349

13.5　手柄力超差 ··· 349

13.6　阶差、间隙不满足要求 ··· 350

13.7　虚报警 ·· 351

13.8　其他故障 ·· 352

13.8.1　腐蚀 ··· 352

13.8.2　划伤、碰伤 ··· 352

13.8.3　构件损伤或断裂 ································· 352

13.9　小结 ··· 353

第14章　舱门创新设计 ······································· 354

14.1　舱门专利现状分析 ······································ 354

14.1.1　引言 ··· 354

14.1.2　专利的作用与分类 ································· 354

14.1.3　我国飞机舱门专利现状分析 ···················· 355

14.1.4　国外飞机舱门专利现状 ·························· 360

14.1.5　国内外舱门专利差距简析 ······················ 363

14.2　波音、空客飞机客舱舱门技术发展现状 ············· 363

14.2.1　波音飞机客舱舱门技术发展现状 ··············· 363

14.2.2　空客飞机客舱舱门技术发展现状 ··············· 364

14.3　TRIZ 创新法在舱门中的应用探讨 ···················· 364

名词术语 ·· 366

参考文献 ·· 371

第1章 总　　论

自飞机问世以来，经过一个多世纪的飞速发展，运输类飞机在飞机众多种类中占有越来越重要的地位。现代运输类飞机包括军用运输机和民用运输机。

军用运输机是用于运送军事人员、武器装备和其他军用物资，具有较大的载重量和续航能力，能实施空运、空降和空投，保障地面部队从空中实施快速机动的飞机。它具有较完善的通信、领航设备，能在昼夜复杂气象条件下飞行。有些军用运输机还装有自卫武器。按执行任务划分，军用运输机分为战略运输机和战术运输机。

战略运输机是指主要承担远距离、大量兵员和大型武器装备运送任务的军用运输机。其特点是：①载重能力强、航程远，起飞重量一般为150t以上，载重量超过40t，正常装载航程超过4000km；②能空降、空投和快速装卸。美国的C5（图1-1）、俄罗斯的An225（图1-2）等都属于这类飞机。

图1-1　C-5"银河"战略运输机

图1-2　安-225"梦幻"运输机

1

战术运输机是指主要在战区附近承担近距离运输兵员及物资任务的军用运输机。其一般为中小型飞机,主要用于在前线战区从事近距离兵员运输、后勤补给、空降伞兵、空投军用物资和运送伤员,其特点是载重量较小,主要在前线的中、小型机场起降,有较短的起降距离。典型机型有美国的 C-130(图 1-3)、乌克兰的 An12(图 1-4)和中国的运-8(图 1-5)。

图 1-3　C130"大力神"运输机

图 1-4　An12 运输机

图 1-5　运 8 运输机

为提高战场使用的灵活性,将战略、战术运输机合二为一,如美国的 C17"环球霸王"运输机(图 1-6)。

2

图 1-6   C-17"环球霸王"运输机

民用运输机是指用于从事乘客或货物运输的飞机。按用途分为客机和民用货机;按起飞重量,分为小型、中型、大型民用运输机;按航程划,分为短程、中程、远程民用运输机。客机机身内布置有驾驶舱、客舱、行李舱(或货舱)和服务舱;而民用货机除驾驶舱外,基本上全部布置为货舱。为了保证旅客的安全、舒适,客机客舱都是增压密封舱,舱内配备有旅客座椅,以及空调、供氧、救生等生活服务和安全保证设备。货机舱内设有装卸货物和集装箱的辅助设备,如起重、滑动装置和货物固定设备等。图 1-7 为 B747 飞机。出于经济性考虑,民用货机绝大多数利用退役客机改装而成,当然也有客机衍生的民用货机,如 B747-8F 就是 B747-8 系列衍生的货机。

图 1-7   B747 飞机

不管是军用运输机还是民用运输机,也无论是人员还是物资的运送,均需要在承担装载功能的机身舱段上开设能够方便人员或货物进出的通路,或为了系统设备的安装、维护需在机体上提供通路。因此,现代运输类飞机要在机体的适当位置设置足够大、足够多的舱口,才能满足不同的需求。同时,为了保证紧急情况下,乘员(含机组、乘客)的迅速撤离,机身上还需要布置应急出口。并且飞机在飞行中,需要通过舱门来封闭各类开口,从而保证飞机的完整外形、气密特性和安全性。因此,舱门成为运输类飞机机体结构非常关键的组成部分。

1.1 舱门定义与范围

舱门由结构、机构、驱动系统（如液压装置、电气装置或液电组合装置）、告警系统等组成，用于为乘员、货物进出机舱或为大型机载设备安装、维护等提供通道的飞机部件级系统。一般说来，不同尺寸、不同用途的舱门组成会有所差异。

从广义而言，舱门应为运输类飞机上所有不需要使用工具开启的门与窗户的统称，包括机身外部的登机门、服务门、应急门（含机组应急出口）、货舱门、设备使用或维护舱门、起落架舱门、通风窗和军用运输机特有的跳伞门等，也包括机身内部的驾驶舱舱门、盥洗室门和机组休息室门等。

为突出重点，本书将对登机门、服务门、应急门和货舱门的设计要求、内容、流程及相关试验等做详细叙述，对起落架舱门、驾驶舱舱门的设计仅以实例做简单介绍，而对设计相对简单的设备使用或维护舱门（如冲压空气涡轮舱门、辅助动力装置舱门等）、盥洗室门和机组休息室门不予赘述。军用运输机的登机门一般作为跳伞门使用，另外专门开设的跳伞门相比登机门设计要简单，本书也不再赘述。

对于通风窗，现代运输类飞机设计呈现两种设计理念，大部分飞机仍保留设计有通风窗，如 A380、A350、A400M、C17、An70、新一代 A320NEO 和 B737MAX、ARJ21、MA60 与 MA700 等，而 B787、C919 与庞巴迪的 C 系列等飞机没有设计通风窗，用机组应急出口取代了通风窗应急撤离的功能，随着除冰、除雾、通风、通信和地面盲降技术与系统设备的发展，取消设计相对复杂、重量较重的通风窗应该是未来运输类飞机的发展趋势。另外，通风窗除一般要增加具备抗鸟撞功能和透明件的特性外，其他功能，如密封、抗压、机构锁定与应急撤离等与登机门等舱门类似，且没有增压预防、防人为开启等要求，机构设计相对简单。因此，本书对通风窗的设计也不再做过多介绍。

1.2 舱门功用

舱门最主要的功用就是为乘员、货物进出机舱或大型机载设备安装、维护提供通道。安装在飞机外表面的舱门，在关闭时取消应具有维持飞机气动外形的功能；安装在增压舱内区域的舱门，在关闭时应密封具有保证飞机安全增压的功能；所有舱门应具有足够的强度、刚度，在预定的各种载荷作用下，具备保证结构完整性的功能;驾驶舱舱门还应具有防劫机的功能。

1.3 舱 门 分 类

1.3.1 按用途分类

登机门用于乘员登机与离机,是机组、乘客和机务、勤务人员登机与离机的正常通道,如图1-8所示。一般情况,在飞机停机状态下,人员由登机门进出机舱。此外,客机的登机门一般还作为地面应急门使用(图1-9);而军用运输机的登机门会作为跳伞门使用,如伊尔76飞机的登机门,如图1-10所示。

（a）

（b）

（c）

图1-8 客机登机门

服务门主要作为飞机上运送食品餐饮及清理机上垃圾等勤务工作的通道,在必要的情况下还会作为机务人员和乘客的登机、离机通道。同时,服务门一般也作为飞机的应急门,是飞机应急时乘客的紧急撤离通道。

货舱门是货舱货物进出的通道。客机的货舱门作为托运行李或集装箱货物进出机舱的通道,如图1-11所示。货机会根据所运送的货物尺寸和装载要求专门布置货舱门,如图1-12所示,在机头设置货物运送通道。特别是军用运输

图1-9 客机登机门应急打开状态

图1-10 伊尔76飞机的登机门

机,为了保证主战坦克、轮式越野车的空运、空投,和武装直升机以及各型集装箱等进出机舱,一般会在机身后部设置大型的货舱门(图1-13),此类舱门的其中一部分还会作为装备进出机舱的货桥,也是空投、空降的通道,如图1-14所示。

图1-11 客机货舱门

图 1-12　An124 飞机机头上翻的货舱门

(a)

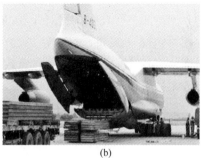

(b)

图 1-13　大型军用运输机后货舱门

图 1-14　从后货舱门实施空投空降

　　应急门是在紧急情况下机上乘员应急撤离的通道。根据乘员的数量,适航规章规定了应急门的数量、位置和尺寸等,保证能够有效逃生。机组应急出口是机组在地面应急情况下撤离的通道,对于设置通风窗的飞机,由于通风窗兼具机组应急撤离的通道功能,故一般不设置机组应急出口。

　　起落架舱门是起落架放下、收上的通道。

　　通风窗是驾驶员在地面通风、应急撤离的通道。

驾驶舱舱门是机组进出驾驶舱的通道,在应急情况下,也是机组应急撤离的通道。

1.3.2　按开启方式分类

按照舱门的开启方式,飞机舱门可分为向外平移式(A330 登机门,如图 1-9 所示)、外翻式、内开式(B767 登机门向内向上收起)、可卸式(A320 翼上应急门)和侧滑式等。外翻式又分为侧向旋转外翻式(B737 登机门如图 1-8(b)所示)、向上外翻式(大部分的货舱门(图 1-11)、B737-800 翼上应急门)、下翻门梯合一式(多数公务机的登机门,如图 1-8(c)所示)等。

目前,国际上同类型具有竞争力的机型主要为美国波音公司和欧洲空客公司的系列产品。在登机门设计上,A300、A320、A330、A340、A380 至 A350 设计方案相对比较一致,继承性较好,从最早的 A300 开始即采用了平移式登机门设计方案,至最新的 A350 飞机仍没有改变。B737、B757、B767、B777、B787 的舱门设计方案种类较多,经历过侧向旋转外翻式(如 B737)、内开式(如 B767),但在其后续机型 B777、B787 采用了类似空客的平移式登机门。不仅空客和波音主流机型广泛使用向外平移式登机门,庞巴迪 C 系列、巴西 E190/E195、俄罗斯 SSJ100/MS-21、中国 C919 等,也都采用平移式登机门。这主要是因为以汉莎航空为主的各民航用户反馈,都感觉 A320 这种平移式舱门,可靠性高,维修简单。

1.3.3　按密封形式分类

舱门按照气密形式又可分为增压舱门和非增压舱门。增压舱门在飞行中除了承受外部气动载荷外,还承受增压舱载荷,非增压舱门飞行中主要承受外部气动载荷。

1.4　舱　门　形　式

舱门的形式主要有堵塞式舱门、半堵塞式舱门和非堵塞式舱门。

1.4.1　堵塞式舱门

堵塞式舱门为初始向内运动的舱门,其门体结构尺寸大于机身开口尺寸。舱门在关闭位飞机增压时,即使舱门锁机构未上锁,也不会对飞机的安全造成影响。舱门所承受的气密载荷由门体结构上的承力挡块以集中力的形式,或由门体结构上的围框与门框贴合以分散力的形式传递到门框结构上。

图 1-15 所示的飞机垂尾维护舱门为全堵塞式舱门。机身蒙皮开口即为净

开口尺寸。舱门向内开启,门体结构大于净开口尺寸。增压时,作用在舱门上的均布气密载荷通过门体结构的纵、横梁组件和外蒙皮,传到舱门结构两侧的触点接头上,再以集中载荷的形式传到机身上。舱门承受负压载荷时,通过插销锁和铰链臂将作用在舱门结构上的负压载荷以集中载荷的形式传到机身上。

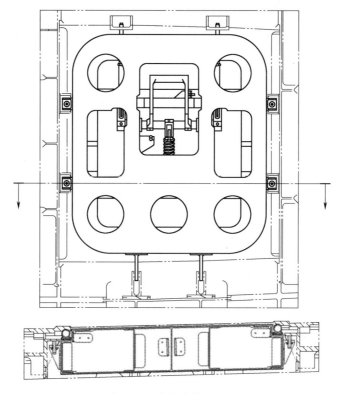

图 1-15　堵塞式舱门示例

1.4.2　半堵塞式舱门

半堵塞式舱门也是初始向内运动的舱门。其部分结构边界大于机身净开口尺寸,这里的部分结构边界指的是承力挡块、导槽等。该种舱门在关闭位而锁机构未锁闭时,可能会对飞机的安全造成影响。该类型舱门承受的气密载荷主要由承力挡块传递。

A320 飞机登机门如图 1-16 所示,为半堵塞式舱门。该舱门关闭位,其承力挡块位置截面图如图 1-16 右侧视图。增压时,气密载荷通过舱门挡块以集中力的形式传递至机身挡块上,经机身门框进一步扩散到机身上。

半堵塞式舱门在开启时,舱门挡块与机身挡块脱离;舱门完成提升或下降后,舱门挡块脱离开机身挡块,舱门可向外开启。

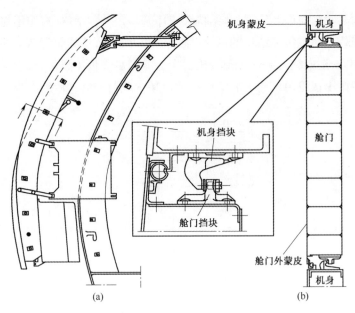

图 1-16 半堵塞式舱门示例

1.4.3 非堵塞式舱门

非堵塞式舱门为初始非向内运动的舱门,其门体结构尺寸不大于机身开口尺寸。只有舱门在完全关闭锁定的条件下,飞机才能增压到安全水平。舱门承受的气密载荷主要由锁机构和铰链把载荷传递到机身结构上。

图 1-17 为 A320 飞机货舱门,是非堵塞式舱门常见的形式之一。该舱门上

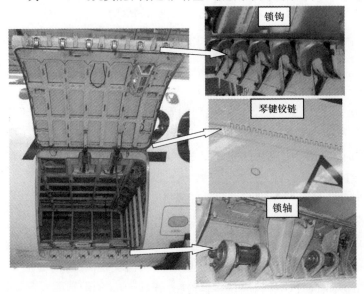

　　　　　　　图 1-17 非堵塞式舱门示例

部通过琴键铰链与机身连接。舱门关闭到位后,操纵舱门机构使锁钩与锁轴啮合,锁键到位,实现舱门上锁。气密载荷由锁钩和琴键铰链传递到机身门框上。舱门开启时,操纵手柄完成机构解锁后,舱门绕琴键铰链轴线向外翻转,开启到位。

1.5　舱门设计发展历程

舱门的设计发展经过了较漫长的过程,其设计理念、设计要求经历了从简单到复杂、从单一到综合的过程,舱门的材料选用经历了种类从单一到多样、综合性能从低到高的过程,制造装配工艺经历了从简单到复杂、从粗糙到精细的过程,舱门适航验证要求与方法经历了从无到有、从零散到全面、从产品验证到研制保障体系控制的过程。这些发展历程是与运输类飞机的发展需要、舱门使用经验与事故教训的不断总结而紧密相关的。虽然,现代运输类飞机舱门设计、制造与验证已达到了一个较高的水平,但仍会不断发展,还必将得到不断的补充、完善与修订。

1903 年,莱特兄弟实现了人类在天空自由翱翔的梦想。直到 1911 年,飞机才应用于邮政运输,航空运输从此起步。1918 年,从由轰炸机改装的两架飞机开展旅客短途运输业务开始,英国、美国等西方国家对航空旅客运输十分热情,许多运输类飞机相继诞生。1940 年投入航线的波音 307"同温层客机"使用铝合金制造机身结构,是世界上首架座舱增压飞机,可以把 33 名乘客上升到 6100m 高度,改善了乘客的舒适性,也大大降低了以前飞机低空飞行的安全事故率。

对于舱门来说,在座舱实现增压之前的飞机,座舱是不气密的,舱门设计要求较简单,只要能够满足乘客与货物顺利进出机舱、在飞行中能有效上锁即可,基本没有应急撤离的要求,舱门所选用的材料也以帆布为主,没有严格的强度要求。座舱增压的飞机,必然要求座舱密封,随即提出了舱门的密封设计、防止空中突然泄压、舱门及其口框的强度与刚度等要求。随着大型运输类飞机面世,乘客人数大幅增多,单程飞行时间也大量延长,实现有效的应急撤离和飞行中可靠的舱门锁闭显得更加重要,就对应急出口的布置、应急出口的撤离效率、应急照明等辅助设施与舱门的锁定、告警及指示检查等提出了更多的要求。

1.6　舱门设计依据

对于军用运输机来说,舱门的主要设计依据为舱门的功能要求、总体布置要求、战术技术要求(跳伞、空投空降等)、可靠性和维修性要求和环境需求。如今,军用运输机舱门的设计也提出了适航性要求。

民用客机的舱门设计在满足从市场预期与客户需求转化而来的总体设计要求的前提下,还要必须高于或至少满足适航条款要求,高于或达到所要求的最低可靠性和安全性指标,因此,飞机的总体要求与适航要求是民用客机的设计依据。民用货机在高于或至少满足适航要求的前提下,将所运送货物的尺寸要求作为舱门设计的主要设计依据。

1.7　设计流程和主要工作内容

1.7.1　设计流程

舱门是一个集结构、机构和指示、告警等系统于一体的复杂部件。为确保舱门满足各项设计要求,降低研制风险,现代运输机舱门设计遵循双"V"(即 Validation 与 Verification)的设计流程,即在技术论证、设计阶段,遵循自上而下的设计要求分解、确认(Validation)过程,在集成制造阶段,遵循自下而上的设计要求验证(Verification)过程。舱门的双"V"设计流程如图 1-18 所示。

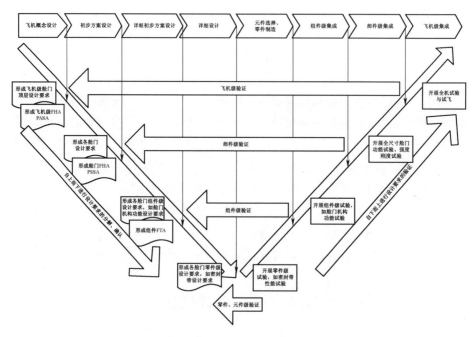

图 1-18　舱门双"V"设计流程

1.7.2　主要工作内容

图 1-18 示出的舱门每一个研制阶段都有不同的设计、验证主要工作内容，简述如下：

（1）飞机概念设计阶段：从市场调研和顾客对飞机的需求捕捉出对舱门的使用、维护要求，形成舱门的顶层设计要求。在此阶段，设计人员主要集中于舱门位置、舱门形式、运动方向、可用空间等多种设计概念对比论证。

（2）初步方案设计阶段：根据舱门的顶层设计要求，结合适航条款要求，形成各舱门的设计要求；初步确定各舱门的总体布置、尺寸大小、开启方式与机构原理设计方案，进行舱门结构初步布置；初步确定舱门材料选用方案；开展各舱门的功能危害分析（FHA）和初步系统安全性评估（PSSA）；针对舱门新研成品，与候选供应商开展成品概念设计工作；开展舱门设计工作分解结构（WBS）等。

（3）详细初步设计阶段：根据各舱门的设计要求，分解提出各舱门的结构、机构组件的设计要求；明确舱门是否需要动力源，选用何种动力源；与相关专业协调，确定应急滑梯包（若有）安装、内装饰布置等；确定舱门的密封形式、显示告警形式；与新研成品供应商开展联合定义阶段（JDP）；开展舱门机构初步运动学仿真分析；开展舱门强度、刚度计算；开展各舱门的故障树分析（FTA），故障模式、影响及危害性分析（FMECA），共因故障分析（CCA）等舱门的可靠性、安全性初步分析及维修性初步分析；根据需要开展舱门机构缩比或全尺寸原理性研发试验，监督新研成品的功能性、可靠性试验等；组建设计/工艺制造人员参加的协同产品团队（IPT），开展舱门工艺性初步审查；开展详细初步设计完成的标志性工作，即初步设计评审（PDR）等。

（4）详细设计阶段：进一步分解形成舱门元件选用、零件的设计要求；进一步优化舱门各零组件设计；对各零件进行受载分析、静强度与疲劳强度以及损伤容限设计；完善各零件的细节设计；合理分配尺寸公差；完成标准件的选取；对舱门的机构进行运动学和动力学分析，进行舱门人机工效分析（如手柄力模拟、手柄舒适度考察等）；完成舱门工艺性、经济性分析；对于新型、未证实过的舱门设计，应开展全尺寸的功能性研发试验；完成舱门工艺性审查，同步开展舱门工装设计；发出全套舱门设计图样或三维数字模型及相应的技术文件；开展详细设计完成的标志性工作，即详细设计评审（DDR）。

（5）元件选用、零件制造阶段：进入舱门制造阶段，但设计工作并没有彻底完成。在此阶段要开展舱门零件级的验证工作，如传感器等元件的性能测试，密封带等重要零件的性能试验等，验证是否满足舱门元件选用、零件的设计要求。

（6）组件级集成阶段：舱门结构组件、机构组件完成组件装配后，要开展组件级的验证工作,如开展机构能否顺利完成打开、锁定等功能试验,验证是否满足舱门的结构、机构组件的设计要求。

(7) 部件级集成阶段:舱门全部装配完成后,要开展部件级的验证工作,证明舱门是否符合舱门的设计要求。通常需要设计制造独立的密闭模拟舱段,安装完整的舱门,开展舱门气密与水密密封试验,正常的开启、关闭操作试验,检查舱门开启时间、手柄力与人机工效特性,模拟在非正常情况(如单个或多个起落架折断)下,检查舱门能否开启。并利用模拟舱段,进行 2 倍压差的充压试验、破损安全试验、阵风锁强度试验等,验证舱门的强度与刚度。必要时,还要开展舱门机构的可靠性试验,进行舱门的安全性检查。

(8) 飞机级集成阶段:舱门安装到飞机上后,应开展飞机级的验证工作,证明是否满足舱门的顶层设计要求。要开展的工作有:舱门的显示告警检查、各种标识检查,全机应急撤离试验的考核,维修性、安全性的机上检查,全机级的强度试验和试飞验证等。

第 2 章　设 计 要 求

舱门的设计要求以飞机的总体要求(总体布置、重量指标、外形阶差、间隙、寿命、互换性等)和使用要求(民用、军用、客舱用、货舱用、驾驶舱逃生用、仅应急撤离用、维护用、空投用、增压密封等)为主,兼顾考虑维修性、可靠性和经济性。对于民用飞机舱门,在设计中贯彻适航要求(强度、刚度、疲劳与损伤容限,以及机构的锁闩、锁定、增压预防、指示告警、应急打开、特定舱门的特定要求等)转化而成的设计要求。

2.1　总体布置与重量要求

在运输类飞机的总体布置方案中,根据人员出入、货物装卸、设备安装、使用与维护以及地面和水上应急撤离等使用要求,综合考虑飞机地面保障等因素,对各个舱段的舱门分布位置与数量、开口尺寸、开启形式等做了明确要求。

舱门重量包括舱门结构和机构重量,还应包括隔音绝热材料、内饰、滑梯包及相关设备等的重量。舱门结构、机构的设计在满足总体要求和适航要求前提下,要以舱门的重量最小为目标。

2.2　外形阶差与间隙要求

在飞机舱门设计总要求中应给定每个舱门如图 2-1 所示的外形阶差 D 和间隙 C 及其公差值的要求。

舱门的阶差与间隙及其公差要求应合适:若间隙值要求太小,舱门在开启与关闭时可能与门框出现摩擦干涉现象,在空中受力飞行时也可能出现结构干涉等;若阶差与间隙的公差值要求太小,将给制造工艺带来困难,零件制造精度与装配精度要求高,制造成本会增加;若阶差与间隙值要求太大,飞机的表面质量较差,会给飞机增加一定的气动阻力。针对气流方向,舱门的阶差分顺差与逆差。增压时,一般顺差值要求稍宽松,而逆差值要求相对较严。非增压时,舱门四周一般稍微凹入机身,随着增压压差加大,舱门缓慢向外移动并自身出现弹性

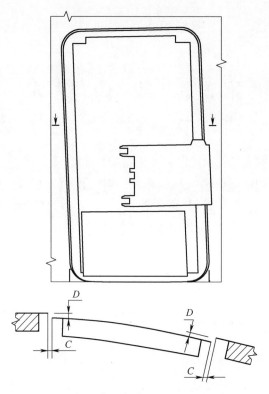

图 2-1 舱门外形阶差 D 与间隙 C 示意图

变形,当座舱达到正常压差后,一般要求舱门前边缘相对于机身口框齐平或少量凹入形成顺差,舱门后边缘相对于机身口框齐平或少量凸出也形成顺差,严格控制出现逆差,而对上下边缘,在满足气密的前提下,其与机身口框的阶差及其公差值允许相对较大些。图 2-2 给出了 A320 飞机登机门在非增压情况下的外形阶差和间隙及其公差要求的示例。图 2-3 给出了 B727 飞机登机门在非增压与增压情况下舱门四周阶差变化情况。

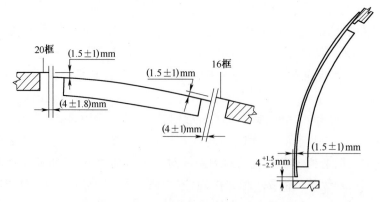

图 2-2 A320 登机门外形阶差和间隙示意图

16

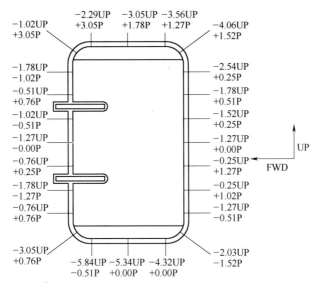

图 2-3　B727 登机门外形阶差增压前后变化情况

注:UP 代表非增压;P 代表增压 59.34kPa;-代表门向内;+代表门向外。

2.3　强度、刚度与寿命要求

舱门的强度、刚度与寿命要求如下:

(1) 舱门设计必须满足机体结构的通用要求和规范。

(2) 舱门结构应按照耐久性与损伤容限的准则进行设计。确定舱门结构及其有关的机构零件初始尺寸时,须按其所承受的一个或一组最严酷载荷情况进行设计,并考虑一个最小的安全系数 1.5。舱门应具有较好的破损安全特性,任何单个结构或机构元件破损,舱门应保证在正常使用压差的最大值(包括 $1g$ 平飞时预期的外部气动压力)的 1.15 倍或飞行载荷与正常使用压差和预期的外部气动压力相组合的极限载荷下不出现破坏。在轻度撞损着陆情况下,舱门应能够正常打开。

(3) 对于门的铰链及其周围相连结构,可采用一个附加的安全裕度 15%。

(4) 对于铸件和焊接件,必须考虑有关的附加安全裕度要求。

(5) 当确定承受内压的结构组件的初始尺寸时,按照 CCAR25.365(d)确定舱门飞行与气密载荷。

(6) 所有舱门的开启及锁紧机构应能承受规定的随机载荷、应急手柄载荷。

(7) 所有在水上迫降时可能全部或部分浸在水中的机身上的增压舱门,应能承受所规定的水上迫降载荷,接头或邻近的支撑结构及门锁也应能承受水上

17

迫降载荷。

（8）在极限载荷作用下,要求舱门结构件和机构件不发生屈曲。

（9）在机身增压载荷作用下,舱门外蒙皮的变形应均匀,不得出现明显的鼓包现象。

（10）舱门结构应为安装在舱门上的舱门操纵系统等提供足够支持刚度。应通过分析、计算或试验,表明在限制载荷作用下舱门结构的变形不会影响舱门的预定功能。

（11）舱门内部操控元件应具有足够的刚度和稳定性,确保实现舱门的各项预定功能。

（12）对于已提出安全寿命分析要求的组件,必须取材料的 A 基准值作为基本数据,而对于破损安全组件则取材料的 B 基准值。设计舱门铰链等重要件时,如果采用整体机加工,要考虑原材料的纤维方向性能的差异。温度和其他损害静强度的因素(应力腐蚀开裂)也必须考虑。

（13）对于稳定性分析、连接件强度计算等,应采用飞机设计手册或其他经过批准的手册中规定的计算方法。如果采用其他计算方法,必须有充分试验支持。

（14）舱门结构和机构的寿命一般按照飞机机体寿命的指标要求进行设计,但易损件(如橡胶密封件)不包括在内。

2.4 锁 定 要 求

所有舱门应设计锁定装置,满足以下要求:

（1）当舱门完全打开时,自动锁定在打开位置,关门时,解除锁定应简单、方便。

（2）当舱门完全关闭时,舱门应自动锁定在关闭位置。

（3）舱门手柄必须设计成当舱门完全关闭、闩住和锁定时,在飞机停机、滑跑、起飞、飞行和降落过程中受到振动、风载、气动载荷、惯性载荷等载荷作用下,手柄能够保持处在锁定位置而不会产生使舱门解锁并解闩的运动趋势。

（4）具有外部开启能力的舱门,若人在地面容易开启,应在外部手柄上设置钥匙锁。

2.5 密 封 要 求

舱门的密封要求包含水密要求和气密要求(对增压舱门),主要要求如下:

（1）在舱门开口影响气密的部位，如舱门与门框接触区域、外手柄、观察窗、泄压门等部位应该设置密封装置，使舱门在增压状态时保持密封特性。

（2）舱门密封装置在非增压状态或增压状态，都应该能够阻止相关规范规定的雨水量泄漏进入机内。

（3）密封装置的密封件应当采用满足功能和使用环境要求的橡胶密封件，密封件应能进行快速方便的安装和更换并且不需要配备特殊的工具。

（4）密封件可以安装在舱门结构上，也可以安装在门框结构上，一般通过机械连接的方式予以固定。

（5）密封装置的安装应使其在满足舱门密封性能要求的前提下，在舱门正常操作和使用过程中受到意外损伤的概率最小。

2.6　内装饰要求

对于运输类飞机舱门，尤其是客机舱门，内装饰是必要的。对内装饰的要求如下：

（1）客舱舱门内饰应与客舱内饰协调。

（2）所有舱门的内饰应满足防火要求。

（3）舱门内装饰上应有必要的标牌，如登机门、应急门、服务门内部设置手柄开启方向标牌，使用说明标牌，应急出口标牌，限位锁标牌等。

2.7　告警、指示要求

告警、指示是确保舱门安全使用的必要措施，有如下原则性的要求：

（1）当舱门从外部或内部关闭时，必须有措施给操作人员指示：舱门已完全关闭。

（2）对于飞机或乘员有危害的任何舱门，当没有完全关闭或锁闩时，或因故障解闩、解锁时，驾驶舱必须有视觉和听觉告警。

2.8　开启力与开启时间要求

舱门的开启力与开启时间要求如下：

（1）适航条例未对舱门手柄的开启力提出具体要求，SAE ARP488D 建议在正常操作过程中，舱门手柄的开启力一般要求不大于 45 磅力（1 磅力 = 4.45N），在应急情况下开门(假设动力失效),无余压开门手柄力不超过 45 磅力(200N),0.25psi(1psi=6.895kPa)余压下开门不超过 75 磅力(334N)。

(2)当座舱内外压差超过 2psi(13.8kPa)时,舱门手柄的开启力必须大于 300 磅力(1335N),以防止在空中人为故意开启舱门。

(3)应急情况下,AC25-17A 与 SAE ARP488D 分别规定或建议当座舱内外压差不超过 0.125psi(0.86kPa)、0.25psi(1.73kPa)时,舱门应能够手动开启。

(4)作为应急使用的所有舱门从开门装置启动到出口完全打开,不超过 10s。

(5)货舱门从开门装置启动到出口完全打开,对于小型货舱门一般不超过 20s,而对于机构与系统复杂的大型货舱门一般不超过 90s。

2.9 可靠性与安全性要求

对舱门来说,可靠性与安全性要求愈加严格与细致,它们的主要设计要求如下:

(1)舱门在空中偶然打开应是极不可能的。

(2)舱门告警装置误指示、舱门不能正常开启和密封失效应是不大可能的。

(3)必须有措施防止每一扇舱门在飞行中被人无意打开;而且必须采取预防措施,使得在飞行中舱门被人有意打开是不大可能的。

(4)地面状态下,作为应急出口使用的无危险一侧舱门打不开的概率应是极不可能的。

(5)舱门单个结构或机构件的损坏失效,不得造成舱门自动解锁或开门。

(6)舱门在地面与空中受载变形不得对舱门锁机构的功能造成影响。

(7)舱门锁定必须明确,锁机构应有足够的强度与刚度,避免因变形造成误指示。应在恰当的位置对每一舱门给机组提供锁定目视指示。

(8)舱门机构的制造公差与使用中的磨损不得影响锁机构的功能。

(9)对于电、气自动锁定为优先设计模式的舱门,应提供人工解锁系统等。

2.10 维修性要求

舱门维修性不仅影响飞机的运营经济性,还对舱门的可靠性与安全性有重要影响,其主要设计要求如下:

(1)舱门维修应尽可能使用通用工具。

（2）拆除舱门上的装饰件后,舱门主要结构和机构应具有目视检查通路。

（3）舱门结构、机构件及系统件的安装和维修应尽可能避免拆除其他零组件。

（4）舱门结构应当设计成能够方便地进行舱门操控系统的安装、维修、维护和更换工作而不需要破坏性拆除任何结构零部件。

（5）相同构型的飞机同一舱门应保证互换,舱门上具有相同零件号的零件,应满足互换性要求。

（6）应考虑防差错设计,防止误装配或安装而导致故障。在需要使用人员或维修人员确定、理解和遵循操作规程的地方,应给出顺序标记。

2.11　水上迫降要求

对于申请具有水上迫降能力合格审定的运输类飞机,除非考虑了外部舱门损坏对飞机在水上迫降时可能的运动和状态的影响,否则外部舱门必须设计成能承受可能的最大局部压力。

2.12　人机工效要求

舱门设计应满足人机工效的要求,即考虑人的力量、视觉、心理因素等,具体有如下要求:

（1）舱门手柄与门体的间隙应适当,外手柄应满足操作人员戴厚工作手套打开舱门的要求。

（2）舱门的手柄应光滑,按照 SAE ARP488D 建议,内手柄宽度尺寸不小于4in(1in=25.4mm),外手柄宽度尺寸不小于 5in(127mm),运动过程中力感平缓,手柄力应在要求的范围内。

（3）手柄布置要求:SAE ARP488D 建议,内、外手柄分别距离地板、下门槛的高度在 30~55in(762~1397mm)范围内。

（4）舱门及其内装饰不应有尖锐的棱角。

（5）设置观察窗的舱门,观察窗位置应便于观察靠近机身的该舱门的外部区域。

2.13　使用环境要求

舱门应在预期的使用环境条件下,在寿命期内可靠、安全地使用。因此,在设计时要考虑如下使用环境要求：

（1）舱门结构、机构应具有较好的防腐蚀性能，采取必要的措施使不同材料接触处不出现电位腐蚀。舱门在增压、非增压状态应具有防水性能，舱门上排水通路顺畅，不应有积水的死角。

（2）复合材料舱门应设置导电通路，舱门与机体结构应有良好的电搭接，以满足闪电防护的要求。

（3）舱门应满足预期服役环境条件的高温、寒冷、湿热、霉菌、盐雾、沙尘、雨雪天以及雾天等恶劣环境条件下正常存放和使用。例如，对于安装涡轮喷气发动机的运输类飞机，在海平面机场时的最低外界环境温度为−55℃、最高外界环境温度为 55℃，飞行时的最低外界环境温度为−73℃、最高外界环境温度为 55℃。

2.14　适　航　要　求

针对运输类飞机，中国适航当局于 1985 年 12 月颁发了 CCAR 25《运输类飞机适航标准第 25 部》，至今已经过四次修订。该适航条例是确保运输类飞机研制的最低安全标准的法规，是安全性设计方面的经验和飞行事故教训的总结。随着飞机使用运营中出现的安全隐患、事故和飞机设计研制采用的新技术、新工艺，适航条例也在做相应的修订、补充与完善。现行有效的规章为第四次修订版（CCAR25-R4）。对于舱门，适航标准条例主要关注舱门意外（或恶意）打开的爆炸减压、应急出口的布置与功能、舱门的使用功能等方面的内容。在进行具体舱门设计时，除满足机身结构同样需要满足的条款如第 25.365 条款、第 25.571条款、25.803 条款、第 25.811 条款、第 25.812 条款和第 25.813 条款等外，需要重点满足的条款有第 25.783 条款、第 25.795 条款、第 25.801 条款、第 25.807条款、第 25.809 条款，以及相关 FAA 咨询通告 AC 20-115C、AC 25-17A、AC 25.783-1A 和 AC 25.812-1A 等。

2.14.1　第 25.783 条款　机身舱门

本条款适用于位于机身外部不需要使用工具来开关的舱门，包括所有的门、舱门、可打开的窗户、检修口盖、盖板等。同时，也适用于穿过压力隔板的每一扇门或舱门。在增压和非增压飞行的状态下，这些门都必须符合本条的要求。主要涉及的内容：①总则；②由人打开；③增压预防措施；④锁闩和锁定；⑤警告、戒备和提示指示；⑥目视检查规定；⑦特定维修门、可拆卸紧急出口和检修口盖；⑧无危险的门。

飞机舱门的设计必须按以上条款的要求进行。

2.14.2　第25.795条款　保安事项

本条款主要规定了运行规则需要有驾驶舱门的驾驶舱的保护要求。要求驾驶舱门的安装必须能够:(1)抵御未经许可人员的暴力入侵,门上关键部位能够承受300J的冲击,同时在旋钮和把手处能够承受1113N(250磅力)的定常拉伸载荷;(2)抵御轻型武器的火力和爆炸装置的穿透。

2.14.3　第25.801(e)条款　水上迫降

该条款内容为:"除非对飞机在水上降落时极可能有的运动和状态(如本条(c)和(d)所述)的研究中,考虑了外部舱门和窗户毁坏的影响,否则外部舱门和窗户必须设计成能承受可能的最大局部压力。"

当飞机进行水上迫降时,其外部舱门和窗户在着水或滑水过程中由于飞机的不稳定运动,极有可能承受相当大的局部水压,导致结构损坏,从而影响飞机的漂浮特性,甚至造成人员受伤。所以要进行最严重海况下的最大局部压力值作用于这些部分的强度分析。

2.14.4　第25.807条款　应急出口

该条款对旅客应急出口的形式和位置做出规定,有Ⅰ型、Ⅱ型、Ⅲ型、Ⅳ型、机腹型、尾锥型、A、B、C型等多种形式;规定的内容主要有尺寸、形状、位置、跨上跨下距离等。

此外,对应急出口可达性提出了要求,要求应急出口必须是旅客容易接近的;其位置要能提供有效的旅客撤离条件;提出飞机旅客应急出口布置的要求,包括应急出口的形式和数量、位置及其他要求。进行飞机应急出口布置,应该考虑:①应急出口与客舱内部座椅布置的关系;②应急出口在机身上的相对位置。

该条款对水上迫降应急出口提出了要求,包括应急出口的数量、形式及安装位置等。需做漂浮特性计算,验证应急出口位置及有效性。

该条款对飞行机组应急出口也做了要求。

2.14.5　第25.809条款　应急出口的布置

本条款的主要内容包括:

(1) 对应急出口的开口提出了要求。应急出口是机上人员在紧急状态下,从机内撤离到机外的必要出口,必须是活动的舱门或带盖舱口,从而便于在应急情况下被迅速开启,确保机上所有乘员能在规定的时间内撤离飞机。

（2）对应急出口、舱盖的开启方式和时间提出要求。由于某些原因，造成应急出口无法从内部开启，为了应急撤离的需要，必须也能从外部被打开；如果驾驶舱采用滑动窗户作为应急出口，飞行机组成员从该区域能迅速地到达其他应急出口，并撤离飞机，该窗户可以不必能从外部打开；在飞机处于正常地面状态，和起落架支柱折断而造成的任一姿态，且机身无变形时，每个应急出口必须能在 10s 内完全打开。

（3）对应急舱门的操作要求。对旅客应急舱门开启必须简单明了，对飞行机组应急出口开启可采用按顺序的多次操作的内部开启方式；对受过训练的机组成员而言，其开启措施仍应简单明了，打开时应不费力。为满足此条款，所有手动开启的应急出口内手柄上涂荧光漆，以便黑暗环境中容易发现操作手柄；内、外手柄附近有应急出口操作标牌：指明应急出口的开、关步骤。

（4）当要求应急舱门具有主动力系统时，如果其主动力系统失效，必须手动能够打开舱门。

（5）要求应急情况轻度撞损着陆时，机身变形不会导致应急舱门被卡住。因此，在应急出口的机身口框设计时，必须要求口框有足够的刚度，以便与舱门的刚度匹配。舱门与机身口框的间隙要参照同类成熟飞机应急出口的结构间隙，并通过计算分析和试验验证。

（6）对大型涡轮喷气客机，若设置有机腹型出口或尾锥型出口，该条款对飞行安全性和提示标牌提出了要求。

（7）要求每个应急出口舱门必须有打开到位锁，将舱门保持在打开位。舱门打开到位后自动上锁；要关门，则必须先解锁，再关门。

在进行运输类飞机舱门的设计时，要严格执行 CCAR 25 有关条款的要求。要加强与总体专业、内饰、电气等专业协调，及时确认舱门的位置大小、开启方式、应急出口的标记、应急照明、应急出口通道等要求，便于设计工作顺利进行。

有关舱门适航条款的详细解读见第 11 章。

2.15　使用维护要求

舱门在飞机的整个使用寿命期限内，在相关技术要求所规定的使用条件和工作环境下，应能可靠正常地发挥其所有的功能。设计部门需要制订舱门的操作使用规范。根据操作规范对机组人员进行舱门使用的培训，确保能够正确地操作和使用舱门。

舱门系统应按照飞机型号有关文件进行维修性设计，宜采用 MSG-3 原理或类似的方法进行维修计划分析，以确定合适的维修项目及其维修间隔。

舱门的维护包括日常检查维护和故障修理。其日常检查维护主要包括机构的间隙检查、磨损检查，可卸零组件的固定检查、保险检查，以及机构活动关节的润滑、表面清洗等。而舱门的故障修理包括一些零组件的修补和更换。因此，在进行舱门的结构和机构设计时，要考虑相关零部件的检查、维护和更换的通路设置，即要考虑维护修理的可达性、可修性、简易性和安全性等，针对每个舱门编写维护手册。

舱门设计时考虑维护的具体内容主要包含以下几点：

（1）维修时若需拆卸舱门的衬套和接头，应采用对所有防腐表面不损伤或损伤最小的方法进行拆装。设计图样或技术文件应给出具体的拆装方法。

（2）舱门中不带衬套和轴承的机械接头，其寿命应不低于飞机翻修间隔期限，表面承受磨损的零件应设计成易于修理或更换。

（3）所有密封件应使用型材或夹板固定，以便更换，不应使用胶接。

（4）为便于舱门拆、装，质量超过 32kg 的舱门应具有供起吊用的连接接口。

（5）舱门结构、内饰设计应考虑舱门机构维护、更换的通路，不应为维护、更换机构元件而分解其他结构与机构。

（6）在关闭情况下，从飞机内部难以操作的门（尤其是货舱门），应尽可能提供一套从外部可以解闩的机构来防止所有操作机构失效的情况。

（7）质量超过 60 磅的舱门应有打开保护装置。

（8）正常情况下靠动力驱动的舱门（通常是货舱门），应该有一套手动开门和关门的备用装置，且此备用装置不需要使用在机械工具箱内不易找到的特殊工具。

（9）在所有登机门、服务门和一些货舱门下门槛处应该有耐摩擦，可更换防磨损板。

（10）所有的舱门在界面连接点处应该是可替换或可互换的。

（11）舱门机构单元应设计为不需要卸装机构便能进行润滑，或者设计为整个寿命期不需要润滑。对于操作不可达或不可见的润滑零件必须提供延伸接头以便润滑。

2.16　经济性要求

现代运输类飞机舱门从使用功能要求出发，赋予了满足本章前述各节设计要求的属性，总体来看，舱门的设计越来越复杂，就有可能导致舱门的制造、安装、使用与维护的成本大幅提高。设计是控制飞机全寿命成本的源头，因此，在舱门设计时要充分考虑经济性要求，主要采取的设计措施如下：

（1）合理选材。

（2）恰当选用工艺制造方法。

（3）结构与机构的通用性设计。运输类飞机家族中舱门设计尽可能增加继承性,继承成熟的结构与机构设计;同一型飞机不同舱门也应尽可能做到结构与机构的通用,如手柄机构、飞行锁机构、泄压门装置、观察窗等尽可能一致;舱门密封带的截面尺寸、安装方式也应尽量统一。

（4）公差控制合理,设置必要的设计补偿,便于舱门安装与调整,实现同一型飞机相同舱门的整体互换,还应实现内部可维修单元的互换。

（5）模块化设计,不仅便于舱门组织生产与装配,还有利于飞机系列化发展与用户使用和维护等。

第3章 舱门总体布置

3.1 概　　述

运输类飞机的舱门一般布置在机身上,按用途一般有以下几类:

(1)用于正常或应急出入飞机驾驶舱、客舱、货舱的舱门,如登机门、服务门、应急门/应急出口、货舱门等;登机门用于机组人员和旅客正常出入/应急逃离客舱。服务门用于飞机勤务补给,一般也用作应急出口。应急出口用于舱内人员在飞机迫降地面或水面时的应急撤离。货舱门用于货舱装卸货物。

(2)提供结构、系统、设备的安装、检查、维护通路的舱门,如电子设备舱门提供电子设备的维护通路,维护舱门提供机体结构的检查和修理通路,辅助动力装置(APU)舱门提供 APU 的安装、拆卸、检查、维护的通路。

(3)构成机身表面完整性、承担一定结构功能舱门,如前起落架舱门、主起落舱门,冲压空气涡轮(RAT)舱门等。

(4)机身内部分隔舱室的舱门,如驾驶舱出入门、盥洗室门、空勤乘员休息室门等。

在飞机初步总体设计时,要根据适航条例、飞机总体使用要求和结构、系统使用维护需要、地面综合保障车辆布置合理性等要求,协调确定飞机各种舱门的位置、数量、大小。

图 3-1 是典型的客机机身舱门、舱口布置图,目的是为了方便旅客上下飞机、装卸行李货物、各种保障车辆同步对飞机进行综合保障。

布置舱门通常是处理设计矛盾的过程。

一方面,舱门/出口是机身潜在的气密泄漏源和噪声泄漏源(对于增压舱),气动阻力源和超重因素。由于舱门与机身开口口框蒙皮之间难免存在阶差,对气动外形有影响,增加了气动阻力;增压舱区域的舱门,由于密封不能做到完全不泄漏,若密封带损伤严重,大量泄漏的气流会破坏该舱门区域的机身流场,增加了气动阻力。开设舱门都会在机身上出现大开口,大开口处口框都要加强,相对于没有舱门的机身,增加舱门就是增加重量。多一个舱门,就多一个舱门空中潜在打开从而影响飞机和乘员安全的可能,也多一个噪声泄漏进舱内的潜在通

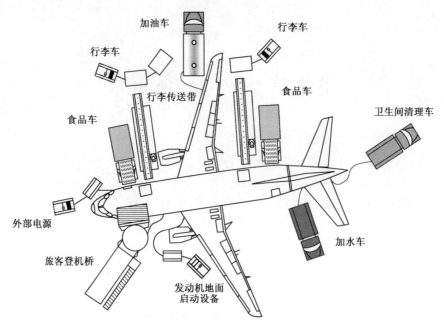

图 3-1　典型客机舱门、舱口布置及综合保障车辆工作图

路。因此从这些角度看,机身上舱门越少越好。

另一方面,飞机本身固有的功能需求和乘员的舒适和应急撤离要求,又强制需要不少于某个数量、不小于某个尺寸的舱门、出口。这和飞机舒适性,舱内噪声级和经济性有明显的冲突。

舱门总体布置的过程就是要综合考虑各种因素,达到合理最优的折中过程。

3.2　舱门布置

舱门布置是运输类飞机机身结构总体布置的主要工作之一,根据舱门的几种类别,在布置不同舱门时考虑的因素和要求也不尽相同。舱门总体布置时,首先确定前后登机门、前后服务门(军机为跳伞门等)、货舱门的数量、位置、大小;其次考虑其他应急门数量、位置、大小;根据机身上安装设备的维护情况,需要设置电子设备舱门、APU维护门、其他维护舱门;根据起落架设置情况,布置前、主起落架舱门;根据舱内功能需要,布置机身分隔舱门等;舱门的总体布置在考虑衍生型发展时,不应对主要舱门布置造成大的改动,如A320系列衍生型A319、A321,仅对翼上应急舱门数量有所改动。

图3-2~图3-12是部分运输类飞机的舱门布置情况。

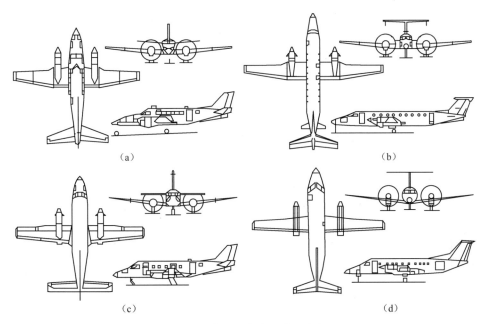

图 3-2　部分飞机舱门布置(1)

(a)比奇飞机 B99 客机;(b)比奇飞机 1900;(c)巴西航空 EMB-110 P2 班代兰蒂;

(d)巴西航空 EMB-120 巴西利亚。

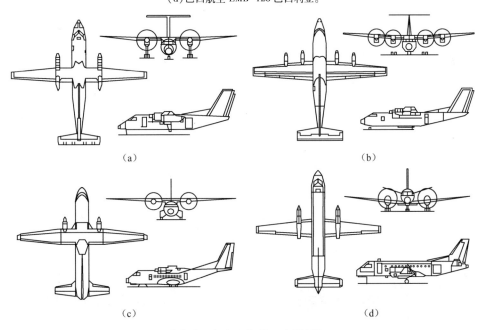

图 3-3　部分飞机舱门布置(2)

(a)加拿大德·哈维兰公司 DHC-8 DASH 8;(b)加拿大德·哈维兰公司 DHC-7 DASH 7;

(c)埃尔泰克(西班牙航空/印尼航空)CN-235;(d)瑞典萨博—美国费尔柴德 340。

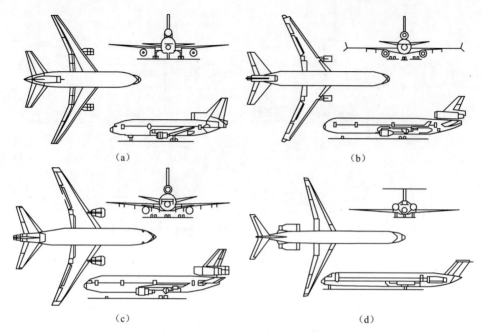

图 3-4　部分飞机舱门布置(3)

(a)洛克希德 L-1011-500 三星客机;(b)麦克唐纳道格拉斯 MD-100;

(c)麦克唐纳道格拉斯 DC-10 系列 30;(d)麦克唐纳道格拉斯 MD-80。

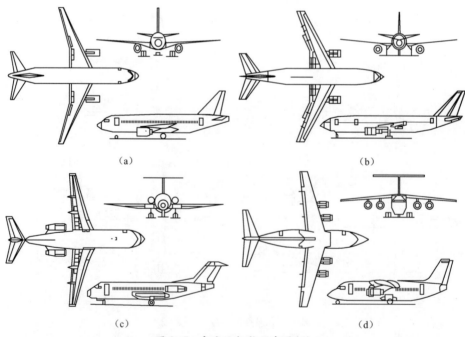

图 3-5　部分飞机舱门布置(4)

(a)空客 A320-200;(b)空客 A300 B4;(c)荷兰福克 F28 伙伴机型 MK 4000;(d)英国航宇 BAE 140 系列 200。

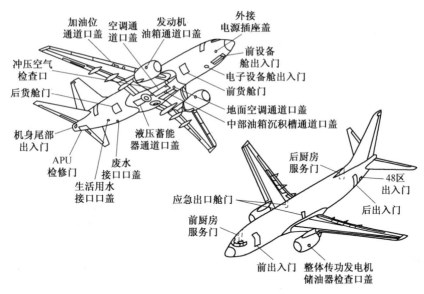

图 3-6　B737-600 飞机舱门布置

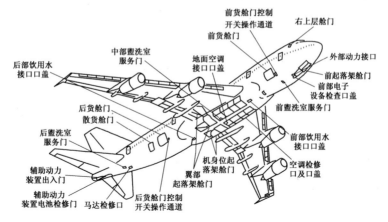

图 3-7　B747-200 飞机舱门布置

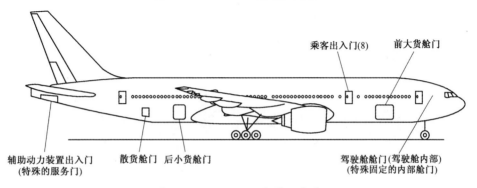

图 3-8　B777-300 飞机舱门布置

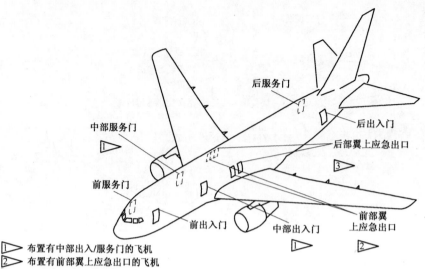

後服务门

中部服务门

后出入门

后部翼上应急出口

前服务门

前出入门   中部出入门   前部翼上应急出口

▷1 布置有中部出入/服务门的飞机
▷2 布置有前部翼上应急出口的飞机
▷3 布置有后部翼上应急出口的飞机

出入/服务门和翼上应急出口   （a）

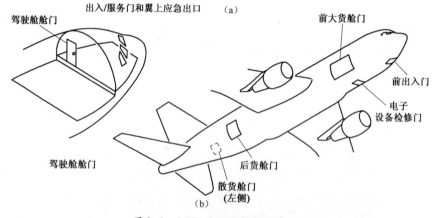

驾驶舱舱门

前大货舱门

前出入门

电子
设备检修门

驾驶舱舱门

后货舱门

散货舱门
（左侧）

（b）

图 3-9   B767-300 飞机舱门布置

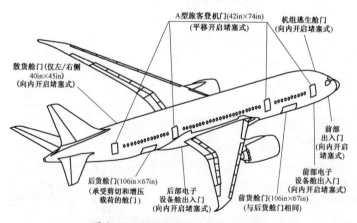

A型旅客登机门(42in×74in)
(平移开启堵塞式)

机组逃生舱门
(向内开启堵塞式)

散货舱门(仅左/右侧
40in×45in)
(向内开启堵塞式)

前部
出入门
(向内开启
堵塞式)

后货舱门(106in×67in)
(承受剪切和增压
载荷的舱门)

后部电子
设备舱出入门
(向内开启堵塞式)

前货舱门(106in×67in)
(与后货舱门相同)

前部电子
设备舱出入门
(向内开启堵塞式)

图 3-10   B787-800 飞机舱门布置

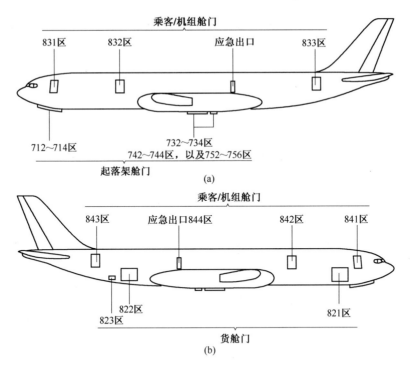

图 3-11 A330-200 飞机舱门布置

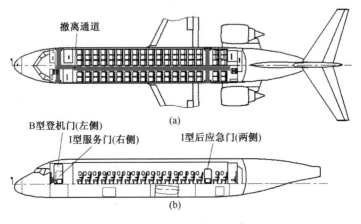

图 3-12 ARJ21 飞机舱门布置

登机门作为出入客舱的舱门,在布置时要考虑满足人员出入飞机的舒适性、方便性,合适的登机门会给飞机增色不少。同时登机门兼作客舱应急出口,还要满足 CCAR25 部关于应急出口布置的要求。登机门一般布置在飞机机身左侧。对于螺旋桨飞机,登机门不能布置在桨叶旋转平面。

登机门的数量与客舱座椅数量有关。对于公务机,一般只在机身前部设置一个登机门;对于支线飞机,在机身前部设置一个登机门,必要时,在机身后部承担服务门功能的左侧服务门也可作为登机门使用;对于干线飞机,则可能设置两个以上的登机门,双层客舱的飞机(如 A380 飞机)在上下两层均设置有登机门,可以让旅客多通道上下飞机,以缩短飞机过站时间。

乘客感到舒适的登机门尺寸通常为 1829mm×915mm,这个尺寸在较小的飞机上很难达到,需要折中解决。

服务门功能是用于运送食品和物品给飞机上厨房和卫生间,同时兼做应急出口,服务门一般位于飞机右侧,与登机门对应布置,通常情况下,大型飞机服务门的位置跟登机门处于同一站位,构型、大小不一定相同。对于小型运输类飞机,由于机身直径较小,位于机身右侧的服务门通常比左侧的登机门要小,位置也不一定跟登机门处于同一站位,服从于客舱的总体布置。

登机门布置在机身左侧,服务门布置在飞机右侧。大型客机由于载客多,应急撤离难度大,服务门通常跟登机门对称布置,为左右对称件,这样配置的好处是设计、制造、维护、使用培训等全寿命成本最低。这些飞机有 B737、B757、B767、B777、B787 系列波音飞机,以及 A300、A310、A320、A330、A340、A350、A380 系列空客飞机。

除了登机门、服务门同时兼做应急出口外,在机身客舱,根据座椅数的多少,还要布置数量、大小不等的应急门或应急出口。

客机舱门和应急出口的要求、数量和大小在 CCAR25 中第 25.783 条款、第 25.807 条款、第 25.809 条款、第 25.810 条款、第 25.812 条款、第 25.813 条款、第 25.815 条款、第 25.817 条款中做了规定。3.3 节~3.7 节将做详细叙述。货舱门的布置见 3.8 节。起落架舱门、RAT 和 APU 等设备舱门和其他使用维护舱门的布置考虑的因素相对较简单,主要与起落架的布局、RAT 和 APU 的安装位置等有关。

3.3　客机应急出口布置

3.3.1　相关要求

布置应急出口就是确定应急出口的形式和数量、位置及其他要求的过程。

经大量统计分析得知,在飞机应急着陆或着水后 90s 内,是乘客与机组救生的黄金时间。因此,对民用客机,应急撤离的目标是:即使在飞机姿态非正常等严酷情况下,90s 内,尽快将所有乘客与机组人员从机舱安全撤离到地面或水面。可见,应急出口布置的均匀性与出口的撤退率对实现应急撤离目标十分重要。

一般应急出口在机身两侧是对称分布的,也可以不对称分布,即位置错开布置。

应急出口的设置应严格按照 CCAR25 第 25.807 条款和第 25.809 条款要求。

要求每一个的乘客应急出口必须易于接近,并且其布置能为乘客提供最有效的撤离措施。如果每侧仅提供一个与地板齐平的应急出口,而飞机又没有尾锥型或机腹型应急出口,那么与地板齐平的应急出口必须位于客舱的后部,除非其他位置能提供乘客更有效的撤离措施。

如果每侧提供的与地板齐平应急出口多于一个,并且飞机不是客货混合构型,那么客舱每侧的每端至少要有一个与地板齐平的应急出口。

对于要求在机身每侧要有一个以上乘客应急出口的飞机,在机身每一舱段每侧的相邻出口的距离不得超出 60ft(1ft = 0.3048m),测量应在两个最近的出口边缘平行飞机纵向轴线进行。

每个应急出口必须能从内外两侧开启,但如果从飞行机组区域能方便而迅速地接近其他经批准的出口,则该区域的滑动窗户应急出口不必能从外侧开启。

开启应急出口的措施必须简单明了,且不得要求特别费力。飞行机组应急出口可以采用按顺序多次操作(如操作双手柄或多个锁闩,或解开几个保险钩)的内部开启措施,前提是:有理由认定这些措施对于受过使用训练的机组成员是简单明了的。

如果在应急情况下操作一个以上出口的主系统是单个助力或单个动力操作系统,则每个出口必须能在主系统失效的情况下满足人力操作开门的要求。主系统失效后对出口进行人力操作是可以接受的;必须用试验,或分析结合试验,来表明满足要求。

必须有措施锁定每个应急出口并保险,防止在飞行中被人无意地、有意地或因机构损坏而打开。此外,打开时首先向外运动的每个应急出口,必须有措施使机组成员能对门锁机构进行直接目视检查,以确定是否完全锁定。

必须有措施使应急出口在轻度撞损着陆中因机身变形而被卡住的概率减至最小。

对于任何大型涡轮喷气客机,每个机腹型出口和尾锥型出口必须符合下列规定:

(1)其设计和构造应使在飞行中不能将其打开。

(2)在靠近出口开启设施的醒目位置,设置从相距 760mm(30in)处可辨读的标牌,说明该开口的设计和构造使其在飞行中是不能打开的。

舱门布置和座椅布置的关系:乘客座椅许可的最大数(最大载客能力)取决于机身上每侧的应急出口类型和数量。在机身每侧的特定类型出口最大许可乘客座椅数规定如下：

（1）对于客座量为1~9座的，至少在机身每侧要有一个Ⅳ型或更大的机翼上方应急出口。如果在机翼上方不能提供出口，那么至少要在机身每侧有一个满足最小Ⅲ型门尺寸的出口。

（2）对于客座量多于9座的，每一出口必须是Ⅲ型或大于Ⅲ型。

（3）对于客座量是10~19座的，在机身每侧至少要有一个Ⅲ型或更大的出口。

（4）对于客座量是20~40座的，在机身每侧至少要有两个出口，其中一个必须是Ⅱ型或更大的出口。

（5）对于客座量是41~110座的，在机身每侧至少要有两个出口，其中一个必须是Ⅰ型或更大的出口。

（6）对于客座量多于110座的，在机身每侧的应急出口必须包括至少两个Ⅰ型或更大的出口。

（7）所有Ⅲ型出口许可的最大组合客座量是70座，由少于三排座椅分开的机身每侧的两个Ⅲ型出口，所能许可的最大组合客座量为65座。

（8）如果设有A型、B型或C型出口，那么在机身每侧至少要有两个C型或更大出口。

（9）如果设有旅客用机腹型出口或尾锥型出口，而且飞机处于因一根或几根起落架折断而造成的最不利出口开启条件下这些出口能提供至少与Ⅲ型出口相同的撤离率时，则可以允许按下列规定增加客座量：

① 一个机腹型出口，增加12个客座。

② 一个尾锥型出口（在承压壳体上具有宽度不少于510mm（20in）、高度不少于1524mm（60in）、圆角半径不大于178mm（7in）的与地板齐平的出口，并具有符合第25.810(a)条的经批准辅助设施），增加25个客座。

③ 一个尾锥型出口（在承压壳体的开口尺寸，跨上及跨下距离至少与Ⅲ型应急出口相等，并且开口顶部距客舱地板的高度不少于1420mm（56in）），增加15个客座。

下列出口还必须要满足第25.809条款至第25.812条的适用应急出口要求，并且必须易于接近：

（1）客舱中超出应急出口最少数量要求的每一应急出口。

（2）从客舱可进入的、大于或等于Ⅱ型出口但是小于宽46in的任何其他地板上的门或出口。

（3）任何其他的机腹型或尾锥型乘客出口。

关于水上迫降旅客应急出口，必须根据下列规定设置水上迫降应急出口：

（1）客座量（不包括驾驶员座椅）小于或等于 9 座的飞机,飞机每侧水线以上要有一个至少符合Ⅳ型尺寸的出口。

（2）客座量（不包括驾驶员座椅）大于或等于 10 座的飞机,对每 35 名旅客在飞机侧面水线以上要有一个至少符合Ⅲ型尺寸的出口,但客舱内此类出口不得少于两个,飞机每侧各一个。可以通过采用更大出口或其他措施提高客座量与出口之比,只要能表明在水上迫降期间飞机的撤离能力有相应提高。

（3）如果侧面出口不能设在水线以上,则必须用同等数量、尺寸不小于Ⅲ型尺寸的出口,易于接近的顶部带盖舱口来代替侧面出口,但对于客座量（不包括驾驶员座椅）小于或等于 35 座的飞机,只需要一个顶部带盖舱口来代替所要求的两个Ⅲ型侧面出口。

如果旅客应急出口离飞行机组区较远,不能为飞行机组撤离提供方便和易于接近的应急撤离时,以及客座量大于 20 座的所有飞机,应在飞行机组区设置飞行机组应急出口。此类出口的尺寸和位置应足以使机组能迅速撤离。在飞机两侧必须各有一个出口,或代之以一个顶部带盖舱口。每个出口必须包含一个至少为 483mm×510mm（19in×20in）的无障碍矩形出口。

此外,应急出口布置时还要满足:必须是机身外壁上能提供通向外部的无障碍开口的活动舱门或带盖舱口。而且,每个应急出口必须具有在出口关闭时能够观察外部状况的设施。该观察设施可以在出口上或者与出口相近。还必须提供设施,以便观察撤离接地的可能区域。在起落架放下的所有照明条件下和起落架收起的所有条件下,撤离接地的可能区域必须是可见的。

在下列条件下,当机身无变形时必须能打开每个应急出口:

（1）飞机处于正常地面姿态,和在一根或几根起落架支柱折断时的每一种姿态。

（2）从开门装置启动到出口完全打开,不超过 10s。

（3）即使在飞机内侧有人拥挤在门上。

如果是螺旋桨飞机,当以合适的操作程序使用时,每一个舱门必须位于使用它的人员不会被螺旋桨打伤的位置。

应急出口的布置要考虑应急撤离辅助设施和撤离通路要求。

1. 应急撤离辅助设施

当飞机起落架放下停在地面时,对于离地高度超过 6ft 的每个非机翼上方的 A 型、B 型和 C 型和任何其他的非机翼上方的应急出口,必须有经批准的设施协助乘员下地。应急撤离辅助设施的设计应满足以下要求:

（1）每个旅客应急出口的辅助设施必须是自行支承式滑梯或等效设施,当为 A 型或 B 型出口时,该设施必须能同时承载两股平行的撤离人员。此外,辅助设施的设计必须满足下列要求：

① 必须能自动展开，而且必须在从飞机内部启动开门装置至出口完全打开期间开始展开。但是如果旅客登机门或服务门兼作旅客应急出口，则必须有手段在非应急情况下，从内侧或外侧正常打开时防止辅助设施展开。

② 除 C 型应急出口的辅助设施之外，必须能在展开后 6s 内自动竖立，C 型应急出口的辅助设施必须要在应急出口的开启设施被启动后 10s 内自动竖立。

③ 在完全展开后，辅助设施的长度必须能使其下端自行支承于地面，而且在一根或几根起落架支柱折断后，能供乘员安全撤离到地面。

④ 必须能够在风向最不利、风速 25kn（节）时展开，并能在完全展开后仅由一个人扶持，就能提供乘员安全撤离到地面。

⑤ 对于每种辅助设施的系统安装（装在实体模型或飞机上），必须连续进行五次展开和充气试验（每个出口）而无失败。每五次上述连续试验中，至少有三次必须使用装置的同一个典型抽样来举行。各抽样在经受规定的惯性力后，必须能用该系统的基本手段展开和充气，如在所要求的试验中该系统的任何部分发生损坏或工作不正常，必须确定排除损坏或故障的原因，此后必须再进行完整的连续五次的展开和充气试验而无失败。

（2）飞行机组应急出口的辅助设施，可以是绳索或任何其他经过演示表明适合于此用途的设施。如果辅助设施是绳索或一种经过批准的等效装置，则必须满足下列要求：

① 辅助设施应连接在应急出口顶部（或顶部上方）的机身结构上，对于驾驶员应急出口窗口上的设施，如果设施在收藏后或其接头会减小飞行中驾驶员视界，则也可连接在其他经批准的位置上。

② 辅助设施（连同其接头）应能承受 1765N（400lb）的静载荷。

（3）每个位于机翼上方并具有跨下距离的 A 型、B 型出口必须有从座舱下到机翼的辅助设施，它必须能在出口打开的同时自动展开和自动竖立。对于 C 型出口，它必须在出口的开启装置启动之后 10s 内自动支承。对于其他型出口，必须在展开之后 6s 内自行支承。

2. 撤离路线

必须制订从每个机翼上方应急出口撤离的撤离路线，并且均覆以防滑层。除了提供疏导撤离人流装置的情况外，撤离路线必须满足以下要求：

（1）A 型、B 型的乘客应急出口处的撤离路线，或两个 Ⅲ 型乘客应急出口处的任何公用撤离路线宽至少 1066mm（42in）。任何其他的乘客应急出口宽至少 610mm（24in）。

（2）撤离路线表面的反射率至少 80%，而且必须用表面对标记的对比度至少 5：1 的标记进行界定。

3. 应急出口标记

每个应急出口的接近通道和开启措施,必须有醒目的标记。必须能从距离等于座舱宽度处认清每个旅客应急出口及其位置。必须有措施协助乘员在浓烟中找到出口。

必须用沿客舱每条主过道走近的乘员能看见的标示,来指明旅客应急出口的位置。下列部位必须有标志:

(1) 在每个旅客应急出口近旁的每条主过道上方必须有旅客应急出口位置的标示。如果净空间高度不足,则必须把标示设在高过头部的其他可行位置。如果能从某个标志处方便地见到多个出口,则该标示可用于指示多个出口。

(2) 紧靠每个旅客应急出口必须有旅客应急出口标示。如果能从某个标示处方便见到两个出口,则该标示可用于指示两个出口。

(3) 在挡住沿客舱前后视线的每个隔框或隔板上,必须有标志来指示被隔框或隔板挡住的应急出口。如果不能做到,则指示可以设置在其他适当的位置上。

操作手柄的位置和从机内开启出口的说明,必须以下述方式显示:

(1) 在每个旅客应急出口上或其附近,必须有一个从相距 760mm(30in)处可辨读的标记。

(2) 对每个 A 型、B 型、C 型、I 型的旅客应急出口操作手柄必须符合下列规定之一;

① 自身发亮,其初始亮度至少为 $0.51cd/m^2$。

② 位于醒目处,并且即使有乘员拥挤在出口近旁也能被应急照明灯照亮。

(3) 对于每个 A 型、B 型、C 型、I 型或 II 型旅客应急出口,如果其锁定机构是靠转动手柄来开启的,则必须作标记如下:

① 绘有红色圆弧箭头。箭身宽度不小于 19mm(0.75in),箭头 2 倍于箭身宽度,圆弧半径约等于 3/4 手柄长度,圆弧范围至少为 70°。

② 当手柄转过全行程并开启锁定机构时,手柄的中心线落在箭头尖点 ±25mm 的范围内。

③ 在靠近箭头处,用红色水平地书写"开"(汉字字高至少 40mm,英文字高为 25mm)。

每个要求能从外侧打开的应急出口及其开启措施,必须在飞机外表面作标记。此外,采用下列规定:

(1) 机身侧面旅客应急出口的外部标记,必须包括一条圈出该出口宽 50mm(2in)的色带。

（2）包括色带的外部标记,必须具有与周围机身表面形成鲜明对比的、容易区别的颜色。其对比度:如果深色的反射率等于或小于15%,则浅色的反射率必须至少为45%;如果深色的反射率大于15%,则深色的反射率和浅色的反射率必须至少相差30%。

（3）非机身侧面的出口(如机腹或尾锥出口)的外部开启措施(包括操作说明,如果适用)必须醒目地用红色作标记,如果背景颜色使用红色不醒目,则必须用醒目的铬黄色作标记。当开启措施仅设置在机身一侧时,必须在另一侧上有同样效果的醒目标记。

4. 应急照明

必须设置独立于主照明系统的应急照明系统。但是,如果应急照明系统的电源与主照明系统的电源独立分开时,则应急照明和主照明两个系统中提供座舱一般照明的光源可以公用。应急照明系统包括下列项目:

（1）有照明的应急出口标记和位置标示,座舱一般照明光源和机内应急出口区域的照明和地板附近应急撤离通道标记。

（2）机外应急照明。必须提供客舱的一般照明,使得沿客舱主通道中心线和连接主过道的横向过道中心线,在座椅扶手高度上按间隔1000mm(40in)进行测量时,平均照度不小于0.538lx。各主过道和出口之间通向与地板齐平的旅客应急出口的通道,其地板必须有照明。沿旅客撤离路线的中心线,并且平行于地板相距150mm(6in)以内测得的照度不得小于0.215lx。当高于座舱通道地板1.2m(4ft)以上的所有照明光源完全被遮蔽时,地板附近应急撤离通道标记必须能引导乘客应急撤离。

在黑夜里,在地板附近应急撤离通道必须保证每一乘客:

（1）在离开座椅后,能目视辨认出沿座舱通道地板通向最近出口或座椅前后两个出口的应急撤离通道。

（2）仅参照不高于座舱地板1.2m(4ft)的标记和目视特征能很快辨认出应急撤离通道的每一出口。

应急照明系统必须按照下列要求设计:

（1）必须能从飞行机组的工作位置和从客舱中空中服务员正常座位易于接近的地点,对灯光进行手控。

（2）必须有飞行机组警告灯,当飞机电源接通而应急照明控制装置未处于准备状态时,该灯发亮。

（3）驾驶舱内的控制装置必须有"接通""断开""准备"三种位置。当该装置置于"准备"位置,或者驾驶舱或空中服务员处的一个控制装置置于"接通"位置时,一旦飞机正常电源中断(撞损着陆时机身横向垂直分离引起中断除外),

灯亮或保持亮。必须有保险措施以防止"准备"和"接通"位置的控制装置被误动。

协助乘员下地设施必须有照明,使得从飞机上能看见竖好的辅助设施。此外,还应满足下列要求:

(1)如果辅助设施用外部应急灯光照明,当飞机处于一根或几根起落架支柱折断所对应的每一种姿态时,在撤离者利用规定的撤离路线通常可能首先着地的地方,辅助设施竖立后接地端的照度不得小于0.323lx(垂直于入射光方向测量)。

(2)如果辅助设施用独立的应急照明分系统照明(该系统不供其他辅助设施使用、独立于主应急照明系统,并能在辅助设施竖立时自动接通),该照明设施必须满足下列要求:

① 不得因收藏而受到不利影响。

② 当飞机一根或几根起落架支柱折断所对应的每一种姿态时,在撤离者通常可能首先着地的地方,辅助设施设立后接地端的照度不得小于0.323lx(垂直于入射光方向测量)。

每个应急照明装置的能源在应急着陆后的临界环境条件下,必须能按照要求提供至少10min的照明。如果用蓄电池作为应急照明系统的能源,它们可以由飞机主电源系统充电,其条件是:充电电路的设计能防止蓄电池无意中向充电电路放电的故障。应急照明系统的部件包括电池、线路继电器、灯和开关,在经受规定的惯性力作用后,必须能正常工作。应急照明系统必须设计成在撞损着落情况下,发生任何单个的机身横向垂直分离后,除由于分离而直接损坏者外,能满足下列要求:

(1)全部电照明应急灯中不能工作的不超过25%。

(2)每个电照明出口标示仍继续工作。

(3)机身每侧至少有一个所要求的外部应急灯仍继续工作。

5. 应急出口通道

每个所要求的应急出口必须是旅客可到达的,而且其位置能保证有效撤离。应急出口必须考虑旅客的分布情况,尽可能均匀,但座舱两侧出口的大小和位置不必对称。当规定每侧只需一个与地板齐平的出口而飞机又没有尾锥型或机腹型应急出口时,该与地板齐平的出口必须设置在客舱后段,除非其他位置使其成为更有效的旅客撤离口。当规定每侧需要一个以上与地板齐平的出口时,每侧必须至少有一个与地板齐平的出口设置在靠近座舱的每一端头,但这一规定不适用于客货混装布局。必须有通道从最近的主过道通往每个A型、B型、C型、Ⅰ型或Ⅱ型应急出口和连通各个旅客区域。通往A型和B型出口的每条通道不得有障碍物,宽度至少914mm(36in)。旅客区之间的通道以及通往Ⅰ型、Ⅱ型或C型应急出口的通道不得有障碍物,宽度至少为510mm(20in)。除客舱内有两条或多条主过道的情况外,每个A型或B型应急出口的位置必须能使旅客从前后两个方向沿主过道通向该出口。当有两条或多条主过道时,两条主过道之间必须设置若干宽度至少510mm(20in)的无障碍横向过道。其设置要满足以下要求:

(1)必须有一条横向过道通向最近的主过道与A型、B型应急出口之间的每一条通道。

(2)必须有一条横向过道通向最近的主过道与Ⅰ型、Ⅱ型应急出口之间的每一条通道的邻接区;但当连续三排座椅之间有两个Ⅲ型应急出口设置于两排座椅之间时,可以只用一条横向过道,但此横向过道必须通向从最近主过道到每个应急出口的两条通道之间的邻接区。

必须按下列规定提供足够的空间,便于机组人员协助旅客撤离:

(1)该辅助空间不得使通道的无障碍宽度减小到低于出口所要求的无障碍宽度。

(2)对于每个A型、B型出口,应有协助旅客由出口下至地面的设施,都必须在出口的每一侧设置辅助空间。

(3)对于除A型、B型出口以外的其他形式的出口的一侧,必须提供辅助空间以协助乘员由出口下至地面。

对于每个Ⅲ型或Ⅳ型应急出口,必须提供符合下列要求的通路:

(1)从最近过道到每个出口的通道。此外,对于客座量大于或等于60座的飞机,其每个Ⅲ型出口还必须符合以下规定;

① 对于与过道应急出口一侧相邻的每排座椅不超过2个座椅的舱内布局,必须提供宽度至少为254mm(10in)的无障碍通道作为通路;而对该区域相邻的每排座椅为3个座椅的布局,则上述宽度至少为510mm(20in)。通道宽度必须在相邻座椅调节到最不利位置时测定。所要求的通道宽度中心线相对应急出口中心线的水平偏离不得大于127mm(5in)。

② 可用两条通道(仅用于椅排之间)代替一条254mm(10in)或510mm(20in)的通道,但其每条的宽度必须至少为152mm(6in),并要直接通向每一应急出口前的无障碍空间(相邻出口不得共用一条通道)。通道宽度必须在相邻座椅调节到最不利位置时测定。出口前的无障碍空间范围,垂直方向必须从地板直到天花板(或至侧壁行李箱底部),前后必须从前通道前缘至后通道后缘,从出口向内的距离则不得小于机上最窄旅客座椅的宽度。应急出口的开口必须完全处在无障碍空间的前后边界范围内。

42

（2）除了通道之外，还有以下补充要求：

① 对于客座量大于或等于 20 座的飞机，在距出口不小于机上最窄旅客座椅宽度的一段距离内，座椅、卧铺或其他凸出物（包括处于最不利位置的椅背）均不得阻挡该出口的投影开口或妨碍出口的开启。

② 对于客座量大于或等于 19 座的飞机，如果有补偿措施能保持出口的有效性，则在上述区域可以有小的障碍。

（3）对于每个 Ⅲ 型应急出口，无论其飞机的客座量大小，必须具有符合下列要求的标牌：

① 能让所有坐在通道附近并面朝通道的人辨读。

② 准确地说明或图示开口开启方向，包括手柄操作。

③ 如果出口为可卸舱盖时，说明舱盖重量，并指出舱盖卸下后的妥当安放位置。

如果从客舱中任一座椅达到规定的应急出口要经过客舱之间的通道，则该通道必须是无障碍的但可以使用不影响自由通行的帘布。在客舱之间的任何隔板上不可设置舱门。如果从任一旅客座椅到达任何规定的应急出口必须经过将客舱和其他区域分开的门，则此门必须具有其拴住在打开位置的措施。锁闩装置必须能承受当门相对周围结构受到规定极限惯性力时所造成的载荷。

座椅之间的旅客通道宽度在任何一处不得小于表 3-1 的规定。

表 3-1　旅客通道宽度

客座量	客舱主通道最小宽度	
	离地板小于 635mm（25in）	离地板不小于 635mm（25in）
不大于 10 座	300mm（12in）	380mm（15in）
11~19 座	300mm（12in）	510mm（20in）
不小于 20 座	380mm（15in）	510mm（20in）

必须限制安装在应急出口通道前后的座椅靠背位置，以达到下面所提到的最小的宽度要求。任何紧挨着应急通道安装的座椅，靠背都不得具有前折的功能。

（1）旅客座椅（包括任何状态下的椅背），或其他凸出物均不得妨碍应急出口的尺寸要求。如果从通道至该出口处的距离不小于 177.8mm（7in）和小于 254mm（10in），可以接受从出口的下面放置一个最大重叠部分为 50mm（2in）的坐垫，但该座椅应在 0.3kgf/cm²（1kgf = 9.8N）的压力下可以压缩。如果从通道至出口处的距离不小于 254mm（10in），重叠部分的最大尺寸为 101.6mm（4in）。

（2）如果应急出口处使用专用坐垫，就应按下列要求进行标识：在这个专用坐垫上标识:"仅用于应急出口舱门处的坐垫",这样可以防止与其他坐垫混装。另外,在这台座椅上还要配一个标签"此处需要专用坐垫"。

(3) 座椅结构的顶部到客舱内轮廓处的宽度不大于35mm(1.4in)。为防止撤离人员在座椅至侧壁之间出现绊脚、卡脚的现象,必须保证座椅与侧壁之间隙不小于13mm(0.5in)。

(4) 通向应急出口舱门的那排座椅中的每个座椅位置的下部都具有下述相同的要求:如果坐垫的设计是可以拆卸的,则座椅的设计必须能够防止人的肢体被它们卡(套)住。可接受的最大间隙为25mm(1in)。而椅盆上的支撑必须是非常牢固的,可以防止双手或双脚等部位滑伸进去并在某个位置被套住。

(5) 对于机翼出口通道旁边座椅上的餐桌来说,它们的锁紧闩应该是可靠的,应能防止不利的松开。

(6) 在应急出口前面的座椅靠背上不能安装任何衣帽钩。

(7) 靠背前折不能用于减小辅助空间。如果座椅靠背很容易向前推动使其回到直立位置,则允许靠背后倾进入辅助空间。

客舱座椅布局:最大并排座椅数,在只有一条旅客过道的飞机上,过道每侧任何一排的并排座椅数不得大于3。允许的最小座椅间距为711.2mm(28in)。靠近舱壁附近的旅客座椅,保护机上旅客是通过使用安全带和消除在头部碰撞半径以内的损伤物来实现的。从坚硬的舱壁到座椅后面的座椅参考点之间的最小距离应保证为889mm(35in)。必须认真考虑和保证安装在舱壁上的高度在472mm(18.5in)以上的任何物体都不会出现889mm(35in)的头部碰撞行程半径以内。

3.3.2　应急出口布置的均匀性

布置应急出口的目的是为了保证乘员在紧急情况下安全撤离,撤离时间不超过90s。因此,在应急门布置时要考虑多种因素,包括客舱座椅布置、乘客离应急门距离、应急门在机身的相对位置,并要求应急门布置尽量均匀。

应急门形式见表3-2。应急门的形式和数量与飞机最大载客量(最大载客能力)有关。

表3-2　应急门形式

形式	尺　寸	相对地板的安装位置
A	不小于1066mm(42in)宽×1829mm(72in)高的矩形、圆角半径不得大于178mm(7in)的开口	下缘与地板齐平
B	不小于813mm(32in)宽×1829mm(72in)高的矩形、圆角半径不得大于152mm(6in)的开口	下缘与地板齐平

形式	尺　　寸	相对地板的安装位置
C	不小于 762mm（30in）宽×1219mm（48in）高的矩形、圆角半径不得大于 250mm（10in）的开口	下缘与地板齐平
I	不小于 610mm（24in）宽×1220mm（48in）高的矩形、圆角半径不得大于 203mm（8in）的开口	下缘与地板齐平
II	不小于 510mm（20in）宽×1120mm（44in）高的矩形、圆角半径不得大于 178mm（7in）的开口	不位于机翼上侧，下缘与地板齐平；位于机翼上侧，允许有机内不大于 250mm（10in），机外不大于 430mm（17in）的台阶
III	不小于 510mm（20in）宽×910mm（36in）高的矩形、圆角半径不得大于 178mm（7in）的开口	机内台阶不大于 510mm（20in）；若在机翼上侧，机外台阶不大于 690mm（27in）
IV	不小于 480mm（19in）宽×660mm（26in）高的矩形、圆角半径不得大于 160mm（6.3in）的开口	位于机翼上侧，允许有机内不大于 740mm（29in），机外不大于 910mm（36in）的台阶
腹部	起落架放下正常着地，过承压壳体的机腹蒙皮上开口。撤离率至少和 I 型出口相同	机身腹部
尾部	由客舱经过承压壳体和承压壳体之后可打开的机身锥体的后部出口，仅需一个操作动作	机身尾部

需要强调的是，此处开口尺寸为乘客应急撤离的无障碍开口尺寸，即应急出口的“净开口尺寸”。净开口尺寸是指不包含门框内装饰与门框止动接头包络空间的尺寸。最终机身上舱门开口尺寸要根据舱门及机构具体构型确定，在确保净开口尺寸的前提下，舱门在机身上开口尺寸一般比净开口尺寸稍大。

AC 25.807-1 提供了一种可供参考的分析方法，来验证应急门布置是否满足均匀要求。

1. 旅客分区

旅客分区是指客舱的一段。通常两相邻应急门之间构成一旅客分区。若在最前的应急门之前或最后的应急门之后布置有座椅，则从客舱的前端或后端到最近的应急门之间也构成一旅客分区。在具体确定旅客分区的界限时，以应急门的中线为界。对第二种情况，以离应急门最远座椅的坐垫前缘为界。

2. 应急门撤离率

应急门撤离率是指在给定时间内（90s）从应急门里撤走的人数。不同形式应急门撤退率不同。表3-3给出了各种应急门的撤退率。

3. 最大载客能力

由应急门的形式和数量可确定最大理论载客能力。CCAR25-R3 标准颁布后，适航规章要求运输类飞机无论大小，要求按表3-3计算确定最大载客能力。

表 3-3　各种应急门的撤退率

应急门形式	撤退率(允许增加的客座数)
A	110
B	75
C	55
I	45
II	40
III	35
IV	9

4. 客舱长度

客舱长度通常指最前面与最后面的应急门中线之间距离。如果在最前的应急门之前或最后的应急门之后布置有四排以上座椅,则客舱的起点或终点从最前或最后的座椅的前缘算起。

5. 应急门系数

应急门系数是与撤退率有关的无单位系数,其计算方法为:所求之应急门的撤退率除以Ⅲ型门的撤退率,然后将小数部分近似到小于该值的 0.25 的最大整数倍。

各种应急门的系数如下:

Ⅲ型(35)和Ⅱ型(40)出口	1.0
在三排座椅内布置的两个Ⅲ型出口(70)	2.0
Ⅰ型(45)出口	1.25
B型(75)出口	2.0
A型(110)出口	3.0

6. 机身长度因子

机身长度因子是客舱长度除以各个旅客分区的应急门系数之和。

7. 应急门偏离

应急门偏离指理论计算出的应急门中心线与实际飞机上应急门中心线的距离之差。

3.3.3　旅客应急出口均匀分布的计算分析方法

考虑两个方面:一是应急门与舱内座椅布置的关系;二是应急门在机身上的相对位置。只有同时满足这两个方面,旅客应急门布置才算满足适航要求的"均匀分布"。

1. 应急门布置与座椅的关系

应急门布置与座椅的关系非常密切,在布置座椅时,首先要满足 FAR25 的有关要求,如适航条例第 25.813 条款中有关应急出口通路的要求等。其要求:乘务人员帮助乘客撤离要有足够空间,在咨询通报 AC25-17A 中明确规定为不小于 12in×20in 的区域,其长度方向平行于通向应急门的过道。另外,为了保证紧急着陆时(9g)乘客的头部不会撞到前面的坚硬表面上,AC25.785-1B 中要求面向前布置的乘客座椅与坚硬表面的距离不能小于 35in,面向后的乘务人员座椅与面向前的乘客的座椅之间的距离不能小于 60in,这些距离是指从座椅的参考点算起。

应急门与座椅布置的关系是在满足各种要求的情况下充分利用有限空间,以便布置最多的座椅,所以应急门布置的过程也是一个优化的过程。

在 AC25.807-1 中对应急门与座椅布置有如下要求:

(1)任何旅客分区的座椅布置不能超过分区载客能力。分区载客能力即构成此旅客分区的应急出口的撤退率之和。若一架飞机在最前的应急门之前或最后的应急门之后布置有座椅,则第一个或最后一个区为从客舱前端或尾端到最近的一个应急门之间。在此区域,分区载客能力不能超过应急出口撤退率的 75%。

(2)飞机的最大座椅布置不能超过由应急出口的形式和数量确定的最大载客能力。

(3)无论从机头到机尾或从机尾到机头,任何飞机的顺序分区座椅布置不能超过顺序分区的载客能力。顺序分区的载客能力为构成此顺序分区的所有应急门的撤退率之和。

2. 旅客应急门布置与机身的相对关系

在分析应急门布置与机身的相对关系,同时考虑应急门的形式时,应进行以下步骤的计算:

(1)确定客舱长度。如果在最前的应急门之前或最后的应急门之后有一个区,而这个区有三排或小于三排座椅,则在计算客舱度时不计算这个区。

(2)首先确定各个门的应急门系数,然后计算各个区的应急门系数,最后计算出整个飞机的应急门系数。由于中间的分区的应急门是相邻两区共用的,故要相邻两区联算,并从头到尾和从尾到头分别计算。

(3)计算飞机的机身长度因子。

(4)计算各应急门的理论位置站位,其计算方法:客舱起点的站位加上机身长度因子乘以 A 区的应急出口系数即为下一对应急出口的理论站位(如果在飞机的第一对应急出口之前布置有四排或四排以上的座椅,同时小于第一对应急出口撤离率的 75%，则求出的理论站位为第一对应急出口的理论站位）；然后用上面求出的理论站位+机身长度因子乘以 B 区的应急出口系数即为下一对应急出口的理论站位。以此类推，直到计算出所有应急出口的理论站位。

（5）计算每个出口的应急出口偏差及其占客舱长度的百分比。

（6）计算出每个应急出口的偏差不能超过客舱长度的 15%，否则不满足条例中的"均匀分布"的要求。

另外，计算出来的理论位置和允许的 15% 偏差不能位于对旅客紧急撤离有害的区域，这些有害区域包括螺旋桨、发动机进气道、起落架和机翼前后缘部件等。

3. 旅客应急门布置均匀性分析示例

示例 1　假如某飞机有 5 对应急出口，类型按顺序 Ⅰ 型、A 型、A 型、Ⅰ 型和 Ⅰ 型，且飞机的最前面和最后面一对应急出口之前和之后没有座位。

应急出口 1~5 对的中心线站位为 FS200in、FS750in、FS1200in、FS1875in 和 FS2200in。

A 区域两端分别有一对 Ⅰ 型和 A 型应急出口，B 区域两端分别有一对 A 型应急出口，C 区域两端分别有一对 A 型和 Ⅰ 型应急出口，D 区域两端分别有一对 Ⅰ 型应急出口。

由于该飞机载客量大于 179，故 Ⅰ 型应急出口的撤退率按 45 计算。严酷状态下，假设机身一侧应急出口不能使用，故按飞机一侧应急出口计算。

4 个区域的最大座椅构型和这些区域的有序组合如下：

（1）独立区域的撤退率：A 区域，155（45+110）；B 区域，220（110+110）；C 区域，155（110+45）；D 区域，90（45+45）。

（2）有序区域撤退率：

① 从前至后：A+B 区域，265（45+110+110）；A+B+C 区域，310（45+110+110+45）。

② 从后至前：D+C 区域，200（45+45+110）；D+C+B 区域，310（45+45+110+110）。

（3）最大乘客座椅构型：A+B+C+D 区域，355（45+45+110+110+45）。

与机身相关的应急出口布置如下：

（1）机身长度为 2000in（FS2200~FS200）。

（2）每个区域的应急出口系数：A 区域，4.25（1.25+3.0）；B 区域，6.0（3.0+3.0）；C 区域，4.25（3.0+1.25）；D 区域，2.5（1.25+1.25）。总和，17.0。

（3）机身长度因子：117.6（2000/17.0）。

（4）名义应急出口位置：应急出口 1，FS200（按定义是客舱的起始位置）；应急出口 2,FS699.8(200+(117.6×4.25));应急出口 3,FS1405.4(699.8+(117.6×6.0));应急出口 4,FS1905.2(1405.4+(117.6×4.25));应急出口 5,FS2200(按定义是客舱的结束位置)。

(5) 应急出口偏移量:应急出口 1 和 5,0;应急出口 2,50.2in(750-699.8);应急出口 3,205.4in(1405.4-1200);应急出口 4,25.4in(1905.2-1875)。

(6) 应急出口偏移率:应急出口 1 和 5,0;应急出口 2,2.5%((50.2/2000)×100%);应急出口 3,10.3%((205.4/2000)×100%);应急出口 4,1.3%((25.4/2000)×100%)。

所有应急出口与名义位置的偏移率均小于15%,应急门的布置是可被接受的。

示例2 假设某飞机的客舱中有Ⅰ型、Ⅲ型、Ⅲ型和Ⅰ型 4 对应急出口,并且有一个尾锥型应急出口允许座椅数增加 25 个。另外还有 12 个乘客(两排座椅)位于第一对应急出口以前。从应急出口 1~4 对的中心线站位分别为FS200in、FS600in、FS640in 和 FS945in。尾锥型应急出口可从客舱打开且与地板齐平,站位为 FS1200in,第一排座椅站位为 FS110in。两对Ⅲ型应急出口之间的距离为 40in,因此其之间有少于三排座椅,这样为了分析可以认为这是一个双Ⅲ型应急出口且中心线站位为 FS620in。因此 A 区域的边界分别为客舱前段和一对Ⅰ型应急出口,B 区域为一对Ⅰ型和双Ⅲ型,C 区域为一对双Ⅲ型和Ⅰ型,D区域为Ⅰ型和尾锥型。

增加尾锥型出口乘客数 25,按表 3-4 总乘客数可达 179+25=204。该飞机Ⅰ型应急出口的撤退率仍按载客数等于 179 的飞机计算,结果近似为 55((204-(25+(2×35)))/2)。

三个区域的最大座椅构型和这些区域的有序组合如下:

(1) 独立区域的撤退率:A 区域,41(55 的 75%,四舍五入);B 区域,125(55+(2×35));C 区域,125((2×35)+55);D 区域,80(55+25)。

(2) 有序区域撤退率:

① 从前至后:A+B 区域,125(55+(2×35));A+B+C 区域,180(55+(2×35)+55)。

② 从后至前:D+C 区域,150(25+55+(2×35));D+C+B 区域,204(表 3-4中限制值加尾锥型的 25)。

(3) 最大乘客座椅构型:A+B+C+D 区域:204(表 3-4 中限制值加尾锥型的25)。

与机身相关的应急出口布置如下:

(1) 机身长度为 1000in(FS1200~FS200)。注意客舱应被认为是从前段应急出口的中心线开始的而不是第一排座椅开始。

（2）飞机上每个区域的应急出口系数：

① Ⅰ型应急出口系数:55/35=1.57,近似为1.5

② 尾锥型应急出口系数:12/35=0.34,近似为0.25

③ A 区域,0;B 区域,3.5(1.5+2);C 区域,3.5(2+1.5);D 区域,1.75(1.5+0.25)。总和,8.75。

（3）机身长度因子:114.3 in(1000/8.75)。

（4）名义应急出口位置:应急出口1,FS200(按定义是客舱的起始位置);应急出口2,FS600(200+(114.3×3.5));应急出口3,FS1000(600+(114.3×3.5));应急出口4,FS1200(按定义是客舱的结束位置)。

（5）应急出口偏移量:应急出口1和4,0;应急出口2,20(620-600);应急出口3,55(1000-945)。

（6）应急出口偏移率:应急出口1和4,0%;应急出口2,2.0%((20/1000)×100%);应急出口3,5.5%((55/2000)×100%)。

所有应急出口与名义位置的偏移率均小于15%,应急门的布置是可被接受的。

3.3.4　型号应急门布置优化设计应用示例

以下为利用上述方法,分析20世纪80年代中国和德国合作预发展的MPC-75飞机的应急门布置。

为了进行 MPC-75 飞机应急门布置,预发展人员提出了三种飞机的布置方案。每种方案同时包括基本型和加长型两种形式。加长型是在基本型的基础上于机翼前增加5个、机翼后增加4个间距为21in的隔框。指导思想是:在同时考虑基本型和加长型的情况下,进行应急门和座椅的布置,以保证基本型和加长型有相同的基本结构,从而达到提高飞机生命力,降低制造成本的目的。

应急门的位置应注意以下三点:

（1）应急门最好不要紧靠机身结构分离面布置,否则会增加重量和结构的复杂程度,从而增加成本。

（2）应急门最好不要靠近与机翼前、后梁连接的框布置。此处集中力很大,不宜大开口,否则也会增加重量和成本。

（3）应急门的布置最好不要改变机身原来框距,以减少制造成本。

在进行座椅布置时,同时考虑了间距为34in和30in的两种布局,这样能保证在不同的座椅布局下都能充分利用有限的客舱空间。在进行应急门计算分析时,以最密的布置为准。

需要强调的是座椅布置跟隔框布置没关系。

经过反复布置,最后确定了3种飞机方案、6种应急门和座椅布置,如图3-13~图3-18所示。

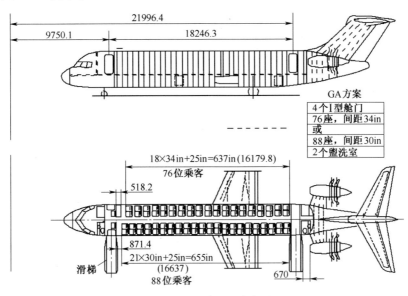

图 3-13 方案 GA 基本型

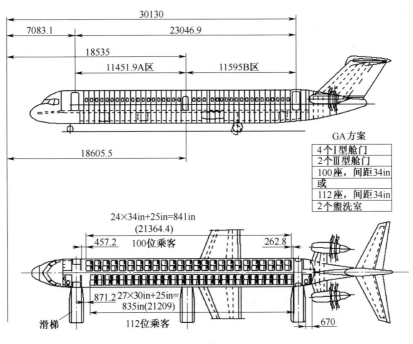

图 3-14 方案 GA 加长型

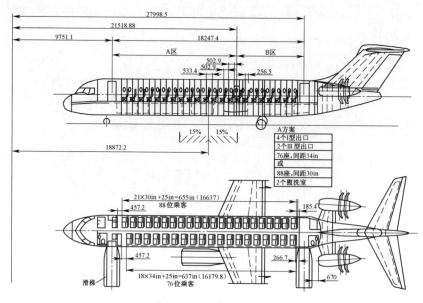

图 3-15 方案 A 基本型

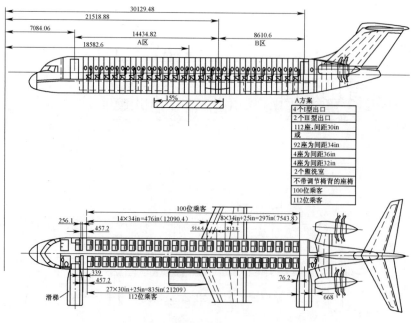

图 3-16 方案 A 加长型

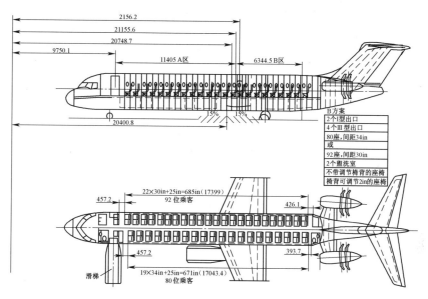

图 3-17　方案 B 基本型

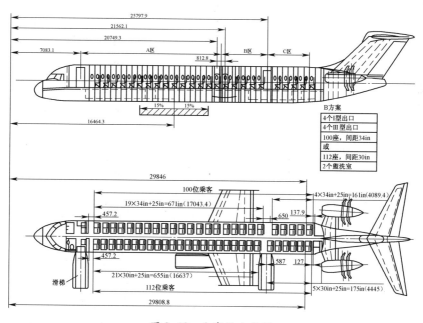

图 3-18　方案 B 加长型

从图 3-18 中可以看出,方案 B 的基本型只能布置 80 座和 92 座的座椅,少于预发展人员提出的 82 座和 96 座。

各种方案的最大载客量、应急门数量及机型见表 3-4 所列。

表 3-4　各方案的最大载客量和应急门数量

方案	机型	最大载客能力	实际座椅布置间距 30in 座椅数	实际座椅布置间距 34in 座椅数	应急门数量	Ⅰ 型门	Ⅲ 型门
GA	基本型	90	88	76	2	2	
	加长型	139	112	100	3	2	1
A	基本型	139	88	76	3	2	1
	加长型	139	112	100	3	2	1
B	基本型	109	92	80	3	1	2
	加长型	179	112	100	4	2	2

鉴于此经验方法来源于咨询通报 AC25-807-1,所涉及的长度单位都为 in。现在对上面六种应急门的布置方案进行计算。

3.3.4.1　方案 GA

1. 基本型

1) 分区、顺序、最大载客能力计算

飞机应急门由 2 对Ⅰ型门组成,Ⅰ型门撤退率为 45。由于这架飞机只有 1 个旅客分区,所有分区、顺序及最大载客能力均为 90(2×45)。

2) 应急门与机身客舱的关系

由于只有 1 个旅客分区,而且又没有座椅布置在最前应急门之前或最后应急门之后,所以这两对Ⅰ型门不存在偏离。

2. 加长型

1) 分区、顺序、最大载客能力计算

(1) Ⅰ型门的撤退率为(139−35)/2=52。

(2) Ⅰ型门的应急撤离系数为 52/35=1.48,近似为 1.25。

(3) 分区载客能力:A 区域,87(52+35);B 区域,87(35+52)。

(4) 顺序载客能力:A+B 区域(从前到后)= B+A 区域(从后到前)= 139。

(5) 最大载客能力:139。

2) 应急门与机身客舱的关系

(1) 客舱长度:907.4in

(2) 应急门系数:A 区域,2.25(1.25+1);B 区域,2.25(1+1.25)。总和,4.5。

(3) 机身长度因子:907.4in/4.5=201.6in。

(4) 应急门的理论位置:1 号应急门,278.9in(飞机定义的站位);2 号应急门,279.9in+201.6in×2.25=732.5in;3 号应急门,1186.2in(飞机定义的站位)。

（5）应急门偏离：1、3 号应急门偏离，0；2 号应急门偏离，732.5in−729.7in（飞机定义的站位）＝ 2.8in。应急门偏离占客舱长度的百分比，即偏离率：2.8in/907.4in＝0.3%。

3.3.4.2 方案 A

1. 基本型

1）分区、顺序、最大载客能力计算

（1）Ⅰ型门的撤退率：(139−35)/2＝52。

（2）Ⅰ型门的应急撤离系数：52/35＝1.48，近似为 1.25。

（3）分区载客能力：A 区域，87(52+35)；B 区域，87(35+52)。

（4）顺序载客能力：A+B 区域(从前到后)＝ B+A 区域(从后到前)＝139。

（5）最大载客能力：139。

2）应急门与机身客舱的关系

（1）客舱长度：718.4in

（2）应急门系数：A 区域，2.25(1.25+1)；B 区域，2.25(1+1.25)。总和，4.5。

（3）机身长度因子：718.4in/4.5＝159.6in。

（4）应急门的理论位置：1 号应急门，383.9in(飞机定义的站位)；2 号应急门，383.9in+159.6in×2.25＝743in；3 号应急门，1102.2in(飞机定义的站位)。

（5）应急门偏离：1、3 号应急门偏离，0；2 号应急门偏离，847.2in(飞机定义的站位)−743in＝104.2in，2 号应急门偏离率，104.2in/718.4in＝14.5%。

2. 加长型

1）分区、顺序、最大载客能力计算

（1）Ⅰ型门的撤退率：(139−35)/2＝52。

（2）Ⅰ型门的应急撤离系数：52/35＝1.48，近似为 1.25

（3）分区载客能力：A 区域，87(52+35)；B 区域，87(35+52)。

（4）顺序载客能力：A+B 区域(从前到后)＝ B+A 区域(从后到前)＝139。

（5）最大载客能力：139。

2）应急门与机身客舱的关系

（1）客舱长度：907.3in。

（2）应急门系数：A 区，2.25(1.25+1)；B 区，2.25(1+1.25)。总和，4.5。

（3）机身长度因子：907.3in/4.5＝201.6in。

（4）应急门的理论位置：1 号应急门，278.9in(飞机定义的站位)；2 号应急门，278.9in+201.6in×2.25＝732.2in；3 号应急门，1186.2in(飞机定义的站位)。

（5）应急门偏离：1、3 号应急门偏离：0；2 号应急门偏离，847.2in(飞机定义的站位)−732.2in＝115in,2 号应急门偏离率,115in/907.3in＝12.7%。

3.3.4.3 方案 B

1. 基本型

1) 分区、顺序、最大载客能力计算

(1) Ⅰ型门的撤退率:(109−70)/1＝39。

(2) Ⅰ型门的应急撤离系数:39/35＝1.11,近似为 1.0。

(3) 分区载客能力:A 区域,109;B 区域,52(70×75%);

(4) 顺序载客能力:A+B 区域(从前到后)＝B+A 区域(从后到前)＝109。

(5) 最大载客能力:109。

2) 应急门与机身客舱的关系

(1) 客舱长度:698.8in。

(2) 应急门系数:A 区域,3(1+2);B 区域,2。总和,5。

(3) 机身长度因子:698.8in/5＝139.8in。

(4) 应急门的理论位置:1 号应急门,383.9in(飞机定义的站位);2 号应急门,383.9in+139.8in×3＝803.2in。

(5) 应急门偏差:1 号应急门偏离,0;2 号应急门偏离,832.9in(飞机定义的站位)−803.2in＝29.7in,2 号应急门偏离率:29.7in/698.8in＝4.3%。

2. 加长型

1) 分区、顺序、最大载客能力计算

(1) Ⅰ型门的撤退率:(179−70)/2＝54.5 ,圆整为 55。

(2) Ⅰ型门的应急撤离系数:55/35＝1.57,近似为 1.5。

(3) 分区载客能力:A 区域,125(55+70);B 区域,125(70+55);C 区域,41(55×75%)。

(4) 顺序载客能力:A+B 区域(从前到后)＝179;C+B 区域(从后到前)＝125。

(5) 最大载客能力:179。

2) 应急门与机身客舱的关系

(1) 客舱长度:897.3in。

(2) 应急门系数:A 区,3.5(1.5+2);B 区,3.5(2+1.5);C 区,1.5。总和,8.5。

(3) 机身长度因子:897.3in/8.5＝105.5in。

(4) 应急门的理论位置:1 号应急门,278.9in(飞机定义的站位);2 号应急门,278.9in + 105.5in × 3.5 = 648.2in;3 号应急门,648.2in + 105.5in × 3.5 = 1017.5in。

（5）应急门偏离：1 号应急门偏离,0;2 号应急门偏离,832.9in(飞机定义的站位)−648.2in=184.7in,3 号应急门偏离,1017.5in−1015.7in(飞机定义的站位)=1.8in,2 号应急门偏离率,184.7in/897.3in=20.6%;3 号应急门偏离率,1.8in/897.3in=0.2%。

3.3.4.4 方案比较

以上分区、顺序、最大载客能力与飞机实际座椅布置的比较见表 3-5。各种方案的应急门实际位置与理论位置的偏差见表 3-6。

表 3-5 不同方案与飞机实际座椅布置的比较表

方案	机型	分区	分区载客能力	实际座椅布置	结论	顺序载客能力	实际座椅布置	结论	最大载客能力	实际座椅布置	结论
GA	基本型	A	90	88	满足	—	—	—	90	88	满足
	加长型	A	87	52	满足	139	112	满足	139	112	满足
		B	87	60	满足						
A	基本型	A	87	56	满足	139	88	满足	139	88	满足
		B	87	32	满足						
	加长型	A	88	68	满足	139	112	满足	139	112	满足
		B	87	44	满足						
B	基本型	A	109	56	满足	109	92	满足	109	92	满足
		B	70	36	满足						
	加长型	A	125	68	满足	A+B=179	88	满足	179	112	满足
		B	125	20	满足						
		C	41	24	满足	C+B=125	44				

表 3-6 各种方案的应急门实际位置与理论位置的偏离

方案	GA	A		B		
形式	加长型	基本型	加长型	基本型	加长型	加长型
应急门号	2 号	2 号	2 号	2 号	2 号	3 号
偏离/in	2.8	104	115	29.7	184.7	1.8
偏离率/%	0.3	14.5	12.7	4.3	20.6	0.2

从表 3-5 看到,三种方案 6 个型号的座椅布置数都小于相应的分区、顺序、最大载客能力,从应急门布置和座椅布置的关系来讲,三种方案都是可接受的。

从表 3-6 看到,方案 GA、A 和 B 的基本型的应急门偏离率均在允许的 15% 以内,故从应急门与机身的相对关系来讲是可接受的,但对照 CCAR25.807(f)

（2）条款要求，B的基本型也难以满足应急门布置的要求；方案B加长型的2号应急门的偏离率为20.6%，超过允许的15%，故方案B加长型也就不可接受。

综上所述，方案GA和A从两方面讲都可接受，所以它们满足均匀分布的要求。

下面对GA和方案A进行比较。

方案GA和方案A的优点：

（1）两种方案都满足该飞机型号以下要求：基本型，76座全经济型，间距34in；加长型，最少100座全经济型，间距34in。

（2）两种方案都符合该型号有关客舱布置的准则。

（3）根据AC 25.807-1，方案A满足CCAR 25.807要求。

（4）对基本型和加长型，两种方案都有相同的基本结构，所以成本低。

（5）方案A的撤退率比方案GA大。

方案GA和方案A的缺点：

（1）由于方案A比GA多一个应急门，所以方案A的制造成本高。

（2）两种方案都有一个应急门靠近发动机。

（3）虽然从表3-5和表3-6来看，方案GA的基本型是可接受的，但它只有2对Ⅰ型门，要满足CCAR 25.807有点风险。

（4）方案GA的加长型机翼前有一个Ⅲ型门，离地距离8.5in，根据CCAR25.807，应急门离地超过6in，就必须布置滑梯，但Ⅲ型门太小，无法使乘客按应急撤退时要求跳到滑梯上，所以这里将Ⅲ型门换成Ⅰ型门，计算时仍按Ⅲ型门计算。

结论：从结构观点看，两种方案都可接受；从应急撤退的观点，方案A比方案GA好，因为撤退率高；完全满足CCAR25.807要求。

3.4　军用运输机应急出口布置

军用运输机的舱门和出口要求随飞机的任务类型而改变，也受以往飞机的使用经验影响。

军用运输机主要运输货物或军人；由军用运输机改装的特种飞机如预警机、电子战机、海上巡逻机等乘载的是战勤人员。该类飞机应配备地面应急出口、水上应急出口、空中应急跳伞出口。

伊尔76飞机应急出口布置如图3-19所示。布置情况：驾驶舱顶应急出口在飞机对称线处1个，机组跳伞应急出口在飞机左侧1个，登机、跳伞门在飞机左、右侧对称各1个，货舱1号应急出口左右各1对称设置，货舱2号应急出口

左右各 1 对称设置。伊尔 76 军用型 90 框后布置有尾炮舱,设置了尾部应急
出口。

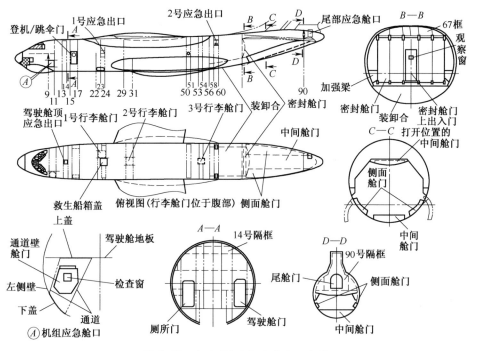

图 3-19　伊尔 76 飞机应急出口布置

C17 飞机应急出口布置如图 3-20 所示。布置情况:机组水上应急出口 1
个,登机门左侧一个,地面应急出口右侧 1 个(对应左侧登机门),爆炸式水上应
急出口货舱顶部对称布置 4 个,货舱跳伞门左右各 1 个。

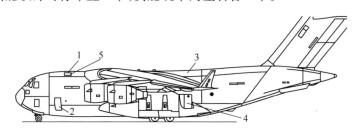

图 3-20　C17 飞机应急出口布置
1—机组水上应急出口;2—登机门(左)、应急门(右);
3—爆炸式水上应急出口;4—货舱跳伞门。

A400M 飞机应急出口布置情况:前机身有两个舱门,左边的为登机门,右边
的为应急出口。后机身有两个跳伞舱门。机头顶部有 1 个水上应急出口,货舱
后段的顶部有 1 个水上应急出口。

据资料:按飞机总体配置,伊尔 76 飞机最多运送 305 名士兵,C17 最多 102 名,A400M 最多 120 名。

伊尔 76 作为货舱地面应急出口的舱门有 4 个,分别是左、右登机跳伞门,左、右 1 号应急出口;作为水上应急出口的为 2 个 2 号水上应急出口;作为空中应急出口的为 2 个登机跳伞门。驾驶舱人员地面、空中应急撤离都用机组跳伞应急出口。水上应急撤离用机组水上应急出口。

C17 机组人员和货舱人员地面应急撤离的出口有 4 个,分别是登机门,应急门,左、右货舱跳伞门;水上应急撤离的出口有 5 个,分别是机组水上应急出口,4 个货舱爆炸式水上应急出口;空中应急撤离的出口有 3 个,分别为 2 个货舱跳伞门和 1 个货舱应急出口。

A400M 机组人员和货舱人员地面应急撤离的出口有 4 个,分别是登机门,应急门,左、右货舱跳伞门;水上应急撤离的出口有 2 个,分别是机组水上应急出口,货舱水上应急出口;空中应急撤离的出口有 3 个,分别为 2 个跳伞门,1 个应急出口。

从上述 3 种军用运输机的各种应急出口的数目及布置情况,与运送士兵的数量之间的关系看,不能得出一个规律性的结果,也没有严格按照运输类飞机适航条例的有关要求,而是在满足军方战术技术要求,参照运输类飞机适航条例的有关要求,平衡全机各种技术需求矛盾的基础上确定其应急出口的数量及位置。

3.5　货舱门布置

飞机构型设计阶段,应给出所有货舱门的位置和尺寸,并完成舱门的初步设计和布置。布置时应考虑货舱门是如何便于装卸货物,其开口尺寸和周边加强应满足有关强度规范要求。

主货舱门应根据货机装载能力,使最大可行尺寸的包装箱进出,并便于装运各种不同的规格、不同种类的尽可能多的货物。

通常货运机的主装货舱门布置在机身后下部,若不能这样布置,则主装货舱门应在飞机的左侧。

后货舱门的构型有伊尔 76 的 5 门构型,C141 的 4 门构型,C5、An124 的 5 门构型。C130、A400M 的 2 门构型;运 8 的 3 门构型;等等。

货舱门一般要求是水密的,是否要求气密由飞机总体要求确定,货舱门门槛应与货舱地板平齐。货舱门的位置和打开方式应对装卸货物妨碍最小,并不应限制使用装货平台、起重机、叉车等来传送货物。飞机的维修如果与装卸货物同时进行时,不应干扰装卸货物。

有些货运机为了装卸货物的方便,设计成整个尾段是可以转动的(如加拿大的 CL-44)或机身头部是可以转的,如 An124、An225、C5、B747-400 等专用货用飞机。

对于民航客机,由于登机门一般位于飞机左侧,为了便于人、货分流,一般货舱门布置在飞机右侧,货舱门的数量依据飞机大小而不等,通常有前、后货舱门,散货舱门等。

随着贸易全球化和电子商务发展,航空货用量大增,民航需要大量专用货用飞机,这些民用货用飞机要么是客机基础上改型生产的新货机,要么是用退役客机经大修后改装成专用货机。为此,需要对客机地板结构进行加强,增加货用附属设备,其地板下层原先设置的那些货舱门基本无须更改,通常在地板上层货舱增设主货舱门,一般布置在飞机前左侧,个别也有布置在机头或左后侧,位置考虑因素主要是装卸货方便性及装卸货物时全机重心平衡。主货舱门大小需要考虑与该飞机剖面相适应的集装箱(ULD 成组器)、货盘的尺寸(图 3-21),以便进出通过货舱门。表 3-7 列出了典型机种货舱门尺寸。

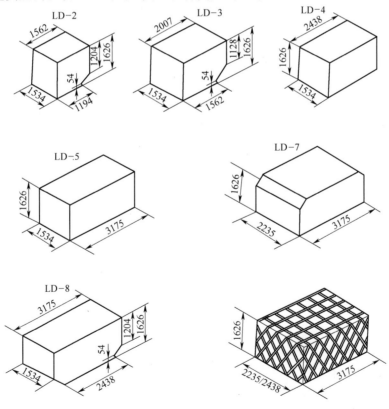

图 3-21 国际标准集装箱和货盘尺寸(单位:mm)

表 3-7　典型机种货舱门尺寸　　　　　　　　单位:m

货舱门 机型	前货舱门		后货舱门		尾货舱门	
	装载类型	高×宽	装载类型	高×宽	装载类型	高×宽
B777	集装	1.70×2.72	集装	1.88×1.78	散装	0.91×1.14
B767	集装	1.75×1.78	集装	1.75×1.78	散装	
B747	集装	1.68×2.64	集装	1.68×2.64	散装	1.19×1.12
A300 系列	集装	1.71×2.69	集装	1.71×1.81	散装	0.95×0.95
A320	集装	1.25×1.82	集装	1.25×1.82	散装	
MD11	集装	1.68×2.64	集装	1.68×1.78	散装	0.91×0.76
B737	散装	1.22×1.30	散装	1.22×1.22		
MD80 系列	散装	1.27×1.35	散装	1.27×0.91		
F100	散装	1.43×1.44	散装	1.43×1.44		
BAe146	散装	1.09×1.35	散装	1.04×0.91		

3.6　舱门布置的结构设计考虑

客舱门、应急门在机身上布置时,应尽可能左右对称布置,便于门框加强框的布置与舱内旅客座椅排布。

货舱门布置时,要考虑基本型和加长型情况,其位置要统一考虑。每个货舱门的位置应考虑货物装卸方便。要注意装运行李车或装货车不能跟襟翼或货舱门附近结构干涉。

舱门布置要考虑在使用时,不能与飞机周围保障车辆的使用发生冲突。

第4章 舱门载荷

军用和民用运输类飞机的舱门必须能够分别承受 GJB 67 和 CCAR 25 相关条例或规范规定的飞机飞行包线内所遇到的全部载荷,而不影响其使用功能。本章以民用运输类飞机为例,对舱门载荷进行详细阐述。

对于机身外部堵塞式舱门和非堵塞式舱门,其结构设计的载荷按 4.1 节~4.5 节确定。对于起落架舱门、机身其他非气密舱门与舱盖,一般只承受局部气动载荷、本身的惯性载荷及操纵机构(若有)的载荷。

4.1 安全系数

按照 CCAR25.303 要求,当以限制载荷作为结构的外载荷时,必须采用安全系数 1.5;当用极限载荷来规定受载情况时,不必采用安全系数。

4.2 飞行与气密载荷

舱门飞行与气密情况载荷主要包括纯气密、增压飞行以及非增压飞行等工况。依据 CCAR25.365,飞行与气密情况载荷规定如下:

(1)舱门及其锁紧机构必须能够承受 1.33 倍(飞行高度达 13700m)和 1.67 倍(飞行高度高于 13700m)释压活门最大调定值(考虑容差)压差载荷的单独作用,此情况不与其他气动、惯性载荷相叠加。

(2)舱门及其锁紧机构必须能够承受飞行载荷和由零到释压活门最大调定值的压差载荷的组合作用。

(3)舱门及其锁紧机构应能承受最大向内的气动压力载荷作用,该载荷可能出现在非增压飞行时最坏的偏航或俯仰飞行条件下,此情况还应考虑舱门的惯性载荷。

舱门飞行与气密情况载荷见表 4-1。

表 4-1 舱门飞行与气密情况载荷

工 况	限制载荷	极限载荷	说明
纯气密	$1.33\Delta P$ 或 $1.67\Delta P$	$2\Delta P$ 或 $2.5\Delta P$	CCAR25.365
增压飞行	飞行载荷+ΔP	1.5×限制载荷	增压舱载荷
非增压飞行(含负压)	飞行载荷+惯性载荷+ΔP_{ne}	1.5×限制载荷	

注:ΔP 为座舱最大正压差;ΔP_{ne} 为座舱最大负压差

4.3 地 面 载 荷

舱门地面情况载荷主要包括突风载荷、手和脚的随机载荷、手柄载荷及应急打开载荷等。

4.3.1 突风载荷

在门打开或关门过程中能够承受相当于 74km/h 的水平稳态风载荷,在门完全打开时能够承受相当于 120km/h 的稳态风载荷,这些载荷均为限制载荷。该载荷适用于舱门地面开关时暴露在风中的舱门,不适用于打开后收藏于机身内部的舱门。

4.3.2 随机载荷

舱门结构和制动机构必须受得住 136kgf 向下作用的最大随机手或脚极限载荷,或经受住作用在其余任何方向上的 68kgf 的极限载荷。假定这些载荷单独作用,并且在舱门从打开到关闭的任一位置施加到舱门任意一点。

随机载荷应考虑舱门的重量。

4.3.3 手柄载荷

(1)作为应急出口的登机门、应急门和服务门,当舱门卡阻时,舱门结构和机构应能承受施加在手柄行程上任意点 204kgf 的应急手柄极限载荷,载荷作用于手柄中间,沿手柄运动轨迹切线方向。

(2)对于不作为应急出口的货舱门,当舱门卡阻时,舱门结构和机构应能承受施加在手柄行程上任意点 136kgf 的应急手柄极限载荷,载荷作用于手柄中间,沿手柄运动轨迹切线方向。

(3)对于 T 形手柄,舱门结构和机构承受的极限载荷为 $102\times L(\text{kgf}\cdot\text{mm})$,该载荷为手柄转轴处的扭矩,其中 L 为手柄两端手握位置之间的距离。

64

（4）对于手柄本身，应能承受作用于手柄任意点 136kgf 的极限载荷，载荷沿任意方向。

（5）为防止锁闩和锁系统超载，当锁闩驱动系统安装载荷限制装置时，应考虑该装置对锁闩所承受载荷的影响。

4.3.4 应急打开载荷

在应急打开舱门时，舱门结构和机构应能承受乘客挤靠在飞机内侧门壁上产生的 180kgf 极限载荷。

舱门地面载荷情况见表 4-2。

表 4-2 舱门地面载荷情况

载荷情况	分析部位及状态		限制载荷	极限载荷/kgf	备注
突风载荷	舱门结构和机构	开门或关门	74km/h 风载+F_w	—	压力
		打开位置	120km/h 风载+F_w	—	压力
随机载荷	舱门结构和机构	任一位置舱门上任意一点		$136+1.5F_w$	向下方向
				$68+1.5F_w$	任意方向
手柄载荷	舱门结构和机构	应急出口舱门		204	手柄运动切线方向
		非应急出口舱门		136kgf	
	手柄	手柄上任意一点		136kgf	任意方向
应急打开载荷	舱门结构和机构	开门		$180+1.5F_w$	乘客拥挤

注：1. 极限载荷=1.5 倍限制载荷；
2. F_w 为舱门重力

4.4 破损安全载荷

舱门结构及其机构（如门框、止动接头和锁闩等），必须按照损伤容限或破损安全设计。必须考虑舱门结构中门框、锁闩、止动接头等单个元件的失效，而舱门蒙皮壁板等结构应按照损伤容限要求进行设计。

依据 CCAR 25.571 及 CCAR 25.783，破损安全载荷确定如下：

（1）舱门中门框、止动块等单个结构元件失效时，破损安全极限载荷取正常使用压差的最大值（包括 1g 平飞时预期的外部气动压力）的 1.15 倍，不考虑其他载荷。

（2）除非能证明增压飞行时机身结构变形对舱门没有明显的影响，否则当舱门中门框、止动块等单个结构元件失效时，破损安全极限载荷还必须考虑增压飞行的限制载荷。

（3）舱门中锁闩等单个机构元件失效时，破损安全极限载荷取舱门非增压飞行情况或地面情况的限制载荷。

（4）当舱门卡阻的同时存在单个机构元件失效时，破损安全载荷取应急手柄限制载荷。

（5）对于本节中没有涉及的失效部位或失效元件，按舱门实际情况确定破损安全载荷。

4.5 水 上 迫 降

水上迫降情况主要依据 CCAR 25.561 和 CCAR 25.801 确定。

水上迫降时，舱门及其周围结构应能承受 CCAR 25.561(b)(3)所规定的应急着陆载荷系数。

水上迫降可认为是轻度撞损事故。

按照 CCAR 25.801 要求，除非考虑了外部舱门毁坏的影响，否则外部舱门必须设计成能承受可能的最大局部压力。

4.6 驾驶舱门防侵入载荷

为确保飞行员在驾驶舱不受乘客暴力干扰和轻型武器的火力及爆炸装置的穿透损伤，新修正的适航条例(CCAR25-R4)增加了 25.795 条，对驾驶舱门设计提出了更严酷的要求，其中明确了暴力入侵作用在门体关键部位上的冲击载荷、作用在旋钮和门把手上的定常拉伸载荷，以及抵御轻型武器的火力及爆炸装置的穿透能量。

4.7 军用运输机后货舱门载荷

5.2.3 节给出了军用运输机后货舱门的定性载荷，本节不再赘述。

第 5 章　舱门设计与分析基础

5.1　运动机构设计基础

运动机构是两个以上的构件以机架为基础,由运动副以一定的方式连接形成的具有确定相对运动的构件系统。其运动特性取决于构件间的相对尺寸、运动副的性质以及其相互配置的方式。机架是机构中相对静止的构件。

运动副是两构件直接接触而又保持一定相对运动的连接。点或线接触的运动副为高副,面接触的运动副为低副。靠几何形状来保证接触的运动副为闭式运动副,靠外力来保证接触的运动副为开式运动副。按所加约束条件的多少,运动副可分为 5 级,见表 5-1。

表 5-1　运动副的分类

名称		图例	简图符号	副级	代号	约束条件	自由度
开式空间运动副	球面高副			I	P_1	S_y	5
	柱面高副			II	P_2	S_y、θ_x	4
闭式空间运动副	球面低副			III	P_3	S_x、S_y、S_z	3
	球销副			IV	P_4	S_x、S_y、S_z、θ_y	2
	圆柱套筒副			IV	P_4	S_x、θ_x、S_y、θ_y	2

名称		图例	简图符号	副级	代号	约束条件	自由度
闭式空间运动副	螺旋副			V	P_5	S_x、S_y、S_z、θ_y、θ_z	1
闭式平面运动副	回转副			V	P_5	S_x、S_y、S_z、θ_y、θ_x	1
	移动副			V	P_5	S_x、S_y、θ_x、θ_y、θ_z	1

　　自由度是一个系统运动所必需的独立参变量。一个不受任何约束的空间构件,具有 6 个独立的运动参数(自由度),即绕 x、y、z 轴的三个独立转动 θ_x、θ_y、θ_z 和沿这三个轴的独立移动 S_x、S_y、S_z。而在做平面运动时只具有三个独立的运动参数,如 S_x、S_y、θ_z。

　　由外界给予确定运动或力的构件为主动件,又称原动件、起始构件或者输入构件,机构中除了原动机和机架外的构件为从动件。在设计新的机构或者分析一个现有机构时,应明确给定几个主动件,机构才能有确定的相对运动。因此首先要分析机构的自由度是多少。要使机构实现预期的确定运动,无论是空间机构或者平面机构,其自由度 W 都必须满足:

　　(1) $W>0$;

　　(2) $W=$机构的主动件数。

　　如果 $W=0$,则机构不能运动;$W>0$ 而与机构的主动件数不符,则机构不能得到预期的确定运动。符合了这两个条件,但由于构件尺寸与运动副配置不当,也会得不到预期确定的运动。

5.2　舱门受力特性及载荷传递

　　运输机按用途分为军用运输机和民用运输机,虽然两类运输机舱门在设计准则及设计要求存在较大差异,但舱门的承力特点、舱门载荷传递方式基本一致。因此,对于两类运输机相同类型及功用的舱门其受力分析及载荷传递可归并进行阐述,具有特殊特点的舱门将单独阐述。

根据气密舱门关闭方式,舱门分为堵塞式舱门和半堵塞式舱门(承受内部压力或座舱压力)和非堵塞式舱门(除承受内部压力外还承受机身剪力)。无论是堵塞式舱门还是非堵塞式舱门,压差引起的压力载荷均由舱门骨架和舱门蒙皮共同承受。堵塞式舱门通过铰链或者承力挡块将载荷传递至舱门开口的机身周边结构;非堵塞式舱门通过承力铰链及锁销/滚轮将载荷传递至舱门开口的机身周边结构。

舱门作为飞机机身结构的一部分,所受到的载荷也是多种多样;无论民用及军用运输机的飞行过程中都需要承受压差载荷、飞行包线内的惯性载荷及气动载荷等各种组合载荷。所不同的是军用运输机还需承受为完成空投空降、地面装卸等功能引起的载荷。民用运输机不具有空投空降功能,不设置斜台装卸货物设施,因此飞机舱门设计本身不需考虑此类设计载荷。

军用运输机不同于民用运输机的是,在飞行过程中具有跳伞功能的舱门提供跳伞通路时须保持打开状态,承受飞行气动载荷;在空投空降状态、后货舱门打开时,后货舱门承受气动载荷及空投载荷。在完成地面装卸时,需承受装卸各种货物所引起的载荷。军用运输机中斜台分别在装载、空投、气密三个状态下具有不同的受力特性及载荷传递方式。

为使舱门受力特性及载荷传递的阐述更加具体化,本节将按照堵塞式舱门、非堵塞式舱门、军用运输机斜台三种类型举例说明舱门的受力特性及载荷传递方式。

5.2.1 堵塞式、半堵塞式舱门受力特性及载荷传递

1. 堵塞式、半堵塞式舱门的受力特性

旅客登机门、服务门、应急门多采用堵塞式或半堵塞式的结构形式。舱门结构由舱门蒙皮及舱门骨架等组成,舱门骨架由横向构件及纵向构件组成。堵塞式、半堵塞式舱门承受气密载荷及飞行载荷时,气密载荷及飞行载荷直接作用于蒙皮,方向指向当地蒙皮法向;舱门蒙皮还承受由于舱门变形所产生的环向张力,舱门骨架因给蒙皮传递提供支撑刚度而承受弯矩。

以 B747-400 飞机登机门(图5-1)承受气密压力情况为例,压差载荷作用到舱门蒙皮上,蒙皮将载荷传递至登机门横向构件以及纵向构件。此时蒙皮承受正压力,与舱门框架支撑综合作用产生的剪切应力,最后形成综合应力。舱门横向构件及纵向构件由于受到机身口框的支撑作用可以构件方向简化为双简支梁,为舱门密封以及机构保持提供支撑刚度。其中,横向刚度由横向构件提供,

纵向刚度由纵向构件提供,两构件相互固连,当舱门受载时,提供弯曲支撑刚度。

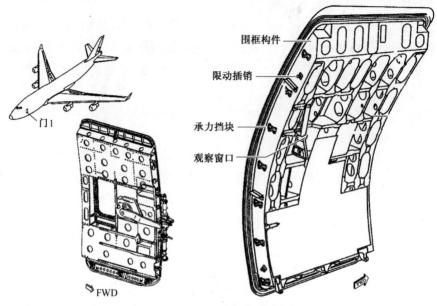

门1

FWD

图 5-1　B747-400 飞机登机门及结构示意图

围框构件
限动插销
承力挡块
观察窗口

由以上分析可以看出,舱门的承力特性主要分为两大特征:一是蒙皮气密载荷及飞行载荷作用于舱门蒙皮;二是舱门蒙皮将所受载荷传递至舱门骨架,骨架因为提供支撑刚度而受到弯矩的作用。

2. 堵塞式、半堵塞式舱门的载荷传递

堵塞式、半堵塞式舱门不参与机身总体传力。

在一个舱门传力系统中,布置横向构件及纵向构件进行载荷传递,每个传递载荷的构件两侧通常会成对布置止动接头。舱门通过止动接头将载荷传递至机身(图 5-2)。

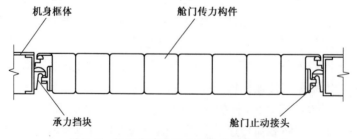

机身框体　　　　　　　舱门传力构件

承力挡块　　　　　　　　舱门止动接头

图 5-2　舱门载荷通过止动接头传递至机身

很多内开堵塞式、半堵塞式舱门设计成沿铰链摇臂旋转进行开启和关闭。关闭时,铰链摇臂和止动接头(或者插销,或者滚轮)共同将载荷传递至机身。

5.2.2　非堵塞式舱门受力特性及载荷传递

1. 非堵塞式舱门受力特性

非堵塞式舱门受力特性的结构形式大多见于货舱门、维护保养舱门等,开启方式为向外侧开启。

图 5-3 为 A320 飞机货舱门,此舱门为非堵塞式,向外开启。舱门结构通过琴键铰链与机身连接,舱门开启及关闭均绕琴键铰链通条旋转。货舱门关闭时,锁钩与机身支座的锁环啮合,为保证其飞行安全性,舱门中间横向布置一组插销,插销与机身支座贴合。舱门关闭、飞机充压时,非堵塞式舱门受力特性与堵塞式、半堵塞式舱门相同:由蒙皮承受气密载荷,由骨架提供支撑刚度。

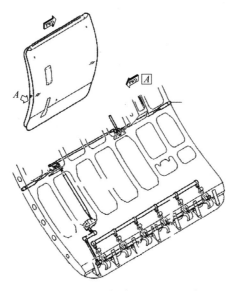

图 5-3　A320 飞机货舱门结构示意图

2. 非堵塞式舱门载荷传递

非堵塞式舱门参与部分机身开口周围部分剪力传递,其本身所受的载荷通过铰链、插销、滚轮等部件传递至机身。

图 5-4 为 A320 飞机货舱门载荷传递部件的示意图,包括合页铰链、插销、锁钩等部件。货舱门将所受载荷分别通过琴键铰链、插销、锁钩将载荷传递至机身。琴键铰链将舱门所受一部分压力载荷以及其附加弯矩传递至机身。进行传递载荷时,外侧的琴键铰链传递载荷较大。外侧的铰链、通条受载情况较中间部分严重。

插销及滚轮的载荷传递原理比较简单,可以将其简化为支点梁进行分析,本节不做过多阐述。琴键铰链在进行载荷传递时,受力情况较为复杂,其设计品质对舱门结构的静强度、疲劳强度性能影响较大。以下对琴键铰链的受力情况进行详细说明。

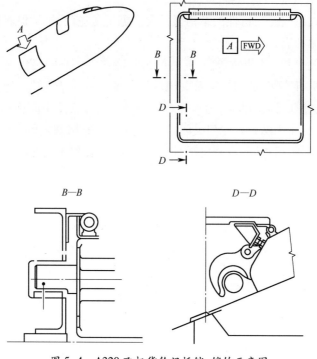

图 5-4　A320 飞机货舱门插销、锁钩示意图

1）琴键铰链结构简介

以 B787 飞机为例，B787 飞机后货舱门琴键铰链全长 2591mm，分两种构型共 9 段，两侧为爪形铰链（共 6 段），中间为板形（共 3 段）。铰链材料为 15-5PH，机加工成型。

铰链采用分段机加工、分段连接组合（若铰链太长，通条通孔使用机加工就难以保证）而成。两侧（共 6 段）铰链为爪形，爪形铰链内表面与舱门结构贴合，使用螺栓连接。铰链中间 3 段为板型，使用螺栓与舱门外形面连接。爪型铰链与舱门外形面连接分 3 段台阶面，厚度依次递减。板型铰链表面分为两段，厚度递减。连接时，每个表面分别连接一排螺栓（图 5-5）。舱门铰链与机身铰链使用通条分段连接，爪形铰链部分使用 φ9 通条连接，板形铰链部分使用 φ6 通条连接，琴键铰链两端使用零件封堵。

琴键铰链受力形式分析：铰链承受压力和弯矩作用（图 5-6）。铰链通条承受剪力作用，剪力来自两方面：一方面承受压差载荷传递的均布剪力；另一方面是合页受到舱门弯矩作用上产生的剪力。在分段的几个通条中，两侧通条由于

72

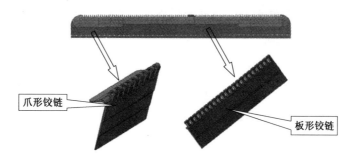

图 5-5　B787 飞机货舱门琴键铰链基本组成

受到的弯矩较大,所以通条直径较大;而中间几段通条受到的弯矩较小,所以通条直径较小。这也是铰链两端设计为爪形、中间设计为板形的原因。

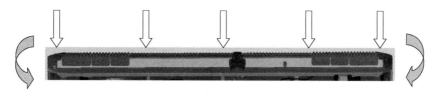

图 5-6　琴键铰链受载示意图

2）琴键铰链连接螺栓受力特性

（1）爪形铰链连接螺栓受力分析。

琴键铰链两端使用爪形铰链连接,改变铰链及螺栓受力形式,一方面降低了铰链本身的应力,另一方面降低了螺栓的应力,改善了舱门结构的疲劳性能。

爪形铰链与舱门围框连接螺栓:承受来自舱门受载变形时传递的拉力及铰链两侧所受弯矩产生的剪力。

爪形铰链与舱门外形面连接螺栓:舱门承受正压变形时,两端螺栓受剪。舱门承受负压变形时,螺栓拉剪复合作用。

（2）板形铰链连接螺栓受力分析。

舱门承受正压变形时,板形铰链连接螺栓受较小的剪力;舱门承受负压时,板形铰链连接螺栓受剪力的同时还承受拉力。

3）琴键铰链与通条组合的强度分析

根据琴键铰链的受载情况,琴键铰链的设计特征如下:

（1）货舱门的琴键铰链分为 9 段,通条以铰链的类型为基准分为 3 段。

（2）琴键铰链两端受载复杂且载荷量级较大,两端使用爪型铰链;而中间段铰链传递的载荷较小,使用平板型铰链。

（3）琴键铰链两端通条受剪力较大,中间通条所受剪力较小。因此,两端的通条设计的直径较大,中间段通条设计直径略小。

B747-400型飞机货舱门铰链孔及通条直径及公差如图5-7所示。

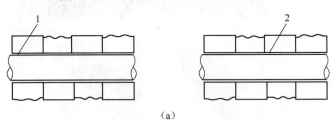

（a）

1	HINGE	ID	0.3750 (9.52)	0.3780	0.3800 (9.65)	0.014 (0.35)
	PIN	OD	0.3680 (9.34)	0.3685 (9.36)	0.3660 (9.29)	
2	HINGE	ID	0.2500 (6.35)	0.2530	0.2550	0.014 (0.35)
	PIN	OD	0.2430 (6.17)	0.2435	0.2410	

注：HINGE代表铰链孔直径，PIN代表通条直径，最后一项代表公差带宽。表中数值单位为in，括号中数值单位为mm

（b）

图 5-7　琴键铰链孔轴配合尺寸

（a）琴键铰链剖面；（b）琴键铰链孔径、通条的尺寸及公差。

5.2.3　军用运输机后货舱门受力特性与载荷传递

军用运输机结构中，货舱门作为装卸、空投空降通道是装卸货物的关键。超大型运输机如An124、C5等飞机都设置前后货舱门，前、后两个货舱门打开时，均可作装卸通道。大中型运输机一般只设置后货舱门作为装卸及空投空降通道。

军用运输机后货舱门构型一般有两扇门构型和五扇门构型。两扇门构型由斜台(货桥)和后大门组成。五扇门构型由保持气密的密封舱门、三扇后货舱门、斜台组成。

军用运输机后货舱门承受载荷分类见表5-2。

表 5-2　军用运输机后货舱门承受载荷分类

		飞行+增压	地面装载	空投空降
两扇门构型	后大门	气密载荷+气动载荷+惯性载荷	操纵载荷	操纵载荷+气动载荷
	斜台	气密载荷+飞行载荷+惯性载荷	装卸载荷	空投载荷+气动载荷
五扇门构型	后大门	气动载荷+惯性载荷	操纵载荷	操纵载荷+气动载荷
	密封舱门	气密载荷+惯性载荷	操纵载荷	操纵载荷+气动载荷
	斜台	气密载荷+飞行载荷+惯性载荷	装卸载荷	空投载荷+气动载荷

后货舱门打开时提供货运及空投通道,关闭后提供完整的飞机气动形面。后大门受力特性基本分为两个状态:

(1)承受气动载荷情况下,载荷由蒙皮承受,货舱门骨架为保持气动形面提供支撑刚度而承受弯矩作用,载荷最终通过保持机构及铰链传递至机身。

(2)承受气密载荷情况下,载荷由蒙皮承受,货舱门骨架提供支撑刚度而承受弯矩作用,载荷最终通过保持机构及铰链传递至机身。

后大门在承受各种工况下载荷时,受载的形式比较简单。无论气密载荷还是气动载荷,舱门受力特性相同、原理相同,载荷传递方向不同。本章不做过多阐述。

斜台作为飞机货物装卸货物通道及空投空降通道,具有很重要的作用。斜台工作过程中,承受的载荷类型复杂、载荷量级大,而且在各种工况条件下自身受力特性和载荷传递方式均不相同。本节将根据某型运输机斜台在承受压差载荷、空投空降、地面装载三个工作状态下,分别对其进行受力特性及载荷传递的分析。

1. 斜台承受压差载荷情况下受力特性及载荷传递

1)受力特性

货舱门关闭时,斜台前端铰链、两侧锁钩将斜台与机身连接。飞机增压时,斜台承受气密载荷,压力作用到斜台地板上,地板承受正压力,斜台骨架结构承受压差载荷形成的弯矩作用。

2)载荷传递

某运输机斜台铰链与机身铰链连接形式为单双耳型连接。单双耳中间连接一般分为球铰和间隙铰链两种。对于球铰来说,只传递压力载荷,不传递弯矩载荷;而间隙铰链还传递弯矩载荷。

某运输机斜台锁钩与斜台锁支座锁环之间的接触关系可简化为简支,斜台受载后,锁钩可绕锁轴轻微转动,只传递压力载荷,不传递弯矩。

某运输机斜台通过前端4个铰链,两侧共12个锁钩(单侧6个,对称布置)与机身连接。当舱门关闭、舱内充压时,铰链和锁钩共同将载荷传递至机身,如图5-8所示。

2. 空投空降情况下斜台受力特性分析与载荷传递

空投空降时,货物通过斜台进行空投,斜台在空投拉杆的作用下将斜台锁定在水平位置。此时斜台将以空投拉杆支座为边界,支座两侧受力形式相同。货物通过拉杆支座前端时,可将斜台简化为双支点梁。货物通过拉杆支座后端时,斜台简化为双支点悬臂梁,如图5-9所示。

使用双支点铰支梁的理论对斜台受力特性进行分析,就可以分析出斜台受

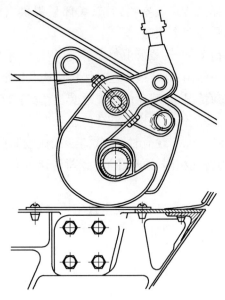

图 5-8　某运输机斜台锁钩锁闭示意图

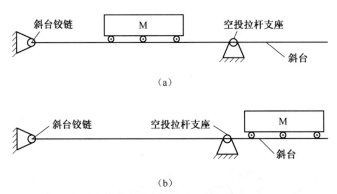

（a）

（b）

图 5-9　货物空投过程斜台受载简化示意图

（a）货物空投过程瞬态；（b）货物空投过程瞬态。

载较为严重的部位。受力特性及载荷传递按照双支点梁的方式进行分析,此处不做过多叙述。

3. 地面装载情况下斜台受力特性与载荷传递

军用运输机进行地面装卸时,绝大多数货物依靠斜台进入,货物装入斜台受力模拟过程如图 5-10 所示。地面装卸时,斜台打开,尾橇接地,前端铰链与机身连接。此时斜台在长度方向上仍可以简化为双支点梁。与机身连接的铰链处简化为铰支;另一支点为接地端,斜台尾橇结构本身较为刚硬,因此按其接地曲面进行简化。各种货物在斜台的着力点及着力方式不同,伴随着货物装载到斜台各部位的过程,斜台受载方式发生较大的变化。

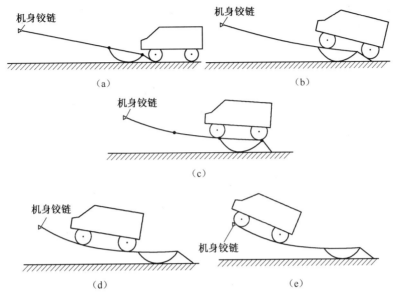

图 5-10 装载过程中,货物在斜台五个典型瞬时状态

不难看出,货物装卸通过斜台的 5 个瞬时状态下,斜台各部位的受载情况是不一致的,因此,在斜台的受力分析时,也应该对货物装卸过程中运动的载荷进行分析,应具体分析到每一个典型瞬时特征,以及瞬时特征下对斜台结构影响部位,并指出此部位的受载类型,以按照载荷受力特性及载荷传递方式进行结构设计。此过程也可使用双支点梁原理进行分析,受力特性及载荷传递较为明确,因此不做详细阐述。

5.3　舱门运动学设计基础

舱门的运动学设计主要研究舱门机构元件的几何位置随所定义的运动轨迹的变化规律,通过对舱门机构形式和交点参数的确定使舱门机构能基本满足开启、关闭、锁定等功能要求。在运动学中假定机构元件是刚性的。

5.3.1　运动学基本概念

运动学是从几何的观点来研究物体的运动,而不考虑诸如力和质量等与运动变化有关的物理因素。

运动是指物体在空间的位置随时间的变化。描述物体位置以及它的运动,必须选取另一个物体作为参考。这个用作参考的物体称为参考体。同一物体的运动,对不同参考体来说,其运动是不同的,在力学中,描述任何物体的运动都必须指明参考体。在参考体上固定的坐标系称为参考系。工程问题中,一般取与地球固结的坐标系为参考系。

在描述物体运动时,要区别时间间隔与瞬时这两个概念。时间间隔对应物体在不停的运动中从某一位置移动到另一位置所经历的时间。瞬时是时间间隔趋于一瞬间。

在运动学中不涉及力和质量的概念,因此,所采用的力学模型是点和刚体。点是指不计大小和质量,但在空间占有确定位置的几何点。刚体是指由无数点组成的不变形系统。

5.3.2　舱门机构运动学仿真

机构的运动学仿真是利用软件建立机构的几何运动刚性模型,研究机构中各运动零组件之间的相对关系,与结构零件的空间协调,通过运动仿真模拟,以确定机构在不考虑其受力变形的情况下能够完成其运动功能,并且运动过程中与其他零件没有发生干涉,而且具有满足相关规范要求的间隙。运动仿真过程中可检测运动中的传动角,优化模型防止机构传动角过小导致运动效率低。舱门运动学仿真示例详见 7.5 节。

5.4　舱门动力学设计基础

5.4.1　动力学基本概念

在运动学中,只研究了物体运动的几何性质,而没有涉及物体本身的质量和作用在物体上的力。动力学则对物体的机械运动进行全面的分析,研究物体运动与所受力之间的关系,研究的是机械运动更真实的规律。

动力学研究的力学模型是质点和质点系。质点是具有一定质量而大小和形状可以忽略不计的物体。当物体大小和形状对所研究的问题影响很小时,即可将物体抽象为质点。刚体平动时,因刚体内各点的运动情况完全相同,也可以不考虑这个刚体的形状和大小,将其抽象为一个质点研究。质点系是有限个或无限个有联系的质点的集合系统。质点系的含义十分广泛,它不仅包括刚体也包括变形的固体和流体,既可以是单个物体也可以是多个物体的组合系统。刚体可以看成各质点间距离保持不变的质点系,也称不变的质点系。

工程实践中,存在着大量的动力学问题。特别是随着现代化工业和科学技术的迅速发展,对动力学提出了更加广泛而深入的课题。

舱门在开关运动过程中,其机构受力后会发生弹性变形,所以,建立刚性模型的运动学仿真不能完全解决舱门机构的干涉、卡滞等问题,必要时,应建立舱门刚柔耦合多体动力学模型。舱门机构在运动中可通过建立数学计算模型求解运动中各处受力情况。舱门机构的动力学设计主要通过仿真软件来研究机构运动中各零部件的受力情况,目的是通过仿真优化设计舱门的手柄开启力、得到机构在整个运动过程中载荷随时间的变化情况等。

5.4.2　舱门动力学建模对象

舱门动力学建模对象包括:

（1）点:主要包括舱门构件的质心、物体之间的铰接点及定位点。

（2）体:主要包括舱门构件的质量惯量、质心位置及初始条件（如运动初始速度）。

（3）几何:主要包括舱门构件的几何外形信息。

（4）铰接:主要包括舱门构件之间的连接关系。

（5）载荷工况:主要包括整个舱门的力驱动、运动驱动及舱门构件之间的相互作用力。

5.4.3　舱门动力学仿真分析步骤

舱门动力学仿真分析主要包括以下六个步骤:

（1）CAD建模:确定舱门结构零组件的质量、质心和转动惯量。

（2）运动学定义:定义各零组件之间的约束关系。

（3）动力学定义:定义力（含摩擦力）,刚度和阻尼。

（4）柔性体定义:对于变形量会影响动力学特性的零组件,需要定义为柔性体,再放入系统中与其他部件进行刚柔耦合仿真。

（5）求解:求解所关心机构零组件的运动速度、精度、载荷曲线等。

（6）后处理:对求解出的数据结果进行可视化处理。

舱门动力学仿真示例详见7.5节。

5.5　舱门强度分析方法

飞机结构强度分析包括静强度分析、耐久性与损伤容限分析、振动分析、气动弹性分析等。对于部件级的飞机舱门来说,其结构强度分析一般只需进行静强度分析、耐久性与损伤容限分析。

舱门强度分析方法一般分为解析法、工程法、有限元素法。

本章重点介绍舱门结构分析的前期和后期工作中必须注意的事项。前期工作主要是舱门结构建模技术,元素选取和边界条件的处理;而后期工作主要是指如何用有限元分析结果对舱门结构强度作出正确的结论。

舱门静强度设计:是保证结构强度在不考虑损伤的情况下,使结构满足给定的静载荷和动载荷条件的强度、刚度及功能要求。

舱门静强度设计主要包括:舱门结构强度分析及舱门结构刚度分析。

舱门结构强度设计准则:在限制载荷作用下,不超过材料的屈服应力;在极限载荷作用下,不超过材料的极限应力。

舱门结构刚度设计准则:在各种限制载荷作用下,引起的弹性变形、永久变形和热变形的累积效应不应对飞机有不利影响。

舱门结构稳定性设计准则:在各种限制载荷或极限载荷作用下,结构不应产生结构元件总体失稳或失稳破坏。

舱门是按刚度要求设计的,合理的舱门刚度设计必须满足如下条件:

(1)舱门刚度应与门框刚度相匹配,满足舱门密封及机构保持所必需的刚度支撑。

(2)舱门不产生永久变形及塑形变形。舱门变形恢复后,不影响舱门机构运动。

复合材料舱门结构静强度校核,可参照咨询通报 AC 20-107B 相关部分进行。通常应考虑所有的临界载荷情况和相关的破坏模式,还应包括环境影响(包括制造过程引起的结构残余应力)、材料和工艺偏差、不可检缺陷或任何质量控制、制造验收准则允许的任何缺陷以及最终产品维护文件所允许的服役损伤。

5.5.1 有限元素法结构分析

1. 舱门结构有限元素法应力分析

舱门结构总体应力分析旨在确定因作用于舱门结构上的外部载荷(包括动态载荷)所引起的应力和应变(变形),从而判断舱门结构承受各种严重载荷时,是否满足规定的强度、刚度要求。舱门结构应力分析,除用于静强度校核外,还作为耐久性(疲劳)、损伤容限分析、设计研制阶段试验项目的选择、结构关键部位的确定、材料选择,以及强度验证试验中确定载荷情况等工作的基础。总体应力分析是舱门整体或舱门组件传力分析的重要手段,也是舱门局部强度校核和细节分析的基础。

舱门结构局部应力分析(细节分析)是局部细节应力重要考核点。如舱门机构运动过程中杆系的稳定性,舱门蒙皮的张力场,舱门横梁、纵梁的稳定性,零件局部应力集中等的设计及校核工作的进行都需要局部工作应力分析。

2. 舱门结构有限元素法建模准则

有限元分析的经验表明,建模应遵循的一般准则如下:

(1)构件的取舍不应改变传力路线。

(2)网格剖分应适应应力梯度的变化,以保证数值解的收敛。

(3)元素的选取能代表结构中相应部位的真实应力状态。

(4)元素的连接应反映节点位移的真实(连续或不连续)情况。

(5)元素的参数应保证刚度等效。

(6)边界约束的处理应符合结构真实支持状态。

(7)质量的堆聚应满足质量、质心、惯性矩及惯性积的等效要求。

(8)当量阻尼计算应符合能量等价要求。

(9)载荷的简化不应跨越主要受力构件。

(10)超单元的划分尽可能单级化并使剩余结构最小。

3. 结构模型化具体要求和方法

根据有限元建模一般准则,下面提出若干舱门结构建模具体要求和方法。

1)舱门结构构件的取舍

构件的取舍一般应遵循传力路线不变的原则,但同一结构在分析不同类型的问题或承受不同类型载荷时构件取舍可以不同。例如,舱门静力分析中为给出骨架、蒙皮的应力,往往要取杆板结构的力学模型,横向构件及纵向构件的缘条与蒙皮可按杆板结构进行简化。又如,舱门的刚度分析中,横向构件及纵向构件的缘条均不能简化成杆单元和梁单元,以保证真实的变形。

总之,建模前应知悉分析需求再决定有限元单元构件取舍。

2)网格的划分

舱门结构应力场分析中一般要求受集中载荷部位网格要取密一些,舱门结构刚度突变导致应力变化梯度大的部位网格要取密一些,应力变化平坦的区域网格可以稀一些。

舱门对称结构的网格剖分应注意网格的对称性。网格的长宽比不宜过大,一般应控制在3~5个单位。

3)节点位置的确定

舱门结构中薄壁结构计算模型的节点一般应取在结构中面上,以保证其弯曲刚度不变。

4)元素的选取和组合

舱门刚度支撑构件最好选取梁元和壳元组合而不用杆板元组合,对于舱门本身刚度影响较小的结构可选用杆板组合。所选取元素的力学特性应能反映实际结构的力学特性,如舱门蒙皮要选取壳元,对于刚度影响较大的横向构件及纵向构件的缘条等应选取梁元"BEAM",横向构件及纵向构件的腹板可以选择剪力板单元等。

舱门结构有限元分析通常会按以下几种组合进行元素的选取和组合：

（1）梁元和受剪板元。

（2）梁元和平面应力板元。

（3）梁元与受弯板元。

（4）梁元与壳元。

5.5.2 边界

在对舱门结构进行有限元分析计算时,舱门止动接头、铰链、插销等边界的支持情况及边界刚度对计算结果会产生较大的影响,无论对什么样的舱门结构都必须充分考虑边界条件的影响,使模型中的边界条件与实际结构中的边界条件尽量相当。

1. 约束

每个计算模型在总体坐标系坐标轴方向至少有 6 个独立自由度方向的约束,即 3 个线平动自由度约束和 3 个转动自由度约束,否则会产生刚体移动而无法运算。具体约束点位置及各点的约束方向按实际结构的约束情况确定,每个网格点最多允许 6 个独立自由度方向的约束。

2. 边界刚度

1）刚性边界

如果模型受载后各边界处约束点在各个自由度方向的位移全部为 0,则这种边界为刚性边界。如果计算不考虑边界刚度的影响,对于这部分计算结果不作为正式结果使用时,则可采用这种边界。

2）弹性边界

如果计算时需要考虑舱门结构边界区域刚度的影响,也就是说按弹性边界处理。在舱门结构有限元边界处必须按舱门结构的支持刚度情况进行简化,一般可按以下方式处理：

（1）在舱门结构的边界区域增加过渡结构段,一般情况下,过渡结构段的长度至少大于边界区有效结构的切面尺寸,然后在过渡段的边界处加刚性约束。

（2）从舱门结构有限元分析的结果中取出边界处的位移和节点力,把这些位移和载荷作为边界条件施加到各相应的节点上。

5.5.3 载荷

对于一般舱门结构来讲,外载荷主要包括气动载荷、气密载荷和惯性载荷。

对于军用运输机货舱门来说,地面载荷是必不可少的。

在舱门结构有限元分析时,载荷的大小、方向及作用位置均直接影响计算结果。在对舱门结构有限元模型加载时,应根据载荷的类型、方向、大小及在真实结构上的作用位置等效施加到各相应的节点或单元上,载荷的大小及分布与真实情况误差应控制在允许的范围内。

1. 气动、气密载荷

气动、气密载荷按单位面积载荷施加时,一般只施加到舱门蒙皮板壳单元上,这些载荷均垂直于单元平面。对于每个单元可根据压力分布情况平均施加或者按单元节点位置施加,为了减少出错,简化模型时,板壳单元局部坐标系法线方向的坐标轴应保持一致;如果载荷按集中载荷施加,首先把这些载荷在载荷网格中处理成集中载荷,再把这些集中载荷等效施加到各相应的有限元网格节点上。

2. 惯性载荷

集中质量产生的惯性载荷,可按集中质量的位置通过刚体单元施加到相应的网格节点上,或者直接等效分配到相应的网格节点上。

分布结构质量产生的惯性载荷,可按单元并通过单元材料的密度、体积和过载系数施加到各单元上。

3. 集中载荷

集中载荷可根据载荷的大小及作用位置等效施加到相应的节点上。对于舱门结构铰链的载荷,只能施加到铰链连接位置的节点上。

4. 边界载荷

在进行舱门局部结构的分析计算时,周围结构对该部分结构产生的作用力、力矩或者已知位移等,可以直接施加到各相应的节点上。

5.5.4 有限元计算时应遵守的原则

1. 单位统一

在同一个计算模型中所使用的各种单位应尽量保持统一,达到计算时不用经过换算,各单位自动协调,否则容易产生错误。

2. 模型

1) 刚体位移

模型边界约束必须充分,受力后不能产生刚体位移现象。

2) 几何可变

模型承载后,网格的任何部位都不能出现几何可变情况,否则会使刚阵奇异,计算无法进行或计算误差增大,例如两个独立的杆单元在空间相连,在垂直于两杆单元形成的平面方向就不能承受载荷。

3）自由节点

在舱门有限元模型中,有些点不与任何单元相连,只供确定位置用,例确定梁单元局部坐标系方向的参考点,这些点的自由度必须全部约束,对于无用的节点全部删除,否则计算时会产生错误。

4）梁单元切面刚度

对于梁单元的切面性质应按空间梁单元全部提供,如果某些方向的力或者力矩不需要承受时,可采用松弛自由度方式处理。另外,梁单元切面的摆放位置应与实际结构相同。

5）舱门铰链、转轴、插销模型处理

对舱门铰链、转轴、插销等特殊连接件进行模型简化时,应该充分考虑它们与相关结构的连接关系、载荷传递方式,对于不能传递某些载荷形式的单元必须予以考虑,载荷传递类型及方向应与实际结构相当,否则会产生较大的误差甚至计算失误。

5.5.5 计算结果与强度结论

舱门结构总体应力分析,严格地讲只能给出宏观的强度评价,一般不应根据舱门结构总体应力分析给出的应力直接给出强度结论。因为元素的应力一般指其形心处的应力(元素的平均应力),所以应以舱门结构总体应力分析给出的内力对真实剖面进行强度校核后才能最后给出强度结论。当然,应力水平较低时除外,这里主要是指应力水平已接近许用应力时的情况。另外,对舱门结构中开口部位包括腹板开口等情况,还要计算其附加应力,然后和舱门总体应力叠加,才能给出强度结论。

舱门铰链、插销、止动接头、接头部位更有必要依据舱门机构总体应力分析给出的内力,进行详尽的强度校核,才能给出强度结论。

对舱门蒙皮、横向构件及纵向构件的腹板而言,如果计算模型简化得当,则总体应力分析给出的应力代表它的实际工作应力,即可给出强度结论。

5.5.6 舱门有限元分析过程中应注意的问题

舱门有限元模型的建立除遵循上述一般规律外,还有自身的许多特点。对于刚度设计的舱门,有限元分析中的模型简化、边界及载荷的确定、受载工况,都应按照刚度等效的原则进行。

在使用有限元对舱门结构进行分析过程中,应着重注意以下三点。

1. 模型简化原则

有限元模型应根据结构的受力分析和载荷传递特性进行简化。要具体分析该部件具有什么样的受力特性、传递什么样的载荷,进而更好地使用合适的单元类型、载荷施加方式、边界等来模拟该部件本身的受力特性及载荷传递。

简化原则如下:

(1)舱门蒙皮简化为壳元。

(2)舱门围框上下型材简化为梁元。

(3)舱门围框壁板简化为剪力板元或者壳元。

(4)舱门插销简化为梁元。

2. 载荷的施加及边界的确定

1)载荷的施加

应具体分析舱门的受载过程,分析受载过程中的载荷大小与施加点,从而进行载荷的施加工作。例如,货物装卸通过斜台时,必须对货物装卸的过程进行分析。对装卸过程中的临界点进行分析,根据结构实际工作情况确定载荷施加的部位与载荷施加的方式,对有限元模型进行载荷的施加工作。

2)约束边界的确定

约束边界根据结构受载后实际情况分析确定。分析舱门结构约束边界自由度(平动自由度及转动自由度),建立局部坐标系,使该部位坐标系轴与实际边界方向重合。根据其结构形式及载荷传递方向、方式,结合局部坐标系建立相应的约束边界。

各种工况下受载方式不尽不同,其自身约束边界也随之变化。边界的约束对应实际受载的工况,在有些工况下,舱门止动接头若不作为结构受力的支反点,则不约束。在另一工况下,舱门止动接头若作为结构的支反点,则必须约束。

3. 有限元分析结果应注意的问题

1)结构中蒙皮、框与梁腹板、杆系的稳定性设计

舱门结构中蒙皮、框与梁腹板受载后的稳定性必须经过校核。

舱门结构中薄壁加筋结构实际工作应力即使较小,也存在结构失稳的可能,造成结构设计隐患。因此,要重点开展舱门蒙皮工作应力是否进入张力场与舱门加筋腹板的整体稳定性、局部稳定性的设计、校核工作。

舱门机构杆系是打开和关闭舱门的重要部件,杆系失稳将造成舱门机构运动滞后,失稳断裂将严重影响舱门安全。

舱门结构及舱门机构稳定性设计是影响结构安全的重要因素,稳定性设计的品质也决定了舱门重量、舱门刚度的品质。

因此,任何一种舱门蒙皮结构、加筋壁板、杆系的稳定性设计工作都不能忽视,必须对舱门结构的稳定性设计进行校核。

2)铰链、止动接头、插销、滚轮应严格按照 CCAR25 或相应规范要求进行

设计

CCAR25 中或项目顶层文件对舱门铰链、止动接头、插销、滚轮等影响飞行安全关键部位的设计载荷提出了明确要求,应严格按照这些载荷进行结构设计和强度分析。

舱门铰链为单双耳连接形式的强度校核,应使用工程简化理论,而不能使用有限元计算分析。单双耳在使用螺栓连接传递载荷时,属于线接触问题,结构形式本身属于高度非线性,使用有限元线性计算不能真实地反映应力水平,使用有限元非线性计算周期较长,且可信度较低。工程简化算法解决接触问题,有很高的安全裕度系数保证,对接头、螺栓孔等接触问题强度分析具有很高的价值。

3)舱门机构的强度分析

根据理论计算或者动力学仿真分析的结果,将载荷边界分配给各机构部件。根据各部位所受的载荷形式及功能要求进行应力及刚度分析。

5.6　舱门优化设计基础

5.6.1　结构优化一般知识

结构优化发展成一个相对成熟的学科,是近几十年的事情,是力学和数学(运筹学和最优化)的完美结合。力学理论为结构分析提供了强大的理论支持,最优化算法则为结构优化奠定了坚实的数学基础,而有限元技术的出现、各种高效的数值算法的提出,以及电子计算机软硬件的发展,使得利用计算机求解大规模的结构优化问题成为可能。

功能强大、操作便捷的商业化结构优化软件的出现和发展,为工业界应用结构优化技术提供了最有力的工具。除 Altair 公司的 OptiStruct 外,比较知名的结构优化软件还有德国 FE-DESIGN 公司的 Tosca、日本 Quint 公司的 OptiShape 以及美国 MSC 公司的 Nastran 等。

结构优化技术在工业界的应用日趋成熟。从行业角度来讲,从早期的汽车零部件轻量化设计和飞机机身机翼的板、杆、梁及蒙皮尺寸优化,迅速发展到汽车、飞机和船舶的结构布局优化,电子产品的结构件及连接优化,建筑物和土木工程的结构布置等。从产品性能的角度来讲,早期主要考虑金属零部件的线性静态和模态性能指标,如应力、应变、位移、频率等,现在已经拓展到金属和复合材料零部件的振动噪声性能、碰撞安全性能、疲劳性能、动态激励下的性能等。

对于飞机结构,由数以万计的零件组成的超静定结构,优化设计包含两个层次的工作:结构总体布置优化与零、组件设计优化。

结构优化设计类型主要分为拓扑优化、形貌优化、自由尺寸优化、尺寸优化、形状优化和自由形状优化(表5-3),这些优化设计类型主要用于零、组件的设计优化。

表5-3 OptiStruct 结构优化类型

优化类型	说　　明	示　　例
拓扑优化	在给定的设计空间内找到最优的材料分布	
形貌优化	在钣金件上找出最佳的加强筋位置和形状	
自由尺寸优化	找出板壳结构上每个区域(单元)的最佳厚度,可用于最新的复合材料优化	
尺寸优化	尺寸和参数优化,如优化梁的截面尺寸等	
形状优化	直接基于有限元网格优化产品的位置和几何形状	
自由形状优化	自动确定选定区域的最佳结构形状	

不同优化类型具有不同设计变量:

(1)拓扑优化:设计变量为设计空间的单元密度。

(2)形貌优化:设计变量为设计区域板壳单元的节点位置变化。

（3）自由尺寸优化:设计变量为设计区域每个板壳单元的厚度。

（4）尺寸优化:设计变量为有限元模型的参数或者结构尺寸。

（5）形状优化:设计变量为用户自己创建的网格变形(一组节点的位置变化组合)。

（6）自由形状优化:设计变量为设计空间边界节点的位置变化。

早期采用的结构优化求解算法是基于直觉的准则法,如满应力法、满应变准则法等,它把数学中最优解应满足的K-T条件作为最优结构应满足的准则。现在应用较多的则是数学规划法,如复合形法、可行方向法、惩罚函数法和序列规划算法等。

上述结构优化设计方法是基于传统制造技术的。也就是说,通过上述优化设计后,从工艺性的角度要对优化结果进行必要的修改,然后应用同质材料通过锻压、铸造、机加工、钣金成型或挤压成型获得结构零件。可见,传统的制造方法不可能完全实现最优化设计。近年来,激光增材制造(又称3D打印)技术发展迅速,且与结构优化设计仿真技术结合的研究与探索成为新的热点。其主要过程:首先通过结构优化仿真分析,获得最优的三维设计零件模型;然后应用激光增材制造技术,根据需要采用同质同性或同质不同性材料(如不同强度级别的钛合金)甚至不同质材料(如钢与镍基材料),直接将优化过的三维设计模型打印成零件,基本不需要补加工即可直接使用。可见,激光增材制造技术与优化仿真技术结合后,不受传统制造技术的工艺限制,能够较充分地得到优化设计结果,实现零件性能梯度应用,满足零件不同部位受力、防腐蚀或高温等环境的应用需求。预计该技术将会在舱门的摇臂、接头、拉杆类等零件上得到应用。

5.6.2　舱门优化设计流程

舱门优化设计是飞机结构优化设计工作的一部分,所应用的方法与飞机结构优化设计的方法基本一致。舱门结构中主要的受力构件包括蒙皮、纵梁、横梁、铰链支座、重要的接头等。对这些构件首先要明确各自的载荷情况;然后进行拓扑、参数优化设计,以降低结构重量;最后根据工艺性的要求对优化结果进行必要的调整。舱门结构主要分为机加工件和钣金件两类,对机加工件和钣金件两类典型结构分别进行优化,优化时考虑强度、刚度性能。舱门典型结构优化设计基本流程如图5-11所示。

与一般结构件优化所不同的是,舱门结构与机构优化设计一般应建立刚柔耦合的计算模型。机构优化设计与结构优化设计相互提供条件,结构分析为机构分析提供柔性体模型,同时机构分析为结构分析提供载荷。舱门结构、机构联合优化设计基本流程如图5-12所示。

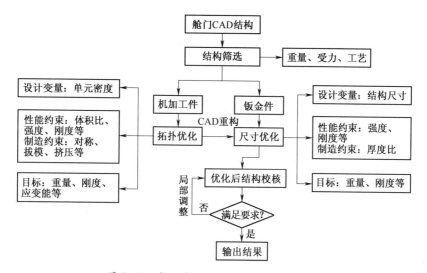

图 5-11 舱门典型结构优化设计基本流程

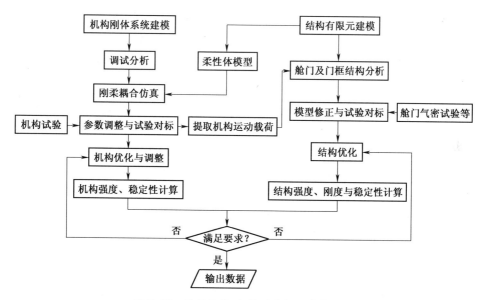

图 5-12 舱门结构、机构联合优化基本流程

第6章 舱门初步设计

运输类飞机的初步设计,可细分为初步方案设计与详细初步方案设计两个阶段,由于两个阶段的工作界限不明显,本章综合在一起叙述。

根据不同的功能要求和使用环境要求,在初步设计过程中,舱门就需要工程设计人员充分、综合地考虑各种要求和限制,从飞机级的设计要求出发,细化、分解形成系统级的舱门设计要求。在舱门初步设计阶段,有如下主要设计工作内容:

(1) 舱门方案优选。

(2) 机构交点位置协调与定义。

(3) 结构布置方案设计。

(4) 系统要求协调。

(5) 运动空间协调。

上述设计工作很多时候是相互穿插、相互制约的,无论是大型的功能逻辑复杂的舱门还是小型结构机构形式简单的舱门,方案设计过程都对工程设计人员的要求较高,它需要设计人员具备较为全面的,甚至是跨专业的工程经验,要全面掌握该型飞机对舱门的功能要求,熟悉舱门各个构件、组件所能实现的功能和工作原理,熟悉整个设计流程等,这样才能最大限度地降低舱门设计方案出现重大调整甚至颠覆的风险。

以下对上述设计工作内容分别进行阐述。

6.1 舱门方案优选

6.1.1 舱门开启方式和舱门形式的选择

波音公司和空客公司经过几十年的发展,已形成各自的运输类飞机系列。对于波音与空客系列飞机的舱门来说,虽然根据每一型飞机的不同要求,舱门布置、尺寸大小与运动方式会有所变化,但在舱门方案优选时,波音公司与空客公司均会继承以往成功的设计经验,形成各自的设计特色。如波音飞机的舱门内手柄基本上是垂直于框平面旋转运动,而空客飞机的舱门内手柄基本上是平行于框平面旋转运动。这样,两个公司飞机的舱门机构设计可以实现最大程度的继承,降低研制风险与成本,且减少航空公司对乘务员的培训成本。

运输类飞机舱门开启方式的选择是指手动操纵开启还是动力驱动开启的选择、是内开式还是外开式的选择、是侧翻还是平移开启的选择。舱门形式的选择是指堵塞式、半堵塞式还是非堵塞式的选择。舱门开启方式和舱门形式的选择要从满足舱门功能的需求出发,综合权衡考虑技术的可实现性、风险与研制成本,最终选定舱门方案。

对早期小型运输机来说,绝大多数是短途飞行,飞行高度较低,速度较慢,故这些飞机不采用气密座舱形式。在空中飞行时即使把舱门打开,也不会造成座舱突然泄压酿成灾难性事故,所以不必采用堵塞式、半堵塞式舱门的设计。

舱门开启形式主要取决于允许占用的舱内空间大小和结构布置的可能性,以及外场所能提供的使用条件,如 C-17、A400M、Q400 和 MA60 与多数公务机等为考虑在无地面设施的机场降落,便将登机门与登机梯融为一体,舱门下翻向外开启,如图 6-1 所示。

(a) (b)

图 6-1 C-17、A400M 飞机舱门

对大中型和现代小型运输机而言,机身座舱一般采用气密座舱,为此机身舱门首选采用堵塞式、半堵塞式舱门设计。对于登机门、服务门,为了尽量最小限度地占据客舱的空间,且便于密封,应采用外开式(图 6-2),即舱门向外打开,关闭舱门时先收入机身内部再向门框推去,压紧在门框上。也有平移开启的形式,如图 6-3 所示。早期的 B737 采用侧翻外式登机门,在一次在滑行中,一位空姐关门时发生跌落事故,于是后来的 B737 改型和 B777 的登机门采用了平移门。

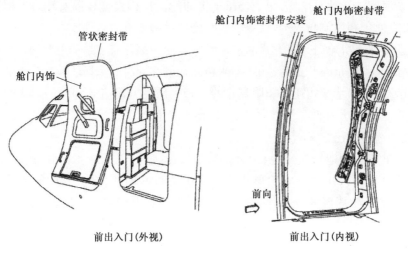

前出入门(外视)　　　　　　前出入门(内视)

图6-2　侧翻外开式舱门

图6-3　平移外开式舱门

由于存在机构失效导致下货舱门突然打开的概率,若出现这种情况,引起座舱突然泄压,使地板横梁除承受客载或货载外,还需承担突然泄压造成上、下舱的压差载荷,造成地板横梁损坏,甚至引起机身解体。故在早期的运输类飞机上,下货舱门一般采用堵塞式舱门设计,如 B707、B727 与 MD82 等飞机。为了节省下货舱的容积,而又要采用堵塞式舱门,故选择内推使舱门进入运动滑轨,前移或后移离开门区。为了防止散货压至开启的门上,需在舱门活动区内安放门罩,故此类开口仍需占据下货舱空间。所以 MD82 的三个下货舱门,采用舱门悬挂于货舱的上部向内打开,关闭时舱门沿悬挂点向外转动。

但对于大型运输机如 B747、B767 等来说，一般有前、中、后下货舱，下货舱除了装载散货外，大量采用集装箱装货。集装箱是规格化的，为此要求货舱门开口有一定的有效高度，此时只有使下货舱门向外开启，采用非堵塞式舱门设计。其结构的安全性则必须由舱门操纵锁紧机构来保证。

A320 主货舱门，是为了保证集装箱空间，又要保证结构重量减轻而采取的折中的结果。为此，主货舱门的开启形式只能是向外向上翻，门上部装有铰链，下侧有液压锁扣，以确保结构的安全。此项选择也是与上述原则一致的。

图 6-4 给出了 A320、IL96、TU-204 型飞机的货舱门开启方式示例。

(a)   (b)

(c)

图 6-4　A320、IL96、TU-204C 飞机外开式货舱门

(a)A320；(b)IL96；(c)TU-204。

对于军用运输机来说，大型货舱门（特种舱门）是其一项关键部件，设计上存在不少技术难点，种类大体上分为两门构型和五门（多门）构型（图 6-5），以及机头开启构型（图 1-12 与图 6-6），这类舱门主要用于大型货物、战车、士兵的出入，开口尺寸很大，载荷工况、功能逻辑、协调关系复杂，对此类运输机的作战性能有重要的影响。

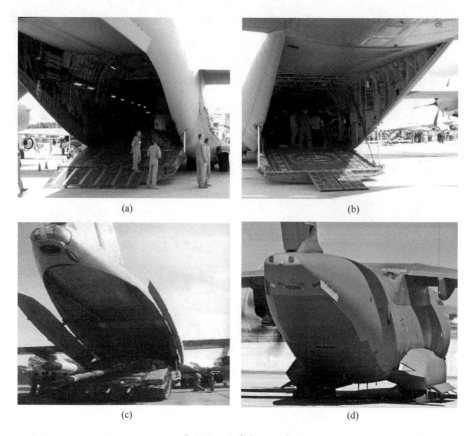

图 6-5 后货舱门形式

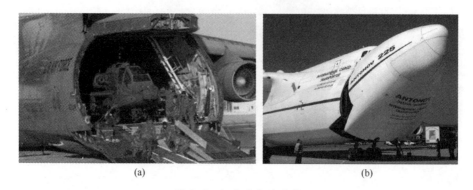

图 6-6 机头开启的形式

6.1.2 舱门增压预防措施的选择

气密舱门具备增压预防措施是 CCAR 25R4 第 783c) 条提出的明确要求。舱门增压预防措施是指在飞机舱门未完全锁定之前,能阻止增压舱增压至不安全压力水平的设计措施。目前,国际上运输类飞机舱门增压预防措施主要分为三种,分别为机械式、电气式和综合使用机械系统与电气系统的机械电气式。需要说明的是,机械式增压预防措施并非舱门上没有传感器提供上锁信号,指示这些信号的用途不一样,机械式的增压预防措施中,这些信号仅向驾驶舱或其他的显示面板提供某个舱门是否关闭的信息;而电气式和机械电气式增压预防措施中,这些信号需要引入到航电系统中,通过航电系统控制增压系统增压。在舱门初步设计过程中,应综合考虑各方面的要求,从上述三种增压预防措施中做出选择。

机械式增压预防措施是在舱门上设置泄压门,并与舱门锁机构联动。这种增压预防的原理是,当舱门的锁机构没有运动到设定的上锁位置时,泄压门不能完全关闭,此时即使飞机开始增压,舱门的增压气体会通过泄压门向外泄漏,从而可以保证舱门的压力不会增压到危险的水平。机械式增压预防措施实现相对简单,只需在舱门锁机构上增加一套连杆机构或其他驱动机构连接到泄压门上,设计、制造成本相对电气式要低得多,维护、维修成本也较低。舱门上设置泄压门还能在一定程度上防止飞行中人为故意或无意开启舱门。另外,在飞机降落开门前,泄压门先打开,还能起到平衡客舱内外压差的作用,降低对操作人员的不安全影响。正是上述优点,机械式增压预防措施在现役运输类飞机上应用较广泛。但这种增压预防措施的安全性指标已逐渐落后于现代运输类飞机的设计要求。

电气式增压预防措施要求对每个舱门本身位置状态、每一把锁闩、锁的状态都进行监控。其基本原理是由传感器监控舱门及其上锁状态,将信号传递给航电计算机,由计算机判断是否可以增压,再控制压调系统增压。由于引入了电气系统,整个系统就构成了一个由监视系统、执行系统组成的复杂硬件架构。通过FHA,得知这种系统要求监视系统和执行系统中至少有一个的设计保证等级为A级,且另一个设计保证等级不得低于C级。舱门的锁闩、锁的数量越多,监视系统架构越复杂,其可靠性也越低。电气式增压预防措施的设计、制造成本很高,尤其当一个子系统的设计保证等级确定为A级时。而且,这种增压预防措施的维护、维修费用较高,在现代飞机上很少被采用。

机械电气式的增压预防措施中,舱门机构上设置有泄压门,部分锁和锁闩的状态被相应的传感器所监视。当舱门完全锁定后,传感器将舱门锁定的信号传递到增压预防系统的计算机。当所有舱门的传感器信号都显示锁定时,计算机通过逻辑运算,再控制增压系统开始工作。由于设置有泄压门,即使某个舱门未完全锁定,而传感器信号错误指示,飞机开始增压,也不会增压至不安全水平,所以,此种增压预防措施不需要对所有锁和锁闩都监视,只需监控舱门的状态、重要的一组锁、一组锁闩即可。机械电气式增压预防措施在电气式增压预防措施上增加了泄压门,大大提升了增压预防的安全性,因而舱门系统设计保证等级可以降低,节省研制成本。此种增压预防措施的维护、维修要比机械式复杂,但比电气式要简单得多,相比带来的高安全性与高可靠性,所增加的维护、维修成本是值得的。预计在不远的将来,运输类飞机舱门将广泛采用机械电气式增压预防措施。

6.2 机构交点位置协调与定义

舱门总体方案选型确定后,根据舱门的特征位置,就可开展舱门机构布置和机构交点位置协调设计工作,以确保舱门功能的实现。进行线架图的创建,进行子机构选型与布置,确定各机构的运动原理、交点位置、运动轨迹、与周边零件的运动间隙以及零部件加工装配调试的工艺性等,此过程中要进行必要的机构初步受力计算,保证构件受力合理、操纵力符合要求等。另外,还需满足相关设计要求和相关条款(如适航条例)的要求。综合考虑上述内容,进行机构交点的调整,这是一个循环迭代的协调过程,逐一确定各个子机构的交点,完成机构线架图,便可开始机构打样设计。

在确定舱门的开口边界及总体、功能要求之后,开始对舱门机构交点进行定义。以 CATIA 软件平台为例,使用曲线曲面模块,进行机构打样设计。舱门开启铰链位置、手柄位置、插销锁位置等初步给定,作为输入基础进行机构打样。

以某舱门插销锁机构为例介绍机构打样过程。如图 6-7 所示,插销位置及

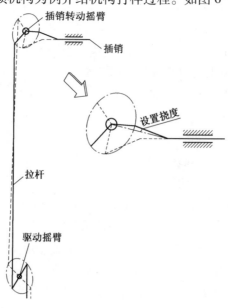

图 6-7 插销锁机构原理

行程初步确定之后,舱门内布置插销转动摇臂及驱动摇臂位置,使用曲线及曲面命令协调拉杆及摇臂长度,使运动满足插销锁机构要求。为防止插销误打开,对插销锁机构运动设置挠度,在舱门锁闭时插销受到打开趋势外力时会使机构锁死,防止了插销意外打开。

不排除机构打样设计及详细过程中遇到交点布置不合理的问题,这就需要对交点进行调整,有的调整影响不大,而有的调整则是"牵一发而动全身",有的甚至对方案总体布局产生较大影响,这就需要前期的机构交点协调工作做扎实,充分预估到后期零部件设计可能遇到的问题,而这一工作需要设计人员具备较为丰富的综合工程经验。

图 6-8 为某型飞机的登机门示意图,图 6-8(a)为已经完成的机构交点位置线架图,图 6-8(b)为根据此线架图完成的机构详细设计。图 6-9 为某门梯合一登机门机构线架图。

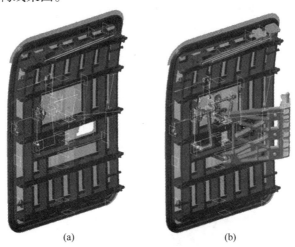

(a)   (b)

图 6-8　某型飞机的登机门机构交点线架

6.2.1　机构组成定义

舱门机构的布置与组成根据各个舱门的设计要求而确定,通常舱门机构包括锁闩机构、手柄机构、操纵机构、阵风锁机构等。此外,根据舱门的开启形式、特殊用途等还需布置提升机构、助力机构、泄压门机构等。

锁闩机构用于将舱门安全可靠地锁定在关闭位置,防止舱门意外打开。锁闩机构对于某些舱门也称为下位锁/关闭位置锁机构。

手柄机构是用于手动操纵舱门的锁闩机构。对于要求内外均能手动打开的舱门应布置内外手柄机构。

操纵机构用于机械操作舱门开启、关闭。对于大型货舱门、侧货舱门、跳伞

图 6-9 门梯合一登机门机构线架

门等不能手动操作舱门开启、关闭的均应布置操作机构。通常操纵机构需要液压、电气等提供动力源。

在地面时,当手动打开舱门到位后,阵风锁机构能将舱门保持在打开位,并能抵抗达 65kn 的阵风。通常外开的登机门、服务门等均应布置阵风锁机构。

下面以某飞机舱门为例介绍舱门机构的组成。该舱门机构由锁闩机构、手柄机构、阵风锁机构、提升机构、助力机构等组成,如图 6-10 所示。

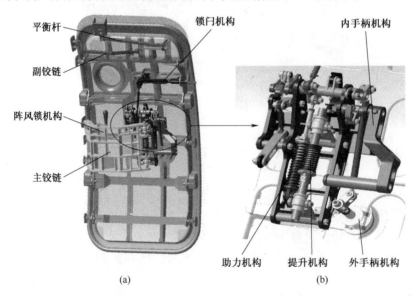

(a)   (b)

图 6-10 某飞机舱门机构组成

锁闩机构由插销杆、插销滑套、连杆、摇臂、扭力弹簧、支座、可调连杆等零组件组成。通过插销滑套和支座安装在舱门结构上,可调连杆下端与提升机构的组合摇臂连接。锁闩机构作用是在舱门关闭状态时,防止舱门意外提升并脱出锁窝而打开,如图 6-11 所示。

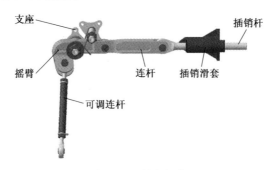

图 6-11　锁闩机构

内手柄机构由内手柄组件、双耳摇臂和可调拉杆组成,如图 6-12 所示。它安装在底座组件上,通过可调拉杆与提升机构的手柄摇臂连接。外手柄机构由外手柄组件、外手柄轴组件、双耳摇臂、扭力弹簧和可调拉杆等组成。在舱门关闭时由安装在外手柄盒内的扭力弹簧始终保持在外手柄盒内,保证飞行中外形光顺。从飞机外打开舱门时,按压外手柄根部,克服扭簧扭力,使外手柄露出外手柄盒,然后转动外手柄,打开舱门。

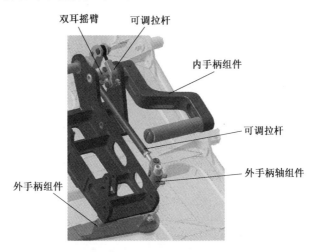

图 6-12　内外手柄机构

内、外手柄机构的作用是打开插销锁及操纵提升机构提升舱门脱离锁窝,或关闭插销锁及操纵提升机构提升舱门压入锁窝,完成舱门的开启和关闭。内、外手柄机构是联动的,可单独从机身内、外对舱门进行操作。

阵风锁机构主要由锁钩、锁键、连杆、手柄组件、保持杆和扭力弹簧等组成（图 6-13），它安装在主铰链上。其作用是将门锁定在完全打开位置，防止由于误碰或机场侧风使舱门自动关闭。

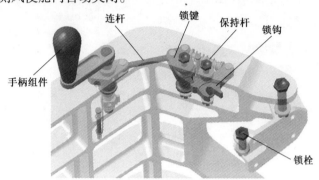

图 6-13　阵风锁机构

提升机构由手柄摇臂、主扭力管、组合摇臂、提升杆、主提升臂、副提升臂、止动滑块、转轴和助力弹簧等组成，如图 6-14 所示。其作用是提升舱门脱离锁窝及止动挡块。在舱门关闭时，提升机构转轴处的助力弹簧始终阻止舱门脱离锁窝，保证了舱门关闭时的安全性。

手柄摇臂将内或外手柄的操纵力，传递到主扭力管上，带动主扭力管绕自身铰点转动，带动组合摇臂，进而向上拉动通过机构底座组件与应急门结构相连的主、副提升臂，以主铰链铰接处的止动滑块为支点，向上运动将舱门提升脱出锁窝。

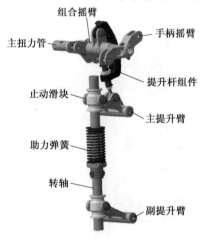

图 6-14　提升机构

6.2.2　定义机构交点位置需要考虑的因素

舱门解锁、解闩、上闩、上锁，以及转动、平移运动完全受控于舱门机构，舱门机构由多组运动副组成,并协同工作。每个运动副各自围绕空间某位置点做相对运动,这个位置点一般称为机构交点。机构交点位置的定义是运动副设计的基础,进而是决定舱门机构运动功能的基础。定义机构交点位置要考虑的因素较多,归纳为如下四个方面:

(1)机构的功能要求,如舱门的运动方式,锁定/解锁逻辑,手工或动力操作方式,是否需要从内外两侧操作手柄,在结冰情况下舱门能够开启,是否设置泄压装置,是否设置防人为恶意开门机构或装置等。

(2)机构的性能参数要求,如需要转动的角度,平移的距离,手柄力的大小,开启的时间等。SAE ARP488D 提出,在丧失开门辅助动力的情况下,若客舱内无余压,最大的手柄力不超过 45lbf(200N),在客舱内余压 0.25psi(1.73kPa)时,最大的手柄力不超过 75lb(334N)。

(3)舱门的安全性设计要求,如上闩与上锁逻辑,解锁与解闩逻辑,作为应急门使用的舱门开舱门动作简单明了,手柄初始运动轨迹向上等。

(4)舱门的人机工程要求,如手柄高度,手柄行程范围,手柄运动要求等。SAE ARP488D 提出,在手柄的全行程内,手柄的高度应在门槛上 762~1397mm之间;手柄在行程内运动要求平缓连续,不得突然改变手柄力的大小与运动方向,并且手柄的转动角度不得大于 180°。

6.2.3 机构运动原理

为了更清楚地说明舱门机构的运动原理,现以某型飞机水上应急出口为例,从机构交点打样设计来介绍其机构的运动原理。

该舱门机构由锁闩机构和手柄机构组成。图 6-15 中给出了该机构的锁闩的上锁位和解锁位。

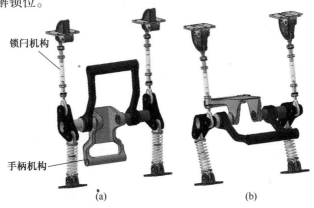

图 6-15 某舱门机构组成
(a)锁闩上锁;(b)锁闩解锁。

手柄机构由内手柄、外手柄和手柄轴组成。手柄轴分为两段,左右对称,内手柄与手柄轴采用螺栓固定连接,外手柄与手柄轴的连接采用花键配合的形式。当手动搬动内手柄时,内手柄带动外手柄及手柄轴转动,手柄轴驱动锁闩机构解锁\上锁。

锁闩机构由凸轮锁、连杆、摇臂、手柄轴、助力弹簧组成。摇臂、连杆、凸轮锁组成了平面四连杆机构,当手动转动手柄时,手柄带动手柄轴转动,手柄轴驱动摇臂转动,摇臂通过连杆带动凸轮锁转动。图6-16为锁闩机构的组成及原理图,线段表示锁闩的解锁位置。

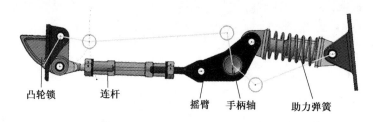

凸轮锁　　　连杆　　　　　摇臂　手柄轴　　　助力弹簧

图 6-16　锁闩机构的组成及原理

在手柄轴转过约一半解锁行程之前,助力器始终向机构提供一个上锁方向的力矩,增加机构的锁闭安全性;手柄轴解锁行程的后一半,助力器向机构提供一个解锁方向的力矩,助力机构解锁,并使机构锁定在解锁状态,在锁闩机构上锁状态。此外锁闩机构设置了5mm挠度,当凸轮锁受载时,锁闩机构不会存在解锁趋势,如图6-17所示。

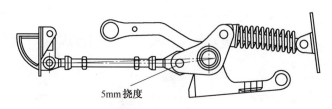

5mm挠度

图 6-17　锁闩机构的挠度设置

6.3　结构布置方案设计

6.3.1　概述

舱门初步设计阶段包括对结构形式的选择,对不同结构方案的比较与选定,对主要结构的位置和几何尺寸的综合协调及确定,主要交点位置的确定以及设计计算等方面,最后构造出三维方案设计图。

6.3.2 舱门结构的布置与组成

舱门的结构组成主要是根据舱门的受载情况和功能需要来确定。位于气密区的舱门在座舱增压时都需要承受很大的压差载荷,所以舱门本身除具有一定强度外,还应满足刚度的要求。这是因为舱门是一个活动的部件,当座舱增压时希望舱门的变形小,更不允许有永久变形,以便保证密封可靠,操纵机构工作正常。非气密区的舱门主要承受飞行中的气动载荷,有些情况下需要能够承受负压载荷和水上迫降载荷,这些舱门对于刚度的要求就相对弱一些。

为了满足舱门在强度和刚度方面的要求,舱门结构除具有和机体材料相同(有特殊考虑时,也可以不同)的外蒙皮外,还需要根据舱门自身尺寸布置若干个纵向构件和横向构件。如果纵向构件连续,则横向构件应当分段连接。选择纵向构件连续还是横向构件连续,要根据舱门受力要求来确定。对于半堵塞式舱门(通过舱门上的挡块与门框上止动挡块传载),一般主要承受舱内气密载荷,这时选择纵向构件连续;对于非堵塞式舱门,若能够承受环向的拉伸载荷与机身的剪切载荷,就应该选择横向构件连续。为了对舱门机构和内部结构进行维护,在内蒙皮上需要开出一些必要的维护通路。位于气密区的舱门要在其周围布置若干个触点,通过触点把压差均布载荷以集中载荷的形式传至门框上对应的止动块上。

除早期将舱门整体移下的快卸式应急门外,大部分舱门都要有铰链,铰链将门体结构和机身结构相连接;同时,在机身结构一侧是活动的转轴,以实现在舱门解锁后,门的打开与关闭。铰链可以是合页的形式,也可以是门体上机加工铰链接头与机身上铰链支座通过铰链螺栓组合在一起的形式。合页受力均匀,重量较轻,适用于承剪门的设计;但要布置在机身外蒙皮上,突出了外形,这是不利的一面。另外,如果沿舱门转轴方向机身外形不是直线时,就不适合采用合页的形式。合页广泛应用于民用飞机的大货舱门,如 B777、B787、A380、A350 等。

一些有特殊用途的舱门,如货桥,它的结构就比常规的舱门复杂一些,它要满足货运系统各种要求,要在货桥上表面铺设地板,地板要有系留环、导轨、地轨、货运滚棒等固定或移动装夹货物装置。

6.3.3 结构初步设计需考虑的因素

在设计某个舱门时,总体专业通常已经给定了舱门的尺寸、舱门在飞机上所处的位置。设计需要考虑因素有舱门的开启方式、结构方案、加工和装配工艺性等。舱门开启方式的选择在 6.1 节中已经进行了比较详细的介绍,下面主要针对结构方案和工艺性方面进行说明。

舱门结构方案从舱门采用的主要材料可分为金属结构方案、复合材料结构方案和蜂窝夹芯结构方案。目前大多数舱门都采用金属结构方案,这方面零件的制造加工以及舱门的装配工艺比较成熟。近年来,复合材料以及蜂窝夹芯结构形式的舱门也逐渐被采用,它们的优点是重量轻、比刚度大。但也有各自的缺点,比如复合材料会受到使用温度的限制。另外,复合材料与金属的热膨胀系数相差很大,在其固化或胶接固化加热冷却后会引起整个结构件产生较大的内应力,这不仅会导致结构变形,还可能在层压板内引起微裂纹,降低结构的承载能力。

金属结构方案又可分为三种类型:①以钣金组合件为主;②以机加工件为主;③门体主要部分整体铸造。整体铸造的特点是材料利用率高,省去了舱门装配的很多工作量,因此如果舱门尺寸较小,内部结构比较简单,可以考虑采用整体铸造的方案。钣金组合的形式相对于以整体机加工为主的形式,材料利用率高,可以节约制造成本,但是舱门的重量会偏大,而且零件之间的连接关系较为复杂,舱门的刚度较差。

加工和装配工艺性方面,在初步设计阶段就需要考虑,并开展比较深入的工作。新机研制的经验表明,在总体研制方案论证和结构初步设计阶段(打样设计)贯彻工艺性要求所获得的效果,大约相当于整个研制过程中全部保证工艺性措施所获得效果的 70%,详细设计阶段所获得效果占总效果的 20%~25%,生产图发出以后再进行工艺性改进,其潜力仅为 5%~10%。因此,在舱门的初步设计阶段,贯彻好工艺性的要求是非常必要的。

6.3.4 舱门结构初步设计示例

下面以某运输机货舱门货桥结构的初步设计为例,说明舱门结构的初步设计过程。

1. 明确设计要求和设计目标

根据总体布置要求,确定舱门在机身上位置和开口大小,还有舱门从关闭位置到打开位置需要转动的角度。

通过了解系统专业对货桥结构所发出的协调文件,从而掌握这些专业对于货桥都有哪些具体要求。

货桥结构需要满足强度、刚度、疲劳等方面的要求,要能够承受飞行中的气密载荷和气动载荷,能够承受负压载荷和水上迫降载荷,能够承受空投空降时的气动与惯性载荷以及总体要求的各种典型装载状态下的载荷,货桥地板需要承受系留环、中央导轨、侧导轨、货运滚棒、空投滚棒、转载滑轮等货运系统部件传递来的载荷。

另外,货桥结构还需要满足气密性的要求和防腐蚀要求,需要满足可靠性、维修性和工艺性等方面的要求。

2. 选择结构形式与确定结构布置

通过总体布置所发布的飞机外形及货桥位置,确定出货桥结构外部包络曲面,包括地板平面;再根据飞机离地高度和打开时需要转动的角度确定出货桥铰链轴线。

通过研究国外同类飞机货桥结构,再结合所要设计的货桥的长度和高度确定出大致的结构方案,包括结构由哪几部分组成,装配和维护的通路,各个部分的结构形式,各组件之间的连接,气密线的选择等。

货桥的基本结构包括隔框、纵梁、边梁、壁板、地板、尾橇、铰链、趾板箱以及整流罩。主要承力结构由横向的隔框和纵向的梁组成,结合锁支座的数量和货桥长度与宽度,确定横向布置14个隔框,纵向结构包括中间4根纵梁和左、右两个边梁。为了便于载荷传递,货桥布置了4个铰链将其悬挂前面的加强框上,4个铰链的位置分别与中间4根纵梁位置相对应。

为了便于安装及维护货桥内部结构和机构,除边梁区域和后端框之后的壁板不可拆外,其余壁板均设计成可拆卸壁板。货桥的6个锁支座分别安装在2号、4号、6号、8号、10号、12号隔框上。

货桥地板采取分块机加工的形式,所有对缝为纵向对缝,各分块之间主要采用搅拌摩擦焊焊接,整个地板安装在隔框和纵梁上,并把地板平面作为货桥的气密线。所有隔框都采用整体机加工的形式,纵梁采取分段机加工的形式,与隔框相连接,形成井字形结构。另外,由于需要在货桥结构内部布置存放趾板的趾板箱,因此根据趾板的长度,在后部7个隔框上开出能够通过趾板的开口。

3. 分析主要受载情况

根据总体专业提供的各种工况,来分析货桥在不同情况下的受力情况,并分析传力路线,以下是在4种主要载荷工况下货桥的传力路线:

(1) 当货桥载货并关闭充压时,气密压力和集中力由货桥地板传至隔框及纵梁,再由隔框及纵梁通过货桥锁钩和前端4个铰链扩散至后机身大开口周围结构。

(2) 当货桥空中打开空投货物时,货物的重量由货桥地板传至隔框及纵梁,再由隔框及纵梁通过货桥前端4个铰链及空投空降拉杆扩散至后机身大开口周围结构。

(3) 当货桥在地面打开装卸货物时,货物的重量由货桥地板传至隔框及纵梁,再由其传至尾橇及货桥前端4个铰链,将载荷扩散至地面及货桥前的框上。

(4) 当货桥在地面提升货物时,货物的重量由货桥地板传至隔框及纵梁,再由隔框及纵梁通过货桥前端 4 个铰链及作动筒拉杆接头扩散至后机身大开口周围结构。

4. 确定主要交点和理论面

在这一环节需要做的工作是为正式的三维打样做好准备,确定所需的交点和理论面或者理论位置(在后面三维打样时发现有不合适的可以适当加以调整),并把这些内容保存至骨架模型文件内。结合货桥的设计,需要确定货桥 14 个隔框平面和 6 根纵梁平面位置,确定铰链轴线,以及确定趾板箱开口位置和大小,确定壁板的分块,确定地板的分块,确定尾橇的外形等。

5. 创建结构三维初步设计图

在以上工作完成以后,就可以进行三维初步设计。

(1) 创建主要承力结构隔框和纵梁的三维图样。在建立隔框的三维模型时,需要结合其受力情况以及与周围结构的连接关系,合理地布置上下缘条和筋条的位置,合理地选择隔框的宽度。由于每个纵梁都是被隔框断开,因此在建立纵梁模型时,需要考虑它与隔框的连接形式,如何才能更好地传递载荷。

(2) 建立壁板和地板的数学模型。对于壁板中的可卸壁板,每块都作为一个独立的小组件,都由自身的骨架和蒙皮组成。考虑地板使用整体机加工工艺,但是若把整个地板作为一块整体机加工,不管从加工难度,还是从装配方面考虑,都不可行,因此最终确定将其分为三大块分别来机加工,最后通过搅拌摩擦焊焊接为一个整体。

尾橇和整流罩位于货桥蒙皮之外,相对比较独立。在确定了尾橇外形以后,剩下的问题就是如何设计,才能有效地将载荷传递给货桥的隔框与纵梁。整流罩由于受力较小,因此内部骨架主要起到一个维形的作用,设计得相对要弱一些。趾板箱的设计主要从其功能上去考虑,要保证在飞行过程中,趾板在其内部前后左右能够被有效地固定住,在保证能够正常放入的情况下,还要对其进行限位。

6.4　系统要求协调

舱门设计不但应满足总体布置、强度专业以及自身功能等方面的要求,还要与相关的系统专业去协调,满足它们对舱门所提出的一些要求。在舱门设计中一般需要协调的专业有液压、电气、货运和内饰等。

在跨专业协调时,需要及时地与对方沟通,不但应正确全面地了解对方所提的要求,将其贯彻到舱门自身的设计中,还要及时地把自己的要求向有关专业提出来,让对方在设计的过程中加以贯彻。

6.4.1　与液压系统的协调

舱门要实现锁机构的开启与锁闭以及舱门的打开与关闭,除了手动操作外,有些舱门还需要通过液压系统来控制,如登机门、货舱门、起落架舱门等。起落架舱门与液压系统的关系最为密切,起落架的收放和起落架舱门的打开与关闭,需要通过一套复杂的液压系统来控制,飞机起飞后将起落架及起落架舱门收起并上锁,而在飞机着陆前将起落架放下并上锁,在起落架收放的过程中需要控制起落架舱门的开关顺序。

一般来说,对于较大的舱门,或者操作人员无法到达的舱门,可以考虑采用液压作动筒来控制门的打开和关闭以及锁机构的解锁和上锁。根据实际需要,有些舱门液压驱动与手动操作同时具备。比如:某运输机的登机门,除了设置内外操纵手柄,可单独在飞机内部或外部进行开启、关闭和解锁、上锁;还设置有液压动力驱动机构,可在地面或空中控制舱门开启、关闭和解锁、上锁,在空中开启后通过液压作动筒保压将舱门保持在打开位。

作动筒是将液压系统的液压能转变为机械能的一个机构。一般情况下,驱动锁机构开启或锁闭的作动筒一端与机身机构相连,另一端则与能带动锁机构打开或上锁的摇臂或拉杆相连接。驱动门体转动打开或关闭的作动筒一端与机身结构相连接,另一端与门体结构上的作动筒支座相连接。在设计时,根据传力路线和方式来合理地确定作动筒支座的位置、尺寸以及支座与门体结构的连接形式。

在舱门设计时,如果考虑需要作动筒来驱动,则首先要确定作动筒的功能要求和技术指标,其中技术指标包括性能要求、接口要求、重量要求、外廓尺寸及安装要求、可靠性要求、维修性要求、安全性要求、适航性要求、刚度和静强度要求等。然后将这些要求通过技术协议书提供给作动筒生产厂家,由生产厂家设计并制造出符合舱门要求的作动筒。

6.4.2　与电气系统的协调

舱门设计中与电气系统发生协调关系最常见是舱门控制和告警指示系统的设置。

告警是向飞行人员发出能吸引其注意力的有关飞机安全的信息。告警系统可采用视觉、听觉(包括语言)和触觉三种告警形式,一般均以视觉告警为主,听觉告警为辅。视觉告警通常采用灯光、电-光显示器和机械式三种显示形式。在现代飞机上经常采用听觉、语言、视觉组合告警的形式,使告警效能大大提高。安装指示系统,就可以随时向驾驶舱中显示仪发出显示舱门开启或关闭的告警信息。

舱门告警指示系统的设置是非常有必要的,如果在空中舱门由于某种原因未锁闭到位或者意外打开,发展下去将可能危及飞机安全,需要让飞行员立即知道。这就要求在舱门上必须安装能够指示舱门或者锁机构状态的装置,如接近传感器、微动开关等。

接近传感器需要和感应靶配套使用,接近传感器和标靶分别安装在门框和舱门上,当接近传感器与感应标靶之间的距离和位置关系满足特定的条件时,传感器便能将信号传至驾驶舱。除了接近传感器,在舱门设计中经常采用的是微动开关,即通常说的电门,它可以用来指示舱门是否处于打开位置或者关闭位置,还可以指示锁机构是否上锁。电门组件一般安装在相对静止的结构上,通过活动部件接触并按压电门上的作动杆,使电门接通,然后将信号传至驾驶舱,从而达到指示舱门状态的目的。微动开关按照电路转换功能、结构、外形尺寸等特点,分为不同的种类,设计时根据实际的需求来选用。

除了指示系统外,电气系统与舱门设计还会有其他一些比较特殊的协调关系,但不是经常会遇到。例如,某运输机需要在货桥内部安装牵引伞监视摄像机,并敷设线束,这就不但需要在结构中布置安装摄像机的支架,而且与电气专业协调确定线束在舱门结构中路径以及电气元件的固定位置和形式,尽量选择对舱门结构整体影响最小的路径。

6.4.3 与货运系统的协调

与舱门设计和货运系统都有关系的飞机部件是运输机的货舱门,尤其是货桥。货桥作为整个货舱门的前门,也是装卸货物的主要通道。货桥的这一特殊用途决定了它的设计需要大量地与货运系统进行协调。

货桥地板主要用来为货运系统提供结构支持,并构成整个货运系统的一部分。货桥地板表面需要安装各种装卸和系留货物的装置,如侧导轨、辅助导轨、中央导轨、滚棒、系留环、地轨等。这就要求在设计货桥地板时,不但考虑货桥自身结构的特点,更要考虑如何布置地板表面的这些装置,必须满足它们对结构设计所提的尺寸、公差以及连接件等方面的要求。

在地板与货桥骨架连接时,必须预留出货运装置与货桥的连接位置,这样在将来拆卸其中的某些装置时,不致影响到货桥自身结构的整体性。另外,由于这些装置基本上是在货桥结构安装完成后才进行安装,因此在设计时还要保证它们安装拆卸通路的畅通。

6.4.4 与内饰专业的协调

舱门专业与内装饰的协调更像是结构专业内部的协调,从以往的设计经验来看,内饰的设计在舱门设计之后,一般都需要内饰根据舱门结构、机构的布置去做局部的处理。

以某型客机货舱门设计为例,由于整个货舱位于客舱地板下方,而货舱门是向内向上收起的,货舱内饰天花板需要安装在客舱地板下表面,因此连接在客舱地板下方的货舱门的收放机构支架和上位锁支架就不可避免地穿过了货舱上方的内饰天花板,这就需要舱门专业和内饰专业双方进行协调。最终确定的方案是在货舱内饰天花板上进行开口,避开货舱门收放机构支架和上位锁支架。舱门专业计算出所需要开口的位置和大小,并以协调单的形式向对方提出。

6.5 运动空间协调

舱门从关闭位运动到打开位,其结构、机构以及内饰、滑梯包(若有)形成的最大轮廓将沿着运动轨迹,勾勒出一个虚拟空间包络体,为了保证舱门运动顺畅,其他任何结构、系统件不得进入这个包络体内,且应与包络体的边界有足够的间隙,一般间隙值要求大于 0.5in(12.5mm)。同样,对于舱门内部的各种运动机构,在它们的运动行程内,也会勾勒出各自的虚拟空间包络体,为了保证各机构不出现干涉、卡滞现象,各运动机构包络体之间、运动机构包络体与舱门结构及内饰之间也应保持有一定的间隙,间隙大小根据舱门具体设计而定。若在协调过程中,由于某些原因,其他的结构或系统件无法避免进入包络体内,或与包络体边界的间隙小于最小要求值,这就要求对舱门的结构、机构或内饰、滑梯包(若有)做相应的调整,适当修改最大轮廓,进而修改虚拟空间包络体,使该包络体避开这个结构或系统件,并留出足够的间隙。同样,必要时也应对舱门的某个或几个机构做必要的调整,改变其空间包络体,避免运动干涉与卡滞。

一般来说,运动空间协调手段有如下三个:

(1)运动模线绘制。只适用于所有运动参数确定后,最后总协调一次。工作量太大,手段落后,现已很少应用了。

(2)用程序优化参数进行设计,设计速度明显加快。当需要改变某一参数时,程序可立即计算得到全部数据,而模线修改则需重新绘制。

(3)使用 CATIA 软件进行实体绘制,借用 DMU 运动分析,将各机构零组件按真实状态建立运动副,通过动画模拟,可更直观地反映运动情况。图 6-18 给出 CATIA 软件中 DMU 模块运动副的种类。图 6-19 为在 CATIA 中模拟的机构运动,进行运动模拟与协调。

图 6-18　CATIA 软件中 DMU 模块

(a)　　　　　　　　　(b)　　　　　　　　　(c)

图 6-19　CATIA 软件运动空间协调

(a)锁闩机构上锁状态;(b)锁闩机构解锁状态;(c)舱门开启状态。

第 7 章　舱门详细设计

在完成舱门初步设计之后,便进入到舱门详细设计阶段。顾名思义,这个阶段对舱门的各个构件进行详细的设计,主要包括以下几方面内容:

(1) 交点位置综合协调。

(2) 结构详细设计。

(3) 机构详细设计。

(4) 系统界面设计。

(5) 运动学、动力学仿真分析。

(6) 强度、刚度与抗疲劳/耐久性设计分析。

(7) 绝热隔音和内饰设计。

(8) 安装与调整技术要求编制。

7.1　交点位置综合协调

舱门交点主要包括舱门设计中的各类轴线、机构运动的交点等,交点的综合协调是一个相对复杂的迭代过程,需要综合考虑舱门开启方式、机构布置、结构布置、系统界面布置等。

舱门一般根据开口方式和承载能力来分类:堵塞式、半堵塞式和非堵塞式舱门。堵塞式和半堵塞式舱门不参与飞机总体传力,当舱内增压时作用在舱门上的气密载荷通过舱门四周的挡块传递至机身。非堵塞式舱门一般参与舱门增压时压差引起的环张力的载荷。此外,民用飞机大货舱门通常也参与传递部分机身总体剪力。下面对这两种典型舱门的交点的协调进行举例说明。

7.1.1　堵塞式、半堵塞式舱门交点的协调

民用飞机的登机门、服务门、应急门通常属于堵塞式、半堵塞式舱门,图 7-1 为 B737 飞机登机门的开启过程。

在该类舱门交点协调时主要考虑以下几点:

(1) 铰链轴线的布置需综合考虑舱门开启角度,开启后与机身外形的间隙

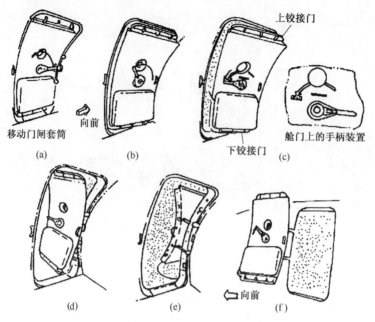

移动门闸套筒
(a)

向前

(b)

上铰接门

下铰接门
(c)

舱门上的手柄装置

(d)

(e)

向前

(f)

图 7-1　B737 飞机登机门的开启过程

及阵风锁的布置，同时舱门打开到位后，要有满足设计要求的静开口空间。

（2）舱门两侧挡块的布置要综合考虑舱门气密载荷的传力路线及门框区域的结构。

（3）舱门结构布置需综合考虑挡块的位置，及舱门上气密载荷的应力分布。

（4）舱门机构交点布置需要综合考虑舱门结构布置。

图 7-2 为某型飞机应急出口，其舱门两侧共布置了 8 组挡块，每组挡块处布

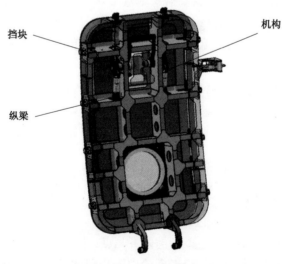

挡块

机构

纵梁

图 7-2　某飞机应急出口组成

置了纵梁,纵梁属于加强结构,保证的舱门上的气密载荷的传递更直接。舱门机构交点根据结构纵、横梁进行布置。

7.1.2 非堵塞式舱门交点的协调

部分民用飞机的货舱门属于非堵塞式舱门。这类舱门的尺寸通常较大,通过琴键铰链和多组锁钩与机身结构相连。图7-3为某型飞机货舱门。

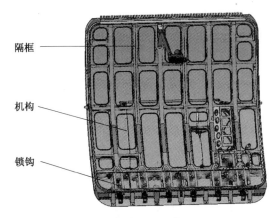

图7-3 某型飞机货舱门

在该类舱门交点协调时主要考虑以下几点:

(1) 铰链轴线的布置需综合考虑舱门开启角度,开启后与机身外形的间隙及阵风锁的布置,同时舱门打开到位后,要有满足设计要求的静开口空间。

(2) 舱门锁钩的布置需要考虑舱门参与门框开口区引起的环向张力。

(3) 舱门结构布置需协调舱门锁钩的布置。

(4) 锁传动机构的交点需要协调结构布置。

(5) 对于非手动操纵的舱门需协调系统界面。

如图7-3所示,其舱门下侧共布置了6组锁钩,该锁钩的布置与铰链一同传递机身环向张力载荷。每组锁钩处布置了隔框,隔框属于加强结构,保证了载荷的传递更直接有效。舱门锁传动机构交点根据结构纵梁及隔框进行布置。

7.2 结构详细设计

结构详细设计是在前期打样设计的基础上将结构图纸或数学模型完善至工厂可以用来制造装配的状态,包括:完成与相关结构或系统的协调;完成主要受力构件的优化设计;合理地定义连接和选用紧固件;完成连接部位的连接细节设计;完成结构的重量控制工作;完成舱门结构维修性设计与分析等。

7.2.1 技术协调冻结

在第 6 章已经阐述了舱门设计与系统专业的协调内容,在详细设计阶段,应对细节设计做进一步协调,通过协调文件予以冻结固化。另外,舱门结构设计还要与机身结构门框结构协调。舱门气密性和水密性的好坏与舱门和门框之间界面设计的好坏是分不开的,而门框属于机身结构部分,因此,与门框结构的协调是与机身结构协调的主要内容。舱门设计时要根据密封带的压缩量确定出门框周圈密封带的压靠区域的形状和尺寸,尤其是容易形成泄漏的舱门四个拐角区域密封带的设计。另外,由于舱门是一个运动的部件,因此需要做出它的运动仿真,模拟舱门真实的运动过程,查看在这一过程中舱门结构是否与周围其他结构有干涉。

7.2.2 结构优化设计

在完成舱门开启方式和舱门形式的选择后,应根据所选择的开启方式与形式,在详细设计阶段开展舱门结构的优化设计工作。舱门结构优化设计主要包含舱门骨架的布置优化与零、组件的设计优化。

舱门骨架的布置优化与舱门尺寸、开启方式、形式及机构交点的布置关系密切。舱门骨架是将舱门上的压差载荷、手柄操纵载荷、地面突风载荷等传递到门框的主要结构,主要由梁、框以及接头组成。在保证舱门机构安装和必要的强度、刚度的前提下,舱门骨架要尽可能设计简洁、传力路线明了。图 7-4 为某型

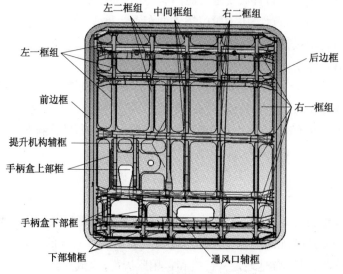

图 7-4 某型飞机后舱门的骨架布置

飞机后舱门的骨架布置,采用半堵塞式舱门,根据横梁布置位置,舱门与机身口框的承力止动块布置如图7-5所示。从舱门与机身口框止动块接触面承力方向来看,止动块一般有径向止动块与垂直于平均压力平面的止动块两种设计形式。一个舱门甚至该架飞机所有增压舱门的径向止动块可以设计成一个零件,实现很好的共用性;但是径向止动块设计也有弊端,即对于止动块径向与平均压力平面的铅垂线夹角较大的止动块传力形式不好。而对于垂直于平均压力平面的止动块,舱门上的每一个止动块传力直接、效率高;但不同位置的止动块不能实现共用。因此,应根据舱门的具体情况,优化选择止动块的形式。

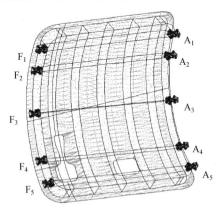

图 7-5　某型飞机后货舱门止动块布置

按照第5章所述的舱门结构优化流程,利用 Optistruct 的拓扑和形状优化技术,Eurocopter 公司为 Dornier 728 飞机开发了一种具有开拓性创新意义的支撑摇臂设计,如图7-6所示。在整个产品设计流程过程中,Eurocopter 公司采用结构优化设计技术,在没有降低支撑摇臂刚度的前提下,使得结构减重效果达到了20%。

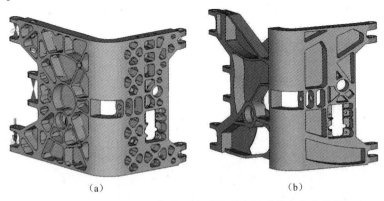

(a)　　　　　　　　　　　　　　　(b)

图 7-6　Dornier 728 飞机舱门支撑摇臂初始设计与优化设计

(a)初始设计;(b)优化设计。

115

在舱门结构详细设计过程中,要分析门体与门框在气密载荷作用下的相对变形情况,要尽可能使门体与门框变形协调,分析门体与门框刚度差值是否可通过密封带进行补偿。若密封带不能有效补偿,将会导致舱门漏气。某型飞机前服务门为半堵塞外开式舱门,在试飞过程中暴露门上部漏气严重的问题,采用HyperMesh软件建立有限元模型,分析发现:在 $2\Delta P$ 气密载荷作用下门体上部变形量为 7.823mm,而门框上部变形量为 3.931mm,两者刚度差值为 3.892mm,上部仅依靠压缩后的密封带回弹补偿,补偿量不能满足气密要求。后来,设计人员将门框由钣金框改为刚度更好的机加工框,同时将舱门最上部的止动块上移30mm,重新分析得到门体上部变形量为 6.322mm,而门框上部变形量为 3.949mm,两者刚度差值为 2.372mm。更改后,改善了门体与门框的刚度匹配问题。

7.2.3　定义连接和选用紧固件

不需要拆卸的部位,可以采用干涉连接的紧固件;需要拆卸的部位,采用间隙配合紧固件,但配合精度应有一定的要求。夹紧力非常重要,大的夹紧力可以利用被连接件的摩擦力传走一部分载荷,有利于提高结构的损伤容限能力。现在广泛使用的高锁螺栓连接件就是这一设计思想的体现。详细设计阶段的完成形式是供试制用的生产图样或数学模型和配套的技术条件,要将为满足损伤容限要求所考虑的全部结果全面地体现在生产图样或数学模型中。

在定义连接时,还要对装配空间加以考虑,要保证所有的连接在制孔时都有操作通路,因此设计时要对各种工具所需要的操作空间大小有所考虑。还要注意紧固件之间不互相干涉,如角形材两个连接面上的螺栓容易互相影响,造成其中一个无法安装,必要时可将紧固件三维调入装配数模中进行检查。

7.2.4　零组件细节设计

零件的细节设计直接影响结构的抗疲劳性能,设计者除借鉴他人的成功设计范例外,还要依靠自己创造性的工作,不断积累好的结构形式,丰富设计经验。例如,常见的接头耳片,设计时应当在耳片的两侧有斜削,以提高耳片的抗疲劳性能。设计蒙皮时,为了提高蒙皮连接区域的抗疲劳性能,降低连接区域的应力水平,在蒙皮与框、长桁的连接部位,蒙皮的横向对接和纵向搭接部位,其厚度应当比其基本厚度大一级。

在对整个装配件绘制二维图或者在三维中进行连接定义时,除考虑紧固件的选用满足强度要求外,还保证紧固件在每个夹层上都有足够的边距,以保证连接部位有相当好的疲劳特性。对于没有满足紧固件边距要求的部位,要对零件进行修改。在完成装配件的连接定义后,还要对各个部位的连接强度进行校核。

7.2.5 重量控制

舱门的重量控制是详细设计阶段一项非常重要的工作内容,如果舱门的重量不满足指标要求,就不是一个成功设计的舱门。舱门重量指标可根据舱门的开启方式、面积等估算给出,也可参考类似飞机的舱门类比给出。表7-1列出了部分飞机舱门及机身开口结构重量。

表7-1 部分飞机舱门及机身开口结构重量数据

机型	舱门	开口尺寸	门结构重/lb	机构/lb	开口结构/lb	总重/lb	重量面积比/(lb/in²)
B737	前登机门	34in×72in	90	61	107	258	0.105
	前货舱门①	35in×48in	84	—	94	178	0.106
	后货舱门①	29in×48in	92	—	100	192	0.138
B757	前登机门	33in×72in	112	126	148	386	0.162
	前货舱门②	55in×42.5in	137	126	130	393③	0.168
	后货舱门②	55in×44in	145	123	145	413③	0.171
B767	前登机门	42in×74in	94	219	213	526	0.169
	前货舱门②	70in×69in	289	160	293	747	0.164
	后货舱门②	70in×69in	289	160	367	815	0.169
	散货门②	38in×45in	85	33	133	215	0.126
A320	登机门	33in×72in	97	83	125	305	0.128

①向内打开,除必要的开关和光照设备外无系统;
②向外打开;
③不包含电搭接,开关面板或其他系统

舱门重量控制可从以下几个方面考虑:

(1) 对蒙皮的非连接区域进行化铣。

(2) 对于机加工件,尽量采用等强度设计原则,去除多余部分的材料。

(3) 受力断面的强度剩余系数 η 应接近于1。当局部区域的 η 远大于1时,应采用减重设计,如开减轻孔等措施。

(4) 去除既不参与传力又无其他功能的多余材料,如型材切角等。

(5) 更改零件材料,比如在满足强度要求的前提下,可以将钢件改为钛合金零件,可以将不承力的金属零件改为非金属零件。

7.2.6　维修性设计

在舱门初步设计时,这一部分的工作还没有完全被考虑,一般是在详细设计阶段就需要考虑舱门内部结构和机构的维修性。舱门机构一般位于结构的内部,因此在舱门内、外蒙皮上适当位置增加维修口盖,可以为机构的安装、拆卸、维护和修理提供通路。有些需要拆卸更换的内部结构也要留出拆卸和安装的通路。在蒙皮开口处,需要重新进行加强。

7.2.7　防、排水设计

在飞机机身上的舱门开口是雨水、洗涤液进入舱门结构,甚至机身内部的通道,为了保证舱门结构与门框结构的防腐蚀能力,消除乘员出入的不舒适感,舱门设计采取合适的防水措施是必要的。主要的措施如下:

(1) 在门框上部布置挡水槽,避免舱门上部的大量雨水和洗涤液直接流经舱门。

(2) 设计合理的密封结构,保证在机身非增压或增压时有效阻止雨水和洗涤液进入。

然而,即使采用了必要的防水措施,但可能还会有少量雨水或洗涤液进入舱门,同时还存在有冷凝水。为保证舱门结构排水通畅,在易积水的槽内均设计排水孔,最终将水汇集到门体结构底部排出。某飞机舱门排水示意图如图7-7所示。

另外,乘员或货物出入舱门时,在下雨天也容易带入雨水。在门框设计是,一般在下门槛设计有集水槽,通过排水管路将水排出。

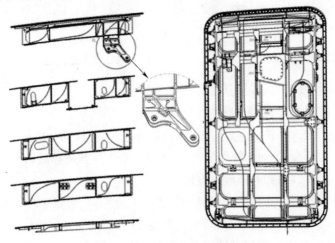

图7-7　舱门结构排水示意图

7.3 机构详细设计

在详细设计阶段,要根据机构的交点布置、强度、重量、标准、材料、可靠性与安全性等要求进行舱门机构零组件细化设计。下面介绍常见的舱门机构。

7.3.1 锁闩机构

舱门关闭后,需要使用锁闩机构将舱门锁定,避免舱门意外打开。根据舱门的不同类型,其上使用的锁闩类型也较为不同。如伊尔76飞机各应急出口均使用插销锁,伊尔76的登机门、下部维护门则使用滚轮锁,而B777的货舱门、A320的翼上应急出口等又使用钩子锁。

图7-8所示的A320飞机翼上应急出口的锁闩机构由锁钩、锁环座、锁钩支座、连杆等组成。该锁机构使用锁闩类型为钩子锁,锁机构安装在舱门上,锁环安装在门框上。该锁机构可通过内、外手柄解锁,但只能用内手柄上锁。当锁机构位于上锁位时,连杆上传来的载荷将内手柄压紧在外手柄上,进而限制了锁钩的转动,将锁钩限制在上锁位。当手柄转动时,连接在内手柄上的连杆带动锁钩转动以离解锁环,在锁机构解锁过程中,需克服锁机构的"死点"挠度。手柄转到解锁位后,弹簧将内手柄保持在解锁位进而保持解锁状态。

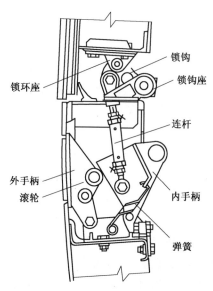

图7-8 A320飞机翼上应急门锁闩机构

ERJ190飞机应急门采用了插销锁,如图7-9所示。当锁机构处于上锁位时,位于手柄上的门锁直接将锁闩顶住,载荷不传递到带动锁闩运动的连杆上。此时,锁闩上传来的力以及弹簧将内手柄压紧在关闭位上,保证了锁闭的安全性。在锁闩上方设置了接近开关,用于指示舱门的上锁、解锁状态。解锁时,随着手柄的转动,连杆带动锁闩向下移动直至完全解锁。内手柄完全打开后,在手柄锁以及手柄弹簧的作用下将其保持在打开位。

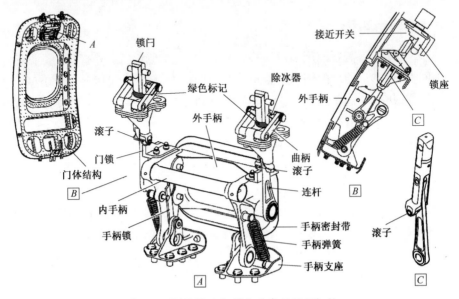

图7-9　ERJ190飞机翼上应急门锁闩机构

7.3.2　提升机构

对于某些舱门来说,在开启或关闭过程中,需要借助提升机构将舱门提升到某一特定位置。如A320、B777等飞机的登机门,在开启时需要将舱门向上提升,待舱门止动钉避开门框上的挡块后才可向外打开。

A320飞机登机门的提升是在手柄转动过程中,通过连杆直接拉动提升摇臂实现的,如图7-10所示。此时,助力机构通过连杆连接提升摇臂,对提升摇臂提供向上的支持力,从而减少开门手柄力。

如图7-11所示的A330飞机应急门提升机构稍有不同,当内、外手柄转动时,通过连杆带动提升转轴转动。提升转轴上安装有提升摇臂,随着提升摇臂的转动,提升摇臂的滚子在门框上的滚槽中滑动并将舱门顶起。同时,提升转轴分别和舱门提升臂以及助力机构连接,这样,在提升转轴转动时,能够在助力机构的帮助下,将舱门提升臂顶起,从而带动舱门的提升,减少开门手柄力。

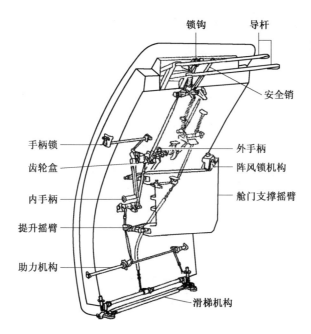

图 7-10　A320 飞机登机门机构

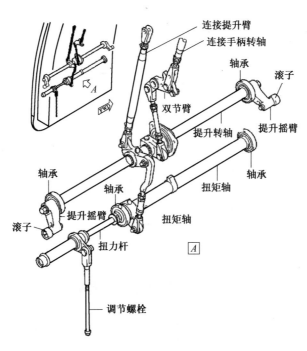

图 7-11　A330 飞机应急门提升助力机构

7.3.3 手柄机构

手柄机构是舱门机构中重要的组成部分,用于带动舱门上其他机构的运动。舱门手柄有外手柄和内手柄之分,一般根据舱门的具体要求进行设置。如 A320 飞机货舱门、维护门等仅设置外手柄,用于在外部开启舱门,而登机门、应急出口等则分别设置内、外手柄满足在机内、外分别开启舱门的需要。

下面就 A320 飞机登机门的手柄机构进行具体介绍。A320 飞机登机门手柄机构如图 7-12 所示,由内手柄、外手柄、上位锁、传动齿轮等组成,外手柄和内手柄分别固定在两根转轴上,转轴间通过齿轮进行传动。当人员在飞机舱外操作外手柄开启舱门时,内手柄与外手柄同时转动,此时若登机门为预位状态,则该状态自动解除;而当人员在飞机舱内操作内手柄开启舱门时,外手柄保持不动。登机门手柄的这一功能主要是通过设置在外手柄中的机构实现的。在开门过程中,当内手柄转动到位时,上位锁会将内手柄锁定,从而将手柄保持在开启状态。

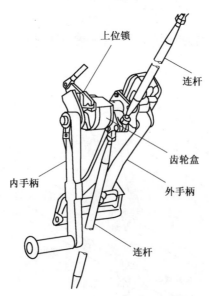

上位锁

连杆

齿轮盒

内手柄

外手柄

连杆

图 7-12 A320 飞机登机门手柄机构

其机构运动原理如图 7-13 所示。外手柄上设置有手柄活门,该活门机构有两方面的作用:一是用于锁定外手柄;二是用于控制手柄内部的机构用于实现内、外手柄联动。

从外侧开启舱门时,需先按下位于外手柄上的手柄活门。手柄活门在关闭位时,活门上的锁环位于机身上的锁钩中。此时,弹簧连杆提供拉力将该手柄活

122

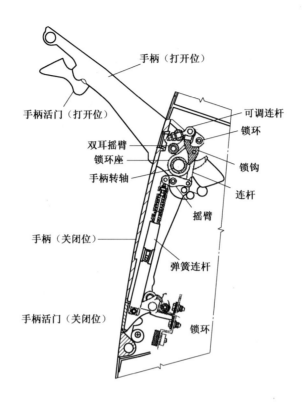

图 7-13　A320飞机登机门外手柄机构

门拉紧并保持在关闭位。只有手柄活门完全按下时,外手柄才可以向外转动;否则,舱门内、外手柄均无法运动。手柄活门按下时,通过弹簧连杆带动摇臂转动,进而通过连接锁钩的连杆使锁钩向上转动直至与锁环座上的锁环啮合。待手柄活门被按下到打开位时,弹簧连杆提供拉力将手柄活门保持在打开位,进而保持锁钩与锁环的啮合状态。由于锁环座与外手柄转轴固连,双耳摇臂、可调连杆以及锁钩等均在外手柄上连接,因而拉动外手柄向外转动时,锁钩随外手柄转动,进而通过与锁钩啮合的锁环、锁环座带动外手柄转轴转动。由于内、外手柄转轴之间通过齿轮传动,内手柄与内手柄转轴固连,因此外手柄转动时就带动了内手柄一起转动。这样就实现了内外手柄联动的功能。

　　从内侧开启舱门时,直接转动内手柄,通过齿轮传动将转动传递到外手柄转轴上。由于在内侧开门时,外手柄活门位于关闭状态,因而外手柄上的锁钩没有与锁环啮合。当内手柄转动时,仅仅通过齿轮带动锁环座转动,锁钩以及外手柄则在外手柄锁的作用下保持静止状态。

　　A320飞机手柄机构较为复杂,其装配示意如图7-14所示。

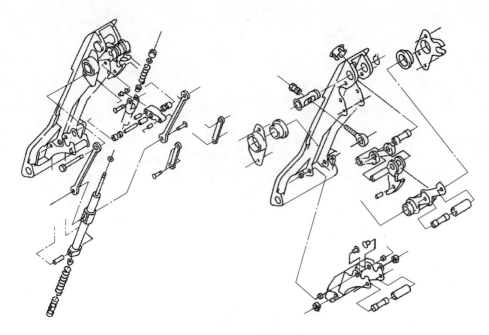

图 7-14　A320 飞机手柄机构装配示意

7.3.4　助力、缓冲与平衡机构

对于需要手动开、关的大尺寸舱门,由于舱门自身重量与转动惯量较大,为了满足人员操作的要求,部分舱门设计了助力机构用以辅助,设计缓冲机构以减小舱门在开关过程中因惯性带来的冲击,设置平衡机构使舱门在开关过程中运动平缓。一般情况下,舱门助力、缓冲机构应当综合设计,使用弹簧、气弹簧等能够存储势能的部件实现助力与缓冲。开门时,当舱门处于关闭状态时,助力、缓冲机构所提供的力应使舱门保持在关闭状态,即此时助力、缓冲机构提供的应是开门阻力。当舱门开启到一定状态时,弹簧、气弹簧等势能随之释放,助力机构所提供的力才会由开门阻力转变为开门助力。当舱门打开接近到位时,弹簧、气弹簧等势能释放完毕,且开始向相反的方向运动而储存势能,从而对舱门施加转动阻力,克服舱门转动惯性载荷,即实现舱门缓冲。关门过程相反。A320、B777 飞机登机门等在开启过程中有提升动作的舱门,其重力会成为开门阻力传递到舱门手柄上。CRJ700、ERJ145 等飞机门梯合一形式的登机门,在手动关闭时需将舱门抬起至关闭位才可上锁,必须设计助力机构方可实现手动关闭。

A330 飞机应急门助力机构如图 7-15 所示,其一端通过可调连杆与门体结构固连,另一端通过连杆连接到提升机构上。扭力杆预先被扭曲,当舱门提升时,扭矩释放,协助舱门运动。通过可调连杆来调整扭力杆的扭矩,进而调整助力机构提供的力值。

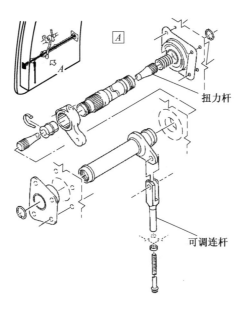

图 7-15　A330 飞机应急门助力机构

CRJ700 飞机登机门(图 7-16)为定轴转动外开式舱门,通过合页安装在机

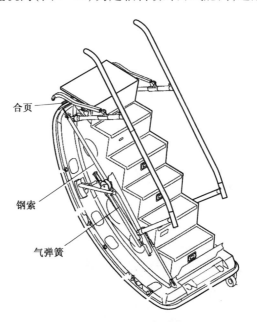

图 7-16　CRJ700 飞机登机门

身上。在舱门两侧分别设置了气弹簧以及连接机身与气弹簧的钢索。机身上的钢索接头位于合页上方,因而气弹簧产生的力通过钢索就能够对舱门产生朝关闭方向转动的力矩。

A320飞机登机门平衡机构与助力、缓冲机构是分离的,在舱门上侧设置了两根单独的平衡杆。B777飞机登机门将平衡机构、缓冲机构均集成安装在支撑摇臂上,通过链轮、链条实现平衡功能,安装缓冲器实现缓冲功能,如图7-17所示。

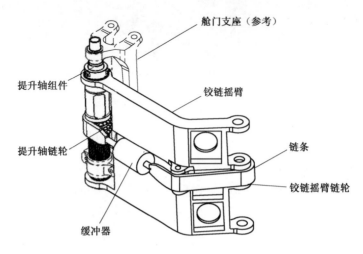

图7-17　B777飞机登机门平衡、缓冲机构

7.3.5　机构优化设计

为实现预定的功能,舱门在狭小的空间内安装了多种机构,这些机构需要协同工作才能实现舱门的功能。良好的舱门机构设计表现在手柄力小、开关门运动过程力感平缓、机构卡滞的故障率低和操纵机构的载荷向门体结构传递少等方面。一般通过舱门机构交点调整、载荷元件的柔性变形与预紧力设定、运动副摩擦力控制、弹簧力或扭矩值的变化,以及舱门安装精度控制等方面要素进行优化设计。舱门机构的优化设计常借助优化软件进行多体动力学仿真分析,得到影响舱门机构特性(如手柄力)的关键要素。

7.3.6　机构补偿设计

为保证舱门装配工作的顺利进行,希望进入装配各阶段的零件、组合件及部件具有生产互换性。生产互换性是指这些零件、组合件及部件具有这样一种性能:其几何形状及物理性能能保持在一定误差内,在装配时不需任何修配和补充

126

加工,而装配后完全满足规定的技术要求。可见,具有生产互换性的零件、组合件及部件对组织装配工作是十分有利的。因为在装配过程中,可以不对工件进行试装和修配,能减少大量的手工修配工作量,节省工时,缩短装配周期,有利于组织均衡、有节奏的生产。因此,在一般机械制造的大批或大量生产中主要采用生产互换的方法。在飞机成批生产中,也希望尽可能多地采用这种方法。实际上,在飞机成批生产中,许多钣金零件、机加工件、装配各阶段的装配单元、部件都是采用生产互换的方法,即在装配中不需要修配及补充加工。

但对结构复杂、协调尺寸较多的部位,或零件、组合件的刚度较小而且装配变形又无法预先估计的情况下,过分提高零件、组合件的制造准确度及协调难度,在经济上是不合理的,技术上也是难以达到的。因此,在飞机制造(尤其是舱门)中,采用了多种补偿设计的方法。

补偿设计的方法就是零件、组合件或部件的某些尺寸在装配时允许通过补充加工的方法进行调整,这样可以部分抵消零件制造和装配的误差,最后能够达到技术条件所规定的准确度要求。

在产品精度要求比较高的情况下,采用补偿设计的方法,可以在不过分提高零件、组合件精度要求的条件下,在装配以后使装配件获得比较高的精度。这样,装配的工作量可能要增加一些,但从零件制造及装配工作综合来看,其技术经济效果还是有利的。

飞机舱门装配过程中,常用的补偿设计方法有以下三种。

1. 修配

对于大开口舱门,如大型运输机的货舱门,一般尺寸比较大,有时甚至长达5~6m,而在装配时,为了保证密封效果,蒙皮之间对缝间隙要求很严。如果单靠零件制造的准确度来达到这样的间隙要求,实际上是很困难的。因此,在蒙皮设计时,在外边缘处留出一定的加工余量,在装配时和相邻的机身蒙皮相互修配,以达到预定的间隙要求。这就是修配的方法。

在飞机装配中,凡是准确度要求较高的配合尺寸,在零件加工中,用一般方法难以达到时;或者,在零件制造时虽然能达到,但预计由于零件、组合件变形难以在装配后达到预定的要求时,多半是在装配时利用修配的方法来达到,如蒙皮边缘、桁条端头、整流罩边缘、舱盖及舱门边缘等。图7-18为某运输机后货舱门各舱门与后机身的对缝分布,其中大部分对缝需要采用修配法来满足设计要求。

修配方法多半是手工操作,在相互修配时,舱门要反复调试和修合,工作量比较大。在成批生产中,应摸索尺寸及其公差控制方法,尽量少用修配方法。注意,由于零件修锉处易引发腐蚀问题,因此应进行防腐处理。一些先进民用飞机

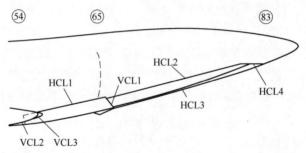

图 7-18　某运输机后货舱门各舱门与后机身的对缝分布

公司采用无余量装配,禁止对零件进行现场修配,除非是钛合金零件或不锈钢零件。

2. 装配后精加工

对于公差配合要求比较严格的装配件而言,修配法无法满足设计要求,这时一般采用装配后精加工的方法。如舱门的铰链,由于其数量不止一个,安装后各铰链上轴孔的同轴度可能无法满足设计要求,这时轴孔应预留一些加工余量,待装配完毕后,再进行扩孔或铰孔。由于舱门大部分铰链的轴孔都带有衬套,所以加工余量一般保留在衬套上。衬套通常采用不锈钢材料,以避免扩孔或铰孔带来的腐蚀问题。

某些配合的零件通过螺栓连接,二者之间的螺栓孔也应通过此种方法进行加工,以保证两零件孔的同轴度(图 7-19)。

图 7-19　配合零件的螺栓孔在装配后铰孔

3. 可调补偿件

为保证装配准确度符合要求,除上述方法外,也可利用结构补偿来达到。图 7-20 为某舱门机构的可调拉杆,拉杆两端耳片接头与中间的连杆分别采用左右旋螺纹进行连接,安装时转动连杆可改变拉杆长度,以满足机构交点设计要求。

图 7-21 为某舱门插销锁锁座的补偿措施。为保证舱门锁机构的插销锁顺

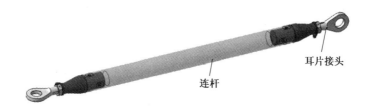

图 7-20　可调拉杆

利插入锁座上的插销孔。将锁座设计两部分,两部分之间以齿板形式啮合,调解时移动可动齿板的位置,实现插销孔的偏移,移动的距离为齿板齿距的整数倍。

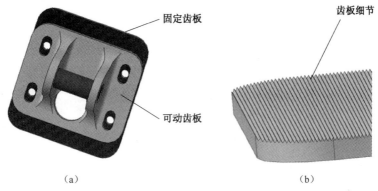

（a）　　　　　　　　　　　　（b）

图 7-21　齿板补偿措施

图 7-22 为舱门锁机构锁环的偏心补偿措施。初始设计时,锁环与锁钩的理论轴线之间有一个偏心距 e,调节时转动锁环,在偏心距 e 及转动角度的共同影响下,可以实现锁环与锁钩等零件相对位置的变化,从而满足设计要求。

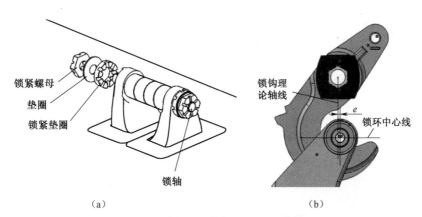

（a）　　　　　　　　　　　　（b）

图 7-22　某舱门锁机构的偏心调节措施

综上所述,利用补偿结构可以降低部件的装配准确度要求,部件间相对位置是通过调整来达到的。

　　此外,各种垫片的使用也属于常见的补偿措施之一。如图 7-23 所示,某大型舱门在装配时允许在铰链接头处加特制垫片,从而改变舱门对称线的位置,以改善与机身对称线之间的偏差,进而满足相关设计要求。可剥垫片也属常用补偿垫片之一,其单层厚度薄至 0.05mm,平时像千层纸一样用胶黏剂粘贴在一起,装配时根据需要撕下几层垫在需要调节的地方,从而起到调节作用。

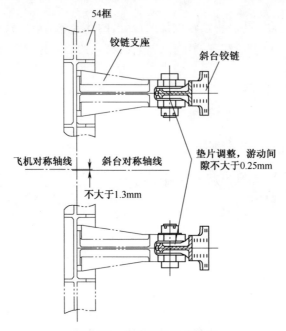

图 7-23　垫片调整补偿措施

　　在机构运动中的自锁挠度也可通过螺钉等调整,使机构能可靠地锁定。典型的挠度调整如图 7-24 所示。

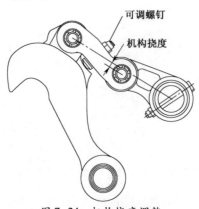

图 7-24　机构挠度调整

7.4 系统界面设计

舱门是一个相对独立的功能单元,除机构、结构外,电气、液压等系统也是其重要的组成部分。例如:A320 飞机登机门,在其上布置了较多的接近开关用于确认舱门的关闭状态,安装在该舱门支撑臂上的冷气作动筒在应急开门时可将舱门快速打开;伊尔 76 飞机的登机跳伞门,在地面或空中时,均可使用液压系统将其打开并保持在打开位;B777 飞机的登机门,当飞行速度大于 80kn 时,速度传感器即驱动安装在其上的飞行锁将舱门锁死,避免人为解锁。

在具体设计中,应根据舱门的实际需求来设计各个系统。以伊尔 76 飞机登机跳伞门为例,该舱门使用液压作动筒开、关舱门,使用终点电门来指示舱门的开启、关闭状态以及舱门锁机构的上锁、解锁状态进而对液压系统进行逻辑控制。设计作动筒时,首先根据舱门空中受载情况确定液压作动筒的最小输出载荷,根据舱门结构、机构布置确定作动筒的行程以及最大允许筒径,由此结合总体要求的舱门打开、关闭的时间要求设计计算出作动筒的筒径、活塞面积、活塞杆面积、管嘴规格以及液压流量要求等;其次为了满足平缓上锁的要求,在液压油路上设置了节流阀;最后在系统中设置了缓冲器,是为了登机跳伞门在空中打开状态时遭遇迎面大气流时,作动筒无杆腔的油能够通过缓冲器的单向阀快速流回有杆腔,避免造成无杆腔及与其连接的管里出现瞬间高压,破坏管路或附件。

伊尔 76 飞机登机跳伞门液压系统是由液压电磁阀来控制油路的,当飞机提供的电压、电流与其额定电压、电流存在一定的偏差时,液压电磁阀应能够正常工作。

终点电门所处位置应尽可能直接反映舱门及其机构所处的状态,其数量应根据可靠性指标来确定。由于终点电门自身依靠弹簧复位,因而电门触压机构应能使电门在较长时间内处于自由状态,短时间内才处于触发状态,避免终点电门的复位弹簧失效。同时,电门触压机构应能够稳定地触压电门,避免由于飞机振动等带来的误报警。

7.5 运动学、动力学仿真分析

在舱门设计过程中,动力学和运动学仿真已经是必不可少的分析手段和过程,它帮助工程设计人员模拟机构运动可能出现的各种问题或不合理的地方。

而在较早的设计过程中是没有这种手段的,通常需要制造出实物样件/样机通过试验验证来不断改进,周期非常长,成本也大。仿真分析大大简化了这一过程,并降低了成本。

7.5.1　运动学仿真分析

目前常见的工程类软件有很多具备运动学仿真分析的功能,如 UG、Solid-Work、ProE、CATIA V5 等,在舱门机构设计进入详细设计阶段时有必要进行详细的运动学仿真,它能使工程设计人员清楚地了解每个构件在运动过程中与其他构件的运动间隙、检查是否存在干涉。这里推荐及早启动运动学分析,这样在机构打样过程中或更早的时期便可发现机构运动可能存在的干涉或空间不足等问题。在此时期也有必要跟其他专业充分协调,避免机构运动间隙留的不够。若到设计后期甚至制造装配时才发现问题,到那时有些问题可能是无法处理的甚至是颠覆性的,问题就严重了。及早开始运动学仿真在舱门设计和协调过程中显得尤为重要,可以说是一项必不可少的过程,而且几乎贯穿整个设计过程。

下面以 CATIA V5 软件构造三维实体模型进行运动学仿真为例,介绍运动学仿真分析的基本流程。首先确定一个基座,即与地面固结的零部件;其次对各个运动构件添加运动副,如铰接、滑动、万向关节等;然后对一个(或多个)运动副施加驱动,驱动的类型跟运动副相对应;最后驱动整套舱门机构运动。这当中需要注意运动副的添加一定要符合运动学自由度的基本理论,否则软件无法进行仿真。图 7-25 为某型舱门的运动学模型。

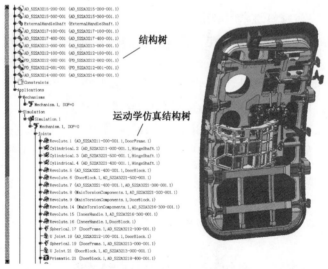

图 7-25　某型舱门运动学模型

注意:利用 CATIA-V5 软件 DMU 运动分析模块建立机构的运动仿真模型时,在机构的装配中,零件之间的约束关系必须清晰正确,避免过约束。舱门机构复杂,零件与零件之间存在的连接方式较多,如转动连接、球铰连接、U 铰连接、零件间的固定、沿导轨滑动等。如果忽略必要的约束或增加了多余约束,有可能影响下一步的机构运动分析。

另外,对舱门机构进行运动分析不仅考虑静态时机构的装配和协调,还考虑动态时的机构运动情况。通过机构运动分析,可动态地连续观察机构在整个运动过程中不同位置上的状态,检查机构的运动是否符合要求,从而找出机构在设计和装配中的错误,确定机构初始和最终状态的位置,避免运动过程中干涉、碰撞等。

根据机构中主、从动关系的转化,构建两个独立的 Mechanism,在里面确立不同的主、从动关系。由于门机构在向内侧关门和向外侧推门时主、从动关系要发生转换:在向内关门时,是手柄在起作用;向外侧推门时,手柄不动,门铰链摇臂和门框连接处起作用。

7.5.2 动力学仿真分析

传统的基于试验的研发过程显然太过漫长,更经不起多轮次的迭代和修改,简单的运动学仿真虽然能够帮助工程人员消除干涉和运动间隙过小等问题,但对驱动力和阻力完全不能表征,舱门专业的工程人员更需要一个高效的手段,这就是在制造和试验昂贵的实物样机之前,开展多体动力学仿真分析。通过建立多体动力学模型,将舱门机构中各个构件通过运动副连接起来,确保它们在实际的工况下,如重力和摩擦力,众多部件间的相互作用和运动关系与设计一致,得到各构件各环节的受力情况,通过各种判断方法确定机构原理、交点布置、杆系比例等是否合理,从而对机械系统的真实性能进行有效的分析和优化。

在这一领域常见的软件有 ADAMS、LMS-Motion 和 MotionView 等。ADAMS 软件是美国 MDI 公司开发的虚拟样机分析软件,在各行业机构设计、系统仿真中应用较多。LMS Virtual. Lab 软件的 MOTION 模块由于与 CATIA V5 软件无缝连接,在航空领域使用较广泛。MotionView 是 Altair 公司开发的新一代系统动力学仿真分析软件,它是一个通用的多体动力学仿真前处理器和可视化工具,采用完全开放的程序架构,可以实现高度的流程自动化和客户化定制。MotionView 具有简洁友好的界面,高效的建模语言(MDL),同时也是一款支持多求解器输出的多体动力学软件,可以将模型直接输出成 ADAMS、DADS、ABAQUS 和 NASTRAN 等多种求解格式文件,或直接由 MotionSolve 求解。

下面分别以 LMS-Motion、MotionView 软件建立动力学模型流程为例介绍下动力学仿真分析的基本流程。

　　图 7-26 是某舱门利用 Motion 建立的多体动力学模型,图 7-27~图 7-29 为 Motion 模块界面示例,图 7-30 与图 7-31 为动力学仿真分析结果示例。图 7-27 的左侧是结构树,中间是动力学的模型,右侧列出各个工具条。

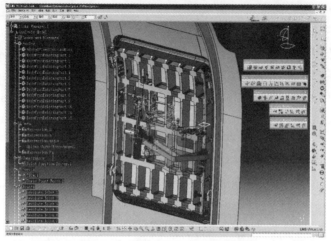

图 7-26　某型舱门动力学模型

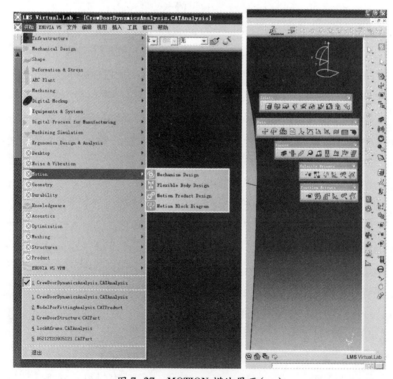

图 7-27　MOTION 模块界面(一)

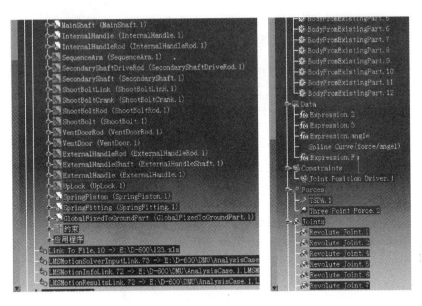

图 7-28　MOTION 模块界面(二)

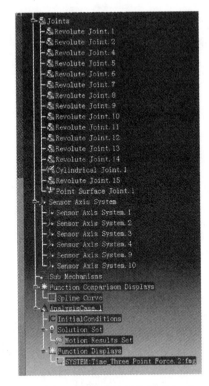

图 7-29　MOTION 模块界面(三)

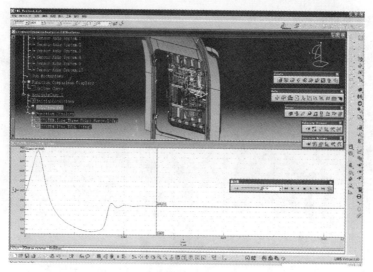

图 7-30 某型舱门动力学分析示例(一)

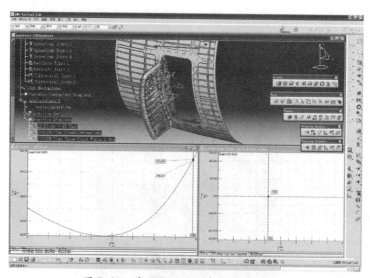

图 7-31 某型舱门动力学分析示例(二)

图 7-32 为应用 MotionView 软件建立的某门梯合一登机门的机构多体动力学模型。模型包含数十个运动物体,数十个运动副和柔性连接,以及多个运动和力的定义。

该登机门整个动力学仿真过程持续 24s,包括手柄开启门闩锁运动、门体放下运动、门体提升运动、手柄关闭门闩锁运动。动力学仿真可得到每个运动体的运动轨迹、每个运动体的受力情况、每个柔性体的应力变形情况等。

经过动力学仿真优化后,该登机门外手柄、内手柄柄开启与关闭的力矩值曲

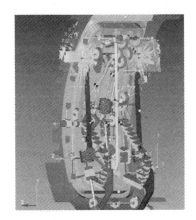

图 7-32 登机门刚柔耦合多体动力学模型（已隐藏登机梯外形）

线对比分别如图 7-33 和图 7-34 所示。

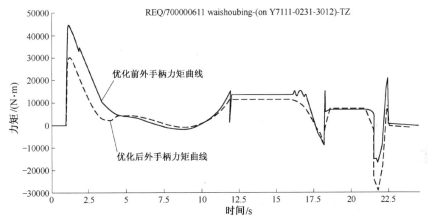

图 7-33 外手柄开启和关闭的力矩值曲线对比

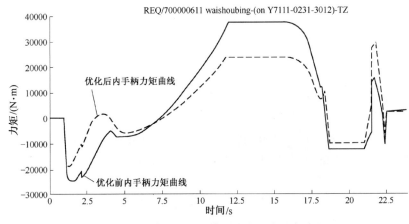

图 7-34 内手柄开启和关闭的力矩值曲线对比

7.6 强度、刚度与抗疲劳/耐久性设计分析

舱门是机身结构中的一类部件,按其承载可分为气密式舱门(如登机门、应急门等)和非气密式舱门(如起落架舱门),气密式舱门主要承受气密压力、气动和惯性载荷,非气密式舱门主要承受气动及其惯性载荷。

7.6.1 应力分析

由于舱门通常不参加总体受力,因此在应力分析时可单独对其进行应力分析。

1. 舱门模型简化

根据舱门的结构特点以及受力情况,在有限元模型简化时,一般把蒙皮简化为膜元(QUAD4 元素),把纵向梁、横向梁和框简化为 2 节点的梁元(BAR 元素)。有时考虑到梁和框的高度比较大,可把梁和框的上下缘简化为杆元(ROD元素),腹板简化为膜元(QUAD4 元素)。玻璃窗加强边框简化为梁元(BAR 元素),由于玻璃窗的玻璃在舱门结构中不承受总体载荷,为了使其上的载荷能够施加到骨架上而又不影响骨架刚度,模型简化时把玻璃简化为虚板元,仅使玻璃上的载荷能够准确地分配到观察窗的骨架上。

2. 载荷施加

舱门的主要载荷见第 4 章,载荷的施加要尽量做到符合实际,分布载荷等效为集中载荷时应合理、准确。

3. 边界处理

边界条件处理应尽量模拟舱门实际结构的边界情况。如果舱门结构是通过连接在门和门框上的刚硬止动螺栓(触点)或止动支座(触点座)接触约束,则舱门的约束条件应该简化为在每个触点处约束限制垂直触点座方向的线位移。

7.6.2 强度分析

舱门的应力分析仅仅是计算出了舱门结构的应力分布,在强度分析中,大部分工作是对有限元应力分析结果进一步处理,找出受力较严重的结构件,进行强度校核,确定结构元件的许用载荷,保证结构能够承受施加的载荷。

根据舱门结构的特点,应主要校核以下五种结构形式。

1. 蒙皮的强度校核

在气密情况时,蒙皮通常受到垂直于蒙皮表面的均布压力载荷作用。蒙皮在内部气密压力作用下,主要考虑拉应力,其他方面不予分析。因此,蒙皮的强

度分析可以只考虑拉伸强度。

蒙皮拉伸强度校核分析时，许用应力取材料的 σ_b 值；工作应力选取分析部位的板元最大 Von Mises 应力。其强度剩余系数为

$$\eta = \frac{\sigma_b}{\sigma_t} \tag{7-1}$$

式中　　σ_b ——材料强度极限；

　　　　σ_t ——受拉部位的最大拉伸应力。

2. 纵梁、横梁的强度校核 A

舱门的纵梁和横梁通常都比较高，因此在有限元建模时，通常将其简化为杆板结构，即梁缘条简化为杆元，梁腹板简化为板元。因此强度校核时应分别考虑。

1）纵梁、横梁缘条的稳定性校核

对于纵梁和横梁缘条，其失稳形式主要有总体失稳、局部失稳和压损失稳。其总体失稳和局部失稳都采用临界应变法计算其失稳临界应力，压损失稳采用板元法计算其失稳临界应力。

缘条的压损强度计算选用板元法计算压损失临界应力，计算步骤如下：

（1）把型材剖面划分为若干个板元。

（2）计算各板元的压损应力。

（3）计算与外缘条有关的板元的平均压损应力。

2）纵、横梁腹板稳定校核

一般要开展如下校核工作：

（1）纵、横梁腹板轴向压缩强度校核。

（2）纵、横梁腹板剪切强度校核。

（3）纵、横梁腹板压剪复合强度校核。

3）纵梁、横梁的强度校核 B

横梁、纵梁有的时候也会简化为梁元。对于单独一个梁元，其强度校核的主要内容有：拉伸强度校核和压缩强度校核。

根据有限元计算结果，从中选出受力最大的元素的轴力、弯矩，根据下式计算所受应力：

$$\sigma_{\pm} = \frac{M}{I_z} y \pm \frac{N}{A} \tag{7-2}$$

式中　　M ——该元素剖面所受弯矩；

　　　　N ——该元素剖面所受拉力；

　　　　I_z ——该元素对剖面形心轴的惯性矩；

　　　　A ——该剖面的面积。

压缩强度分析与纵、横梁缘条的稳定性分析完全相同。

3. 典型连接的强度校核

舱门铆钉连接结构主要分为两类。

1）连接梁的铆钉群

在此类连接中，计算每个铆钉的载荷时，应考虑下列载荷分量：

（1）平行于梁轴线的力。

（2）剪力。

（3）由平行于梁轴线的力引起的相对于铆钉群中心的矩。

（4）由剪力引起的相对于铆钉群中心的矩。

2）纵向和环向铆接接头

对于接头的每个铆钉，计算由剪力和相应的轴力引起的铆钉载荷。对于属于纵向和环向铆接接头的拐角处的铆钉，根据剪力和两个正交的轴力计算铆钉载荷。对于有两排铆钉的铆接接头，载荷按平均分布（两排铆钉的载荷分布为50%：50%），对于具有三排铆钉的铆接接头，假定外排铆钉承受的载荷为中间铆钉的2倍（载荷分布为40%：20%：40%）。

4. 耳片的强度校核

舱门上承载耳片较多，耳片的强度直接影响舱门功能实现，耳片强度校核不可或缺。耳片强度校核一般要开展如下工作：

（1）耳片拉伸强度计算。

① 受轴向拉伸载荷的耳片强度计算；

② 受斜向拉伸载荷的耳片静强度计算。

（2）耳片挤压强度计算。

5. 手柄的强度校核

大部分舱门都有操纵手柄，用于操纵门锁机构。根据表4.1给出的手柄载荷进行手柄的强度校核。

7.6.3 刚度控制分析

位于座舱增压区的舱门需承受很大的增压载荷，所以舱门本身除满足基本的强度要求外，刚度要求也十分重要。当座舱增压时，舱门的弹性变形要小，且与门框的弹性变形基本相协调。在正常使用过程中，舱门不允许出现永久变形，以便保证密封可靠，操纵机构工作正常。

7.6.4 抗疲劳与耐久性设计分析

在使用过程中，位于座舱增压区的舱门承受增压—泄压—增压反复载荷循环作用,容易暴露出疲劳与耐久性方面的问题,对飞机的使用安全带来威胁。因此,在设计过程要重视舱门的抗疲劳与耐久性设计分析工作。

舱门的抗疲劳设计原则和要求基本等同于飞机其他结构,一般从选材、细节设计、应力水平控制等方面予以考虑。

此外,舱门容易受到人员和货物的磕碰而造成偶然损伤,容易从口框渗入雨水或洗涤水而造成腐蚀损伤,而且运动机构在长时间会出现磨损等问题,这些均造成舱门的结构完整性降低,进而影响耐久性。因此,在舱门设计时,应采取措施,尽可能避免舱门遭受人为损伤的可能性,提高舱门与口框间的防水密封性,增设足够的排水通路,对机构的运动副提供必要的润滑措施;同时,要求对舱门的主要结构、机构有较好的维护、检查可达性,能够及时发现腐蚀、磨损等问题,及时进行必要的保养维护。

7.6.5 损伤容限和疲劳评定

舱门作为机体结构的重要部分,必须按 CCAR 25.571 的相关条款进行损伤容限和疲劳评定,包括舱门主结构的疲劳强度、破损-安全强度、声疲劳强度、伤容限评定。如舱门在任一个止动件失效后,应仍能保证其功能和不低于限制载荷承载能力。

7.7 绝热隔音和内饰设计

舱门绝热隔音包含两个方面:一是舱门与口框之间缝隙的绝热隔音;二是舱门门体壁板的绝热隔音。对于前者,一般通过密封带来实现绝热隔音,通常情况下,空心管形压缩密封带和包覆填充物压缩密封比脚形压缩密封带和隔膜压缩密封带具有更好的绝热隔音效果。对于后者,使用的隔音绝热方法主要有两种:一种是在舱门内部覆盖隔音绝热块,这是由一层或多层的玻璃纤维棉胎、防火层和泡沫用增强的塑料薄膜组合将其完全地封闭而成的组件,通过子母带等连接在舱门内蒙皮上;另一种是在舱门内填充硬质泡沫塑料,直接用胶黏连在结构上,利用泡沫塑料的特性达到隔音绝热的效果。应注意:绝热隔音材料应满足阻燃、无毒的要求。

飞机舱门内饰用来遮盖舱门的裸露结构,为人员提供一个良好的视觉环境。舱门内饰应与机身内饰风格保持一致。一般使用的材料为塑料板(阻燃 ABS 板、PC/ABS 合金板、PPSU 板、PC 板)、蜂窝板、复合材料层合板。舱门内饰设计需注意以下几点:

(1) 内饰材料选用应符合阻燃、无毒等适航要求。

（2）在内饰板上应避免出现直接可以看到的连接件。

（3）在内饰板的设计中应考虑使用快卸锁，以便实现对内饰板的快速拆卸。

（4）在内饰板连接时，应考虑加减震垫等措施，以达到降噪的目的。减震垫可考虑选用高阻尼硅橡胶材料。

（5）由于舱门是运动部件，应协调设计避免运动过程中舱门内饰与周围结构发生干涉。

（6）在内饰上需要喷涂舱门操作简图、使用警告等信息，便于人员操作。

图 7-35 为 A320 飞机登机门内装饰。

图 7-35　A320 飞机登机门内装饰

7.8　安装与调整技术要求编制

由于舱门结构、机构零件都必然存在尺寸公差与形位公差，且纵横骨架零件、接头类零件的安装定位也存在安装误差，即使采取细致的公差分配等尺寸管理和提高舱门制造工装的精度等措施，也难以确保复杂的舱门机构实现预定的功能。因此，在舱门设计、分析工作完成后，应及时编制舱门的安装与调整技术条件。该项工作是舱门设计工作的延伸，目的是指导工艺、制造部门按照合适的程序和正确的方法将舱门安装与调整到位，实现舱门各项预定的功能。

舱门安装与调整技术要求是舱门设计数学模型或图样的补充。安装调整就是通过预设的调整措施（部分调整措施见 7.3.6 节），按步骤进行调整。其主要

内容包括:

(1) 舱门安装姿态的调整方法。

(2) 舱门与口框的间隙均匀性调整方法。

(3) 舱门与口框阶差符合性调整方法。

(4) 舱门机构的调整方法。

(5) 舱门安装与调整后的检查要求等。

图 7-36 是某舱门与门框的侧部间隙通过调整舱门提升摇臂与摇臂铰链转轴两侧垫圈个数以及厚度来保证。图 7-37 是某舱门与门框的下部间隙通过调整上部左、右导向槽内止动螺栓下的垫圈厚度,直至满足间隙要求。图 7-38 是某舱门与门框的阶差通过调整各止动钉与门框止动挡块之间的间隙来保证。

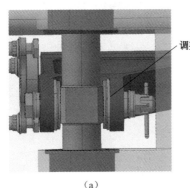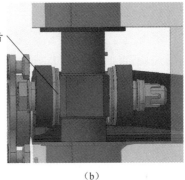

(a)　　　　　　　　　　　　　　　(b)

图 7-36　舱门侧向间隙调整

(a)提升上摇臂调整垫片;(b)提升下摇臂调整垫片。

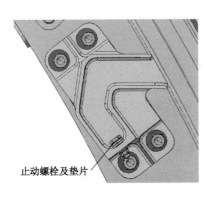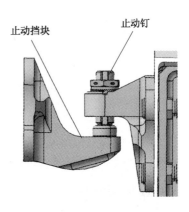

图 7-37　舱门下部间隙调整　　　　图 7-38　舱门阶差调整

143

第8章 舱门密封设计

8.1 概　　述

运输类飞机舱门密封设计是舱门设计十分重要的内容之一。增压舱门密封失效后影响飞机空调系统工作,造成乘员不舒适,严重情况可能会影响飞行任务完成或造成乘员生命安全。

舱门密封性是舱门密封结构设计的各个方面表现出来的一种综合特性。密封结构形式、密封带截面尺寸、压缩量大小、密封带材料特性、增强织物等直接影响舱门的密封性。另外,门框、舱门结构刚度及两者的匹配情况对舱门密封性也有较大的影响。

舱门密封设计的一般要求如下:

(1)当舱门增压时,密封带不能有明显漏气现象。漏气会造成气动阻力。

(2)密封带的放置应使得在人员进出、货物装卸过程中,密封带受到的损伤最小。

(3)密封带应该是机械连接(非永久性连接),这样易于更换。

(4)在飞机非增压(如地面停放)时,密封设计应提供足够的防雨密封。

(5)密封带材料对液压油和飞机清洁剂有良好的抗腐性与良好的气候耐久性及抗氧化性。

8.2　舱门密封结构形式

舱门密封按其结构形式及密封原理分为充气管密封、空心管形压缩密封、脚形压缩密封、隔膜压缩密封、包覆填充物压缩密封等。

8.2.1　充气管密封

1. 充气管密封的密封原理

充气管密封带一般由中空的橡胶密封带、内部复合织物、充气嘴组成。充气式橡胶密封带是利用中空全封闭的腔体充满气体,利用气体产生的膨胀压力,实现橡胶面与门体的接触密封，密封的断面为中空的全封闭结构。充气管密封的工作压力通常为 100～255kPa。充气管密封带的实物如图 8-1 所示，密封原理如图 8-2 所示。

图 8-1　充气管密封带实物

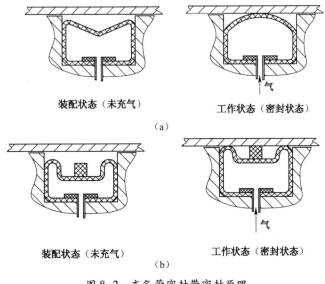

装配状态（未充气）　　　　工作状态（密封状态）

(a)

装配状态（未充气）　　　　工作状态（密封状态）

(b)

图 8-2　充气管密封带密封原理
(a)类型 1;(b)类型 2。

2. 充气管密封的特点

1）充气管密封的优点

（1）密封性非常好。充气管密封是通过向中空的橡胶管内充气膨胀，使橡胶管紧压门框结构达到密封。充气的压力较大，使橡胶密封件与门框结构压缩力较大，因此气密性非常好。

（2）对舱门变形的补偿性较好。当舱门在气密载荷作用下变形时，舱门与机身之间的密封间隙变大,且间隙值不统一,但充气管密封能通过其较大的膨胀量来补偿舱门与机身之间变化的密封间隙。一般充气管密封补偿间隙变化值可达 10mm。

(3) 手动操作的舱门对其操作力无影响。当舱门开启、关闭时,充气管密封件处于泄压状态,此时密封件收缩,并与门框之间存在一定的间隙,因此对舱门手动操纵力无影响。

(4) 充气管密封件具有一定自我保护作用。当舱门打开时,充气管密封件处于泄压状态,并收缩于安装槽内,从而可以防止不使用被破坏。

2) 充气管密封的缺点

(1) 密封带成本相对较高。充气管密封件自身制造缺陷控制要求较高,且密封带截面相对复杂,因此成本较高。

(2) 密封带需要较高的疲劳寿命。充气管密封件在工作时膨胀量较大,且工作较为频繁,因此需较高的疲劳寿命。

(3) 需要压缩空气源(气源来自发动机或飞机冷气系统或自备冷气系统)及充气、泄气控制系统(充气阀、气滤、管路、单向阀、安全阀、蓄气瓶、充泄压随动开关装置等)。带来系统重量增加及控制系统的可靠性和地面保障等问题。

(4) 破损后气密性下降极为严重。充气管密封带破损后,其管内压力下降较快,导致橡胶密封件与门框结构分离,产生较大间隙,致使舱内漏气极为严重。

(5) 缺陷扩散速度非常快。当充气管密封带有较小的缺陷,如意外破损时,因其内部存在高压气体作用,使其破损扩展速度非常快。

(6) 需要在舱门上设置额外的排水或水密系统。充气管密封带在非工作状态下与门框结构存在一定的间隙,不能达到水密的作用,因此需额外设置排水或水密系统。

(7) 关闭舱门时有一定的噪声及冲击。充气管密封带在非工作状态下与门框结构存在一定的间隙,在关闭舱门时会产生碰撞声,同时对结构产生一定的冲击。

3. 充气管密封的应用

充气管密封主要应用在战斗机座舱盖、轰六飞机登机门、Dash8 客机登机门和 1 型应急出口等飞机上,近 20 年来,新研运输类飞机上已鲜有使用。充气管密封主要截面尺寸如图 8-3 所示。

4. 充气管密封带的性能要求

鉴于充气管密封的特点,充气管密封带的气密、耐压、膨胀均匀及耐疲劳性能一般需要通过相应的试验予以考核。除常规高低温试验、"三防"试验外,还必须进行工作压力气密试验、极限压力试验、耐疲劳性等试验,具体试验可参照 GJB1325A—98《飞机座舱用充气密封软管规范》。

146

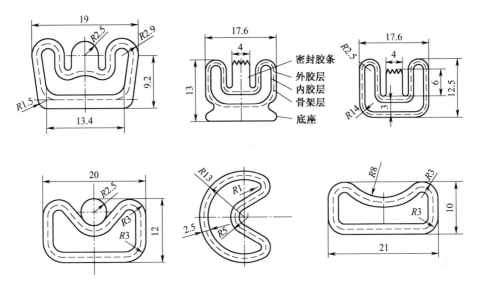

图 8-3　充气管密封带典型截面

8.2.2　空心管形压缩密封

1. 空心管形压缩密封的密封原理

空心管形压缩密封带通常安装在舱门四周,当舱门关闭时,通过门框结构压缩空心管密封带,产生一定的压缩量,到达气密、水密。一般在空心管密封带四周开有若干通气孔,当舱内增压时,高压气体进入空心管密封带内部,进一步增大密封带与门框结构间的压缩力,从而提高空心管密封带气密性,如图 8-4 所示。常见空心管形密封带截面形状如图 8-5 所示。

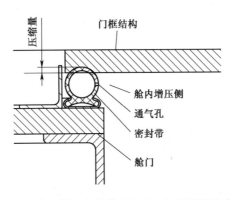

图 8-4　空心管形密封带密封原理与密封挡件布置

此外,为了增加舱门橡胶密封材料的耐磨性、降低密封材料与金属的摩擦因数、加强对橡胶材料的保护,通常在橡胶外表面包覆织物。

147

圆管　　　　P圆管　　　经改进的P圆管　　　对称管（带底座）

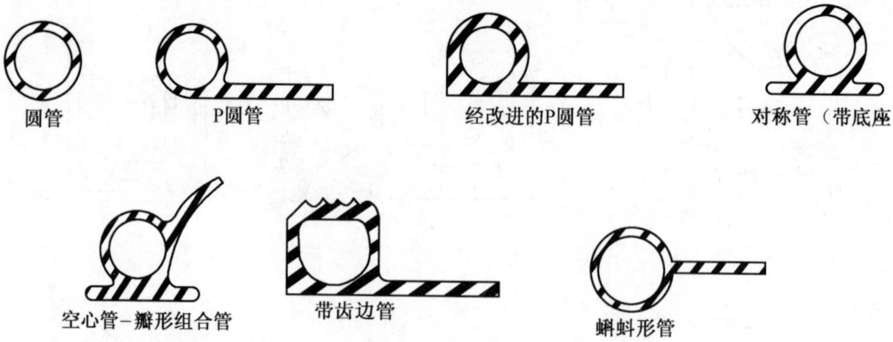

空心管-瓣形组合管　　带齿边管　　　蝌蚪形管

图 8-5　常见空心管形密封带截面形状

2. 空心管形压缩密封的特点

1）空心管形压缩密封的优点

（1）密封带成本较低。空心管形密封带其截面形状相对简单，对其自身制造缺陷控制要求较低，因此其成品相对较低。

（2）应用较为广泛。空心管形密封不受舱门结构布置限制，无控制系统，协调关系少，应用较广泛。

（3）重量较轻。空心管形密封带其截面壁厚尺寸一般较小，且无控制系统，因此其重量较轻。

（4）破损对其气密性影响较小。空心管形压缩密封主要靠密封带压缩变形达到气密，当密封件破损后，对其气密性影响较小，且破损扩展速度较慢。

（5）维护性好。空心管形密封带通常安装于密封带卡槽中，安装、拆卸通路开敞，无紧固件。

2）空心管形压缩密封的缺点

（1）气密性一般。空心管形密封带是通过压缩密封带达到气密的，其密封带与门框结构之间的压缩力较小，因此有轻微的漏气，可通过密封带增大压缩量，减少泄漏量，使泄漏量满足设计要求。

（2）气密性对舱门与门框刚度依赖性较大。空心管形密封带的压缩量一般控制在 25%～35%，当舱门与门框相对变形较大时，极易造成密封失效，因此舱门刚度设计需与门框的刚度协调、匹配。

（3）对舱门的手柄操作力影响较大。空心管形密封带压缩后会对门框结构产生一定的作用力，因此会增大舱门锁机构的手柄操作力。

3. 空心管形压缩密封的应用

空心管形压缩密封的应用最为广泛，大量应用于 B737、B747、A320 等飞机，如图 8-6～图 8-8 所示。

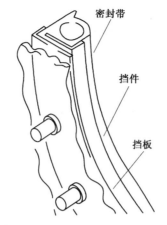

图 8-6　B737 飞机登机门压缩密封

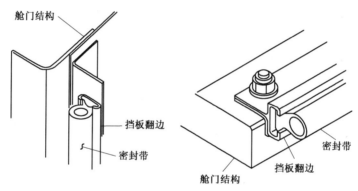

图 8-7　B747 飞机管形压缩密封的应用

4. 空心管形压缩密封的设计难点

1）挡件的设计

空心管形压缩密封在工作时，舱内高压气体会通过密封带上的通气孔进入管型密封带内部，同时推动密封带向外侧移动，即将密封带吹出密封区域。因此，这种密封结构形式通常在密封带通气孔的另外一侧设置挡件，阻碍密封带移动。通常挡件与密封带之间留有 2~3mm 间隙。

2）压缩量的设计

密封带压缩量的设计是压缩密封设计的另一个难点。压缩量较大时，舱门的密封性能良好，但是会带来的手柄力过大的问题。压缩量较小时，舱门的密封性能较差，特别在地面舱内没有增压时，密封带与门框的接触压力较小，导致舱门水密性能较差。通过仿真分析计算及试验结果，密封带的压缩量通常为 25%~35%。

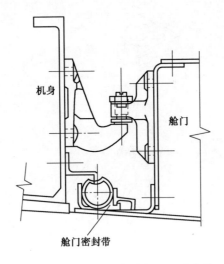

图 8-8 A320 飞机登机门压缩密封

8.2.3 脚形压缩密封

1. 脚形压缩密封的密封原理

脚形压缩密封带通常安装在舱门四周,当舱门关闭时,通过门框结构贴压脚形密封带,到达气密、水密。当舱内增压时,在舱内高压气体作用下,使密封带进一步压紧门框,提高气密性,如图 8-9 所示,常见脚形密封带截面形状如图 8-10 所示。

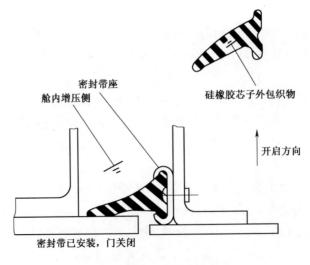

图 8-9 脚形压缩密封的密封原理

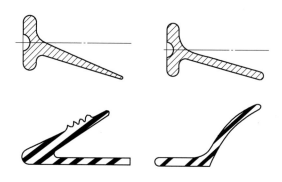

图 8-10　常见脚形密封带截面形状

此外,为了增加舱门橡胶密封材料的耐磨性、降低密封材料与金属的摩擦因数、加强对橡胶材料的保护,通常在橡胶外表面包覆织物;有时为了增大脚形密封件的刚度,在密封件内部复合玻璃纤维等加强材料。

2. 脚形压缩密封的特点

1)脚形压缩密封的优点

(1)对舱门的手动操作力影响较小。脚形密封带对门框的压缩载荷较小,因此对舱门手动操作力影响较小。

(2)维护性好。脚形密封带通常安装于密封带卡槽中,安装、拆卸通路开敞,无紧固件。

(3)能补偿一定量的舱门变形。脚形密封带通常与门框结构的接触范围较大,且有一定的压缩量,能补偿舱门变形与门框变形不匹配带来的密封间隙增大问题。

2)脚形压缩密封的缺点

(1)气密性较差。脚形密封带通常对门框结构的压缩力较小,因此其密封性较差,存在较大的泄漏量。

(2)边缘易损坏。角形密封带的边缘尖角尺寸较小,容易发生破损。

(3)边缘易出现翘起,引起泄漏。脚形密封带长时间压缩使用时,可能出现边缘翘曲的现象,易产生较大的泄漏源,可能将角形吹开,脱离门框结构,引起突然泄压。

3. 脚形压缩密封的应用

脚形压缩密封的应用较为广泛,B767、A320 飞机等货舱门、应急舱门均采用脚形压缩密封,如图 8-11~图 8-13 所示。此外,伊尔 76 飞机后货舱门等大型舱门也采用了脚形压缩密封,如图 8-14 所示。

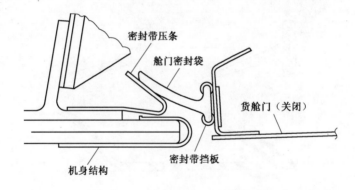

图 8-11 B767 飞机货舱门密封形式

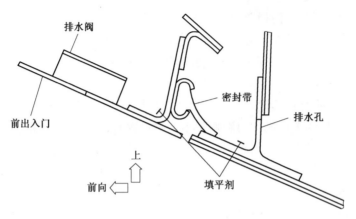

图 8-12 B767 飞机应急舱门密封形式

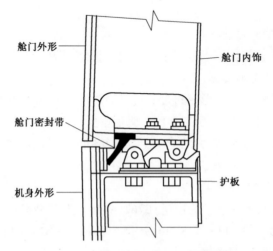

图 8-13 A320 飞机应急舱门密封形式

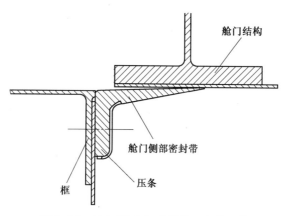

图 8-14　伊尔76飞机后货舱门密封形式

8.2.4　隔膜压缩密封

1.隔膜压缩密封的密封原理

隔膜密封结构通常由两面包覆织物的橡胶板、固定压条、挤压条组成。橡胶板通过固定压条安装于舱门四周,舱门关闭时,通过安装在门框上的挤压条紧压胶板表面达到水密。当舱内增压时,通过橡胶板两侧压力差,进一步压紧胶板,达到气密,如图8-15所示。

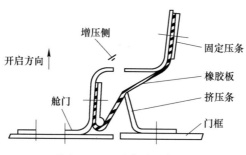

图 8-15　隔膜密封的密封原理

2.隔膜压缩密封的特点

1)隔膜压缩密封的优点

(1)密封带成本非常低。隔膜密封采用双面复合织物的橡胶板制成,无须额外模具成型,通常采用挤压工艺,量产率高。

(2)对舱门变形的补偿性较好。隔膜密封件通过胶板两侧形成的压差,提高压紧压条的密封压缩力,能补偿舱门变形与门框变形不匹配带来的密封间隙增大问题。

（3）对舱门的手动操作力影响较小。当舱门关闭时，隔膜密封件对门框的压缩载荷较小，因此对舱门手动操作力影响较小。

（4）能密封较大的间隙。因结构形式限制，舱门与门框密封间隙较大时，采用隔膜密封形式能起到良好密封效果。

2）隔膜压缩密封的缺点

（1）使用维护性较差。隔膜密封件通过固定压条连接与舱门四周，安装时需采用紧固件连接，还需将密封件绷紧，安装、更换相对复杂。

（2）缺陷扩散速度非常快。当隔膜密封件有较小的缺陷，如意外破损时，因其内部存在高压气体作用，使其破损扩展速度非常快。

（3）沿曲面安装复杂。隔膜密封件安装时，需将胶板绷紧，消除褶皱，因此在复杂曲面上安装时非常复杂。

（4）易损坏。当舱门打开时，隔膜密封件的大量表面暴露于舱门四周，极易产生破损。

3. 隔膜压缩密封的应用

隔膜压缩密封主要应用在对手动操作力有严格要求的外开式舱门。C-17飞机登机门采用了隔膜压缩密封，如图 8-16 所示。

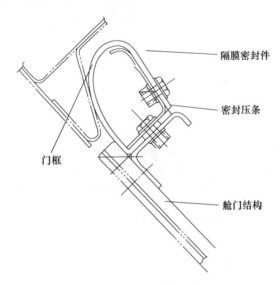

图 8-16　C-17 飞机登机门的密封形式

8.2.5　包覆填充物压缩密封

1. 包覆填充物压缩密封的密封原理

包覆填充物压缩密封通常由橡胶皮、发泡橡胶填充物、固定压条、挤压条组成。橡胶皮将发泡橡胶填充物包覆起来,并通过固定压条安装于舱门四周,当舱门关闭时,安装于门框上的挤压条压紧包覆的橡胶填充物,从而达到气密、水密的效果,如图8-17所示。

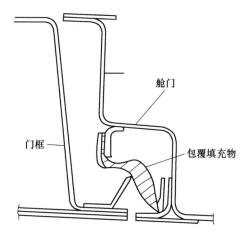

图8-17 包覆填充物压缩密封的密封原理

2. 包覆填充物压缩密封的特点

1)包覆填充物压缩密封的优点

(1)能密封较大的间隙。因结构形式限制,舱门与门框密封间隙较大时,采用包覆填充物压缩密封形式能起到良好密封效果。

(2)对舱门的手柄操作力影响较小。当舱门关闭时,密封件对门框的压缩载荷较小,因此对舱门手柄操作力影响较小。

2)包覆填充物压缩密封的缺点

(1)使用维护性较差。包覆填充物密封件通过固定压条连接与舱门四周,安装时需采用紧固件连接,还需将密封件绷紧,安装、更换相对复杂。

(2)沿复杂曲面安装复杂。隔膜密封件安装时,需将胶板绷紧,消除褶皱,因此在复杂曲面上安装时非常复杂。

3. 包覆填充物密封的应用

包覆填充物密封主要应用在对手动操作力要求不大的小型堵塞式舱门。MD-82飞机服务门、货舱门均采用了这种密封形式。

8.2.6 舱门开启方式对密封结构形式的影响

1. 向内开启的增压舱门

空心管形压缩密封形式和脚形压缩密封是向内开启的增压舱门密封的最简单与最佳的选择。这两种密封结构形式在舱门关闭后产生较低的压合载荷,当

155

舱内增压时,舱内与舱外压差所形成的力使管形和脚密封件更紧密贴靠在门框结构上,达到气密的功能。

如果要求较低的压合力或对空间变化有较大的适应性,则应选择隔膜密封形式或充气管密封形式。

2. 向外开启的增压舱门

向外开启的增压舱门首先应选用密封带与门框压合载荷低的密封结构形式,同时该密封结构形式还应能匹配舱门与门框变形。通常向外开启的增压舱门选择隔膜密封形式、充气管密封形式及空心管形密封形式。

8.3 舱门密封带材料

8.3.1 密封带材料的主要性能指标

飞机舱门密封材料选用的橡胶材料是由生胶添加防老剂、阻燃剂、硫化剂等混炼而成的。主要性能指标如下:

(1)硬度:利用硬度计测量的橡胶制品的硬度,单位为"度"。硬度表示橡胶材料的软硬程度。

(2)拉伸强度:橡胶制品在扯断时单位面积上所受的力,单位为"MPa"。拉伸强度反应橡胶破坏应力水平。

(3)扯断伸长率:橡胶制品扯断时所增加的长度与原始长度之比的百分率,单位为"%"。伸长率反映橡胶的韧性。

(4)脆性温度:橡胶制品在冲击机上被冲断时的最低温度,单位为"℃"。脆性温度是表示橡胶开始丧失弹性时的温度。脆性温度越低,表示橡胶的低温性能越好。

(5)恒定压缩永久变形:橡胶制品在一定压缩量下,在规定温度及时间内产生的不能恢复的永久变形量,单位为"%"。恒定压缩永久变形反应橡胶弹性的好坏。

(6)热老化性能:橡胶制品经一定温度、时间加速老化后与老化前硬度、拉伸强度及伸长率的变化率,单位为"%"。热老化性能反映了橡胶受大气、工作介质及温度影响产生的老化速度。

8.3.2 橡胶密封材料的选择原则

运输类飞机舱门密封结构主要起保持舱门开口区域气密、水密,降低舱门关闭时噪声等作用。对每一种密封类型和具体要求,必须做慎重的评定。选择的材料应当具有所提要求的最佳组合性能。在实际情况中,某组性能通常占主导地位,对较次要的性能要求则必须做折中与权衡处理。按 HB/Z 138—88《航空橡胶混炼胶选用原则和橡胶制品寿命控制规范》相关要求,在选取飞机舱门橡胶密封材料时,应考虑以下几点因素。

1. 使用温度范围

舱门密封材料的长期工作温度应低于橡胶制品的使用温度上限,下限工作温度应与橡胶制品的使用温度下限相一致。

橡胶的使用温度和其使用状态有密切关系,一般在液体介质中工作的橡胶制品使用温度下限可低于脆性温度 10℃,在空气中使用的橡胶制品下限使用温度可低于脆性温度 5℃。

2. 接触介质

舱门密封结构所选用的橡胶制品应耐空气、水、金属结构的长期侵蚀,特别要能耐湿度高、含盐量大的海洋大气腐蚀。

3. 工作压力

根据舱门密封结构的实际工作压力来选择橡胶制品的硬度。工作压力在 10MPa 以下选择 70 度等级的橡胶;工作介质压力在 15~21 MPa 的选择 70~80 度等级的橡胶;工作介质压力在 21MPa 以上选择 80 度等级的橡胶。

4. 阻燃性

舱门密封材料应具有阻燃特性。按 CCAR-25 附录 F 要求,载有机组或成员的内舱中的材料应进行水平燃烧试验,要求其燃烧速率不大于 102mm/min。

5. 工作条件

舱门密封材料应根据舱门密封形式确定主要技术指标。采用挤压压缩密封结构的应主要选择恒定压缩永久变形小的材料,对于手动开、关舱门的还应选择低硬度的材料;在空气系统中使用的应选择热老化系数较低的材料;采用充气密封结构的应选择高强力的材料。

6. 密封件材料的预期寿命

舱门橡胶密封材料尽量长寿命材料,使用寿命尽可能满足航空产品的一次翻修寿命。

7. 密封材料的外观质量

(1)颜色要求。为了不与舱内告警标牌颜色冲突,通常橡胶密封材料的颜色不能为红色或黄色,一般密封带的颜色为灰色。

(2)表面质量要求。通常要求舱门密封结构的工作表面不应有气泡、孔眼、杂质;表面凸起或脱落凹陷不大于 0.1mm,模压零件的模缝错位和毛刺不大于 0.2mm。

8.3.3　适用于舱门密封带的橡胶材料

根据8.3.2节内容,参照国内外已有机型,选择具有良好耐大气老化、耐臭氧的,能在-55~50℃之间使用橡胶材料作为运输类飞机舱门密封材料。

硅橡胶、乙丙橡胶、氟硅橡胶、氟橡胶、丁腈橡胶、氯丁橡胶等具有上述特点,下面主要介绍这几种胶料的特点及主要性能,并进行了对比。

1. 硅橡胶的特点

硅橡胶硫化后除具有优异的耐高/低温、耐臭氧和耐大气老化性能外,硅橡胶还兼有良好的耐碱性、耐有机酸性及介电性能,使用温度-70~250℃。硅橡胶缺点是强度低、耐磨性差。硅橡胶(材料规范 DMS 2221 1 型 50 级硬度)主要性能指标见表8-1。

表 8-1　硅橡胶的主要性能指标

硬度(邵尔 A 型)/度		50
拉伸强度/MPa		7.6
扯断伸长率/%		500
脆性温度/℃		-70
恒定压缩永久变形(在(150±3)℃下,压缩(22±0.5)h,压缩率为25%)/%		40
热老化性能(在(200±5)℃下,烘热(22±0.5)h)	拉伸强度变化/%	-10
	扯断伸长率变化/%	-15
	硬度(邵尔 A 型)变化值	5~0

2. 乙丙橡胶的特点

乙丙橡胶硫化后具有高强度,优良的耐臭氧、耐大气老化和良好性能,使用温度为-60~120℃。乙丙橡胶的缺点是不耐油。乙丙橡胶(材料规范 DMS 1849 1 类 50 级硬度)主要性能指标见表8-2。

表 8-2　乙丙橡胶的主要性能指标

硬度(邵尔 A 型)/度		50
拉伸强度/MPa		7.6
扯断伸长率/%		500
脆性温度/℃		-70
恒定压缩永久变形(在(150±3)℃下,压缩(22±0.5)h,压缩率为25%)/%		40
热老化性能(在(200±5)℃下,烘热(22±0.5)h)	拉伸强度变化/%	-10
	扯断伸长率变化/%	-15
	硬度(邵尔 A 型)变化值	5~0

3. 氟硅橡胶的特点

氟硅橡胶除具有与硅橡胶相同的良好耐高/低温、耐臭氧、耐大气老化、耐碱性/有机酸性及介电性能外,氟硅橡胶还兼有良好的耐油性能。氟硅橡胶的使用温度范围为-70~225℃。缺点是强度低、耐磨性差。氟硅橡胶(材料规范 DMS 2171 1 型 50 级硬度)主要性能指标见表 8-3。

表 8-3　氟硅橡胶的主要性能指标

硬度(邵尔 A 型)/度		50
拉伸强度/MPa		7.6
扯断伸长率/%		300
脆性温度/℃		-60
撕裂强度/(kN/m)		21
恒定压缩永久变形(在(150±3)℃下,压缩 70h,压缩率为 25%)/%		35
热老化性能(在(200±3)℃下,烘热 70h)	拉伸强度变化/%	-30
	扯断伸长率变化/%	-25
	硬度(邵尔 A 型)变化值	10~-3

4. 氟橡胶的特点

氟橡胶硫化后具有较高的强度、优异的耐热、耐臭氧、耐油性能,使用温度范围为-40~250℃。氟橡胶的缺点是低温性能差。氟橡胶(牌号为 FX-4)的主要性能见表 8-4。

表 8-4　氟橡胶的主要性能指标

硬度(邵尔 A 型)/度		50
拉伸强度/MPa		7.6
扯断伸长率/%		300
脆性温度/℃		-60
撕裂强度/(kN/m)		21
恒定压缩永久变形(在(150±3)℃下,压缩 70h,压缩率为 25%)/%		35
热老化性能(在(200±3)℃下,烘热 70h)	拉伸强度变化/%	-30
	扯断伸长率变化/%	-25
	硬度(邵尔 A 型)变化值	10~-3

5. 丁腈橡胶的特点

丁腈橡胶硫化后具有高强度,以及良好的耐臭氧、耐油性能,使用温度范围为-50~100℃。丁腈橡胶的缺点是不能长期在高温空气中使用。丁腈橡胶(牌号为 5860)主要性能见表 8-5。

表 8-5　丁腈橡胶的主要性能指标

硬度(邵尔 A 型)/度	50
拉伸强度/MPa	7.6
扯断伸长率/%	300
脆性温度/℃	−60
撕裂强度/(kN/m)	21
恒定压缩永久变形(在(150±3)℃下,压缩 70h,压缩率为 25%)/%	35
热老化性能（在（200±3)℃下,烘热 70h)	拉伸强度变化/%	−30
	扯断伸长率变化/%	−25
	硬度(邵尔 A 型)变化值	10～−3

6. 氯丁橡胶的特点

氯丁橡胶硫化后除具有较好的耐热、耐天候性外,具有优异的阻燃特性,工作温度为−30～100℃。氯丁橡胶的缺点是低温性能较差。氯丁橡胶(牌号为4160)的主要性能指标见表 8-6。

表 8-6　氯丁橡胶的主要性能指标

硬度(邵尔 A 型)/度	50
拉伸强度/MPa	7.6
扯断伸长率/%	300
脆性温度/℃	−60
撕裂强度/(kN/m)	21
恒定压缩永久变形(在(150±3)℃下,压缩 70h,压缩率为 25%)/%	35
热老化性能（在（200±3)℃下,烘热 70h)	拉伸强度变化/%	−30
	扯断伸长率变化/%	−25
	硬度(邵尔 A 型)变化值	10～−3

7. 各种橡胶性能对比

各种橡胶的物理性能对比见表 8-7,耐介质性能见表 8-8,价格及工艺性对比见表 8-9。

表 8-7　各种橡胶的物理性能对比

橡胶类别	硅橡胶	乙丙橡胶	氟硅橡胶	氟橡胶	丁腈橡胶	氯丁橡胶
扯断强度	差	良好	差	一般	良好	一般
抗撕裂性	一般	良好	一般	良好	一般	良好
压缩永久变形	优异	优异	优异	良好	良好	一般
回弹性	良好	良好	良好	良好	一般	良好
耐磨性	一般	良好	一般	良好	一般	优异
密度/(g/cm³)	0.98	0.87	1.45	1.8	1.0	1.23

表 8-8　各种橡胶的耐介质性能对比

橡胶类别	硅橡胶	乙丙橡胶	氟硅橡胶	氟橡胶	丁腈橡胶	氯丁橡胶
耐候性	优异	优异	优异	优异	一般	优异
耐臭氧	优异	优异	优异	优异	一般	良好
耐碱性	优异	优异	优异	优异	良好	优异
耐酸性	良好	优异	优异	良好	一般	一般
不透气性	一般	良好	一般	优异	良好	良好
耐化学介质	优异	优异	优异	优异	良好	良好
耐水性	优异	优异	优异	优异	优异	优异
阻燃性	一般	差	良好	优异	差	良好
耐油性	良好	差	良好	优异	优异	良好

表 8-9　各种橡胶的价格及工艺性对比

橡胶类别	硅橡胶	乙丙橡胶	氟硅橡胶	氟橡胶	丁腈橡胶	氯丁橡胶
相对价格	2	1.8	40	6	1	1.2
模压工艺性	良好	良好	良好	差	良好	良好
表面质量	良好	良好	一般	差	良好	良好
注:各种橡胶的相对价格以丁腈橡胶为对比						

8.3.4　国内外飞机舱门密封材料应用情况

1. 硅橡胶的应用

硅橡胶因具有优异的耐空气老化性能已成为舱门密封的首选材料。C-17飞机登机门、货舱门、应急门等密封带均选用硅橡胶(材料规范为 DMS 2221 1 型 50 级硬度),如图 8-18 所示。此外,B747、B767 等飞机大量选用硅橡胶(如 BMS 1-57)作为舱门密封带的首选材料。C919、MA700 飞机舱门密封材料均选用硅橡胶。

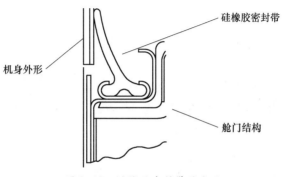

机身外形

硅橡胶密封带

舱门结构

图 8-18　硅橡胶密封带的应用

2. 氟硅橡胶的应用

氟硅橡胶具有与硅橡胶相同的耐空气老化性能,此外还具有良好的耐油性能;但是氟硅橡胶的韧性(扯断伸长率)比硅橡胶大幅度降低。C-17 飞机驾驶舱顶部机组应急出口及斜台前端选用了氟硅橡胶(材料规范 DMS 2171 1 型 50 级硬度),如图 8-19 所示。

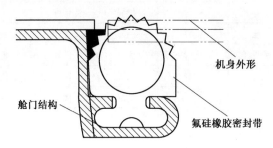

机身外形

舱门结构

氟硅橡胶密封带

图 8-19　氟硅橡胶密封带的应用

3. 乙丙橡胶的应用

乙丙橡胶具有良好的耐空气老化性能,C-17 飞机仅机身内部维护舱门选用了乙丙橡胶(材料规范 DMS 1849 1 类 50 级硬度)。ARJ21 飞机登机门、服务门、货舱门密封结构内部填充材料均为乙丙橡胶,如图 8-20 所示。

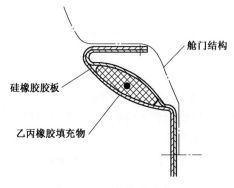

舱门结构

硅橡胶胶板

乙丙橡胶填充物

图 8-20　乙丙橡胶的应用

4. 丁腈橡胶的应用

丁腈橡胶具有高强度,以及良好的耐臭氧、耐油性能,伊尔 76 等飞机舱门上大量采用了丁腈橡胶(材料牌号为 5860 HG6-407-79),如图 8-21 所示。波音飞机则采用丁腈橡胶(MIL-E-6855 I 类,60 级)。

5. 不同橡胶材料应用部位对比

根据前面论述,硅橡胶是目前应用最为广泛的橡胶材料,乙丙橡胶主要应用在内部舱门,不同橡胶的应用部位见表 8-10。

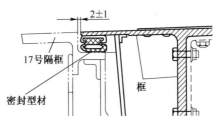

图 8-21　丁腈橡胶的应用

表 8-10　不同橡胶的应用部位

橡胶类别	主要应用部位	应避免应用的部位
硅橡胶	应用最为广泛的橡胶材料	①易接触油介质的部位； ②易积水的部位，如机身背部舱门
氟硅橡胶	①接触油介质部位； ②易积水的部位	处于低温位置的舱门
乙丙橡胶	飞机舱内密封结构	①长期处于低温位置的舱门； ②易接触油介质的部位
丁腈橡胶	长期接触水及油介质的部位	硬度大，避免使用在大型手动操纵舱门上

8.3.5　舱门橡胶密封材料的增强措施

为了增强舱门橡胶密封材料的强度、刚度，降低表面摩擦因数等，通常在橡胶密封材料表面或内部复合织物、铝合金、不锈钢、玻璃纤维等材料。

1. 表面包覆织物

为了增加舱门橡胶密封材料的耐磨性、降低密封材料与金属的摩擦因数、加强对橡胶材料的保护，通常在橡胶外表面包覆织物，如图 8-22（a）所示。选择织物种类时必须考虑织物的耐磨性、与金属的摩擦因数、与橡胶的黏性、与金属及

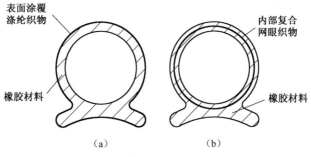

（a）　　　　　　　　（b）

图 8-22　表面及内部复合织物

（a）表面涂覆织物；（b）内部复合织物。

其他接触介质的耐腐蚀性。通常选择涤纶平纹针织布作为橡胶密封件表面包覆织物。该织物主要性能见表8-11。

此外,为了满足某些特殊用途,如电磁防护、导电等,可以在橡胶表面包覆导电布。

表8-11　涤纶平纹布的物理性能

厚度±0.02/mm		0.25
重量/(g/m²)		≤120
与金属摩擦因数		≤0.1
与橡胶的黏合强度/(kN/m)		≥1
撕裂强力/ (N/(5cm×20cm))	经向	≥550
	纬向	≥400
扯断伸长率/%	经向	25
	纬向	25
与金属腐蚀性		无腐蚀

2. 内部复合织物

为了增强舱门橡胶密封材料的强度,通常在橡胶内部复合网眼织物,如图8-22(b)所示。选择网眼织物时,应考虑织物扯断伸长率与橡胶相匹配、织物的撕裂强度、厚度等因素。

3. 内嵌加强材料

为增强舱门橡胶密封材料的刚度,通常在橡胶内部内嵌加强骨架材料,如图8-23所示。常用内嵌材料有铝合金、不锈钢、玻璃纤维。铝合金优先选用7050-T6不包铝薄板,厚度一般为0.4~1.2mm;不锈钢优先选用沉淀硬化不锈钢,厚度一般为0.2~0.5mm;玻璃纤维的厚度一般为1~1.5mm。

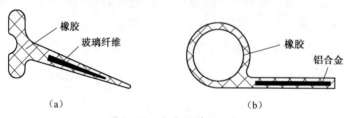

（a）　　　　　　　　　　　（b）

图8-23　内嵌材料的组成

8.4　密封带仿真分析

典型的橡胶材料应力应变特性表现出弹性和高度非线性称为超弹性。超弹性材料受力时可以保持弹性变形直至大应变值。有限元软件在模拟橡胶等超弹

性材料时,一般均做出如下假定:

（1）材料为弹性;

（2）材料为各向同性;

（3）材料默认为不可压缩;

（4）模拟将包括几何非线性。

目前可进行橡胶类材质有限元模拟的软件很多,如 Abaqus、Nastran、RA-DIOSS、Visual-Seal、Visual-MEDYSA 等。无论何种工具,在计算中都必须解决两个主要问题:

（1）材料模型的构建。橡胶材料有限元计算结果很大程度上依赖于材料参数的准确性,在计算中建议首先通过试验获取材料变形状态的试验参数,以此拟合出材料参数并达到较好的计算结果。

（2）密封带在使用中一般要存在挤压、摩擦以及位移等情况,因而,要求有限元软件除材料非线性外,还能够较好地处理接触非线性。

以下通过 Abaqus 中的一则算例,简单介绍其仿真过程。

某舱门密封带,预定压缩量为 5mm,安装形式如图 8-24 所示。

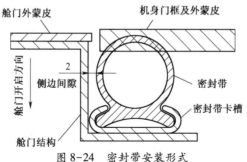

图 8-24　密封带安装形式

首先在 Abaqus 软件中建立模型并生成转配体,确定各部件之间的相对关系。由于机身门框和密封带卡槽刚度远大于密封带,将其假设为刚体,密封带为弹性体,如图 8-25 所示。

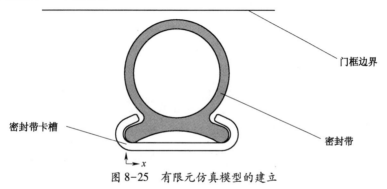

图 8-25　有限元仿真模型的建立

其次通过输入橡胶材料单向拉伸和双向拉伸的试验数据来拟合材料参数，如图 8-26 所示。

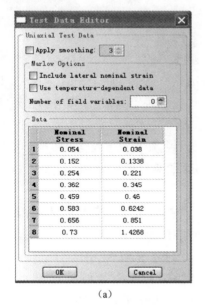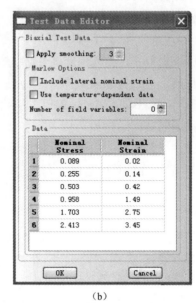

(a) (b)

图 8-26 输入试验数据拟合材料参数

将拟合出的材料参数与试验参数对比，判断相吻合的程度：如果吻合较好，则可采用；如果数据一致性较差，则需补充材料试验数据来得到较好的拟合结果。本例中采用了二阶的 Polynomial 模型来模拟材料的应变能，如图 8-27 所示，拟合的结果与试验参数较为接近。

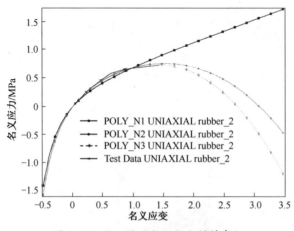

图 8-27 输入试验数据拟合材料参数

定义完材料参数后需要定义接触关系，需要分别建立密封带与密封带卡槽之间的接触约束以及门框与密封带之间的接触约束,如图 8-28 所示。

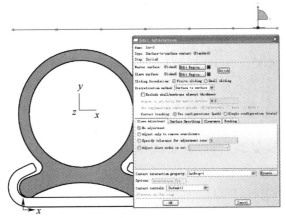

图 8-28　定义接触约束

随后,即可对密封带划分网格,定义约束、工况等并提交计算,即可得到密封带的变形及应力情况,如图 8-29 所示。同样,通过设置,可得到压缩力、应变能等参数。

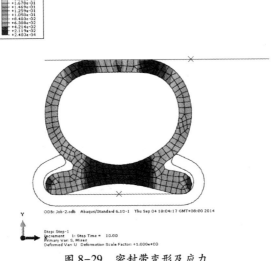

图 8-29　密封带变形及应力

以上是使用 Abaqus 进行密封带仿真的简单介绍,使用其他有限元软件进行仿真过程也基本类似。需注意的是,在仿真过程中需要着重处理好材料参数以及非线性计算两大问题,否则计算结果或者收敛困难或者存在较大误差。此外,应尽可能地将仿真结果与试验数据相对比,改进仿真过程,以达到较高的精度和较满意的结果。

第 9 章　舱门电气控制和告警设计

　　运输类飞机的舱门有的是人工驱动(如部分登机门、服务门、应急门、维护门等),有的是电液驱动或纯电驱动(如起落架舱门、货舱门等),电液驱动或纯电驱动的舱门必须进行舱门驱动的电气控制设计。

　　最新适航条例要求增压区的应急出口(含用作应急出口功能的登机门、服务门),必须防止被人无意或未经允许地有意打开,舱门设计人员采取的措施之一就是设置飞行锁装置,在飞机驶离停机位到飞行期间,飞行锁装置确保舱门手柄无法打开舱门锁闩,以防舱门未经机长允许被人有意打开,除非飞行员解除飞行锁锁定状态。比如 B777 登机门飞行锁:空速大于 80kn 时每个门手柄自动锁定。飞行锁可限制门手柄的转动,只使泄压门部分打开,但防止门打开。如果电源失效,飞行锁由弹簧固定在解锁位,确保飞行锁处于解锁状态。

　　对于电液操纵的或电机驱动的货舱门,则在电路控制逻辑上设置增压模式和地面模式的连锁关系,只有飞机处于地面模式时,货舱门的操纵开关操作才有效。空中开启货舱门时,根据舱内增压信号或轮胎信号(飞机已离地信号)自动判断,其连锁关系才可能解除,扳动货舱门操纵开关才能空中开启、关闭舱门。

　　舱门的电气控制,一般可通过液压系统来开启和关闭,也可通过电机、摇臂来实施;而位于机身头部和后部的货舱门,一般只设内部控制系统。根据需要,货舱门的打开、关闭和锁闩的打开、关闭都可以通过电液或电动实现。

　　所有增压区的舱门和影响飞行安全的非增压区舱门都应纳入舱门告警系统,舱门告警系统是运输类飞机告警系统的一部分,以便向飞行机组提供舱门关闭到位并安全锁定的电气信息。根据影响飞机安全的程度,舱门告警的级别有警告、注意、咨询,告警的方式有铃音、语音短语、灯光、主屏幕显示器告警页面跳出等。

　　舱门的告警隶属于飞机电子告警模块(ECAM)或发动机指示和机组告警系统(EICAS)。早期的运输类飞机,由于没有机载计算机和航电系统,通常通过位置信号装置、电气元件、灯光、音响设备等组成模拟电路的舱门告警系统。

9.1　舱门的电气操纵控制系统

　　舱门电气操纵一般由控制部件和执行机构两部分组成。控制部件包括开关,短路器、继电器、延时器、舱门位置连锁装置(若配置有机载计算机,则省去)及舱门位置信号装置等,20 世纪 80 年代后的运输机机电系统机载计算机实现对飞机各种电气(包括舱门控制)控制信号的数字化管理。

货舱门控制部件一般安装在靠近货舱门且便于操作的地方,有时根据需要,其操作元件(如开关、指示灯)也布置在机上有关乘务人员的附近。控制逻辑判断通过机电管理计算机或相关机载计算机进行。

舱门电气操纵系统设计时应注意以下几点:

(1)通过机上供电的交流电源一般为额定电压 115/200V、额定功率 400Hz、中线接地的三相四线制供电系统。直流电源应为额定电压 28V、负线接地的两线系统。

(2)系统线路的保护装置应为热自动断路器,其特性应与所保护的线路相适配。

(3)导线的最小截面不应小于 0.5mm²。

(4)布线时要充分考虑活动部件对电缆导线的影响。

(5)舱门位置微动开关的安装必须与被控制件协调,确保舱门位置信号反映的舱门位置正确无误。

(6)用于舱门操纵的电动装置必须设有可靠的刹车和离合器装置,防止舱门在运动卡滞受阻状态下过载。

(7)对于有较短操作时间要求的电气开关宜采用按压式。

(8)舱门操纵元件布置要考虑人机工效。对货舱门,一般与货物装卸操纵元件布置在同一控制板上,以方便货物装卸的使用和操作。

(9)关于位置传感器,考虑使用环境和电磁干扰等,军用运输机最好用机电式微动开关,客机最好用接近传感器。

某货舱门电气操纵原理框图如图 9-1 所示。图 9-1 中:电源控制板上一般安装与电气线路相适配的各种断路器;舱门控制板上布置各种必要的操纵开关、控制手柄、信号灯等;电气交联盒里安装与线路交连的各种继电器、辅助电气元件等;连锁装置一般是与舱门极限位置相协调的微动开关。

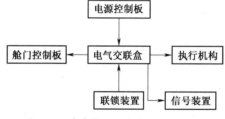

图 9-1 某货舱门电气控制原理框图

执行机构视舱门的传动方式而定。对于液压传动的舱门操纵系统,执行机构一般为液压电磁阀,通过其对液压系统油路的控制,操纵舱门,如某些飞机的货舱门、起落架舱门、跳伞门等,如图9-2、图9-3所示;对于全电控制的舱门操纵系统,执行机构一般为电动装置,通过一定的传动机构(齿轮、连杆、钢索等)带动货舱门(包括锁闩)的关闭或开启,如空客公司客机的货舱门等。图9-4为某客机舱门控制电气原理图。

现代运输类飞机机电系统大量采用机载计算机,例如:某型飞机的机电系统计算机,对货舱门、跳伞门、应急出口的电液操纵进行逻辑控制;起落架舱门则通过起落装置系统计算机(或控制盒)进行控制。

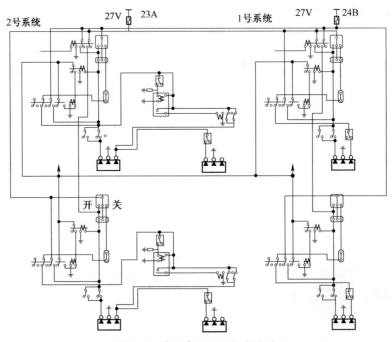

图 9-2 某跳伞门电气控制电路

某型客机舱门信号控制系统在整个飞机系统中承担的如下主要任务:

(1) 使能环控系统进行全机加工压操作。

(2) 飞行锁控制与显示。

(3) 飞机残余压力报警。

(4) 滑梯系统状态监控以及预位报警。

(5) 滑梯气瓶压力采集及压力不足报警。

(6) 货舱门作动器供电控制及货舱门状态检测与报警。

(7) 为提高签派可靠度,执行超控功能。

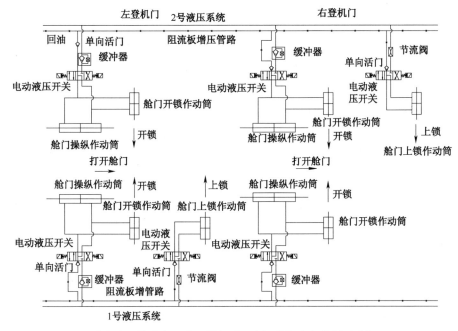

图 9-3 某跳伞门液压操纵原理(与图 9-2 电气图对应)

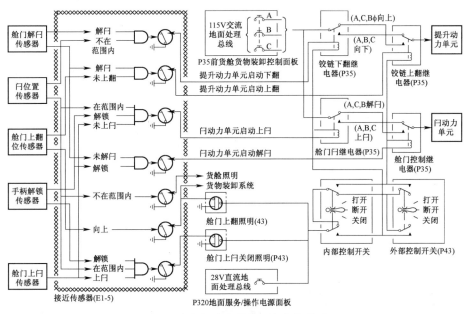

图 9-4 某客机前主货舱门电气控制原理

（8）全机舱门传感器信号采集及状态显示。

（9）系统 BITE 功能。

某客机舱门信号系统的架构如9-5所示。

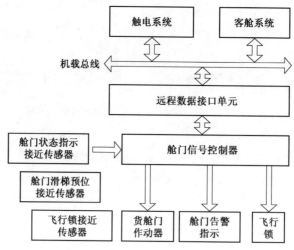

图9-5 某客机舱门信号系统架构

舱门信号系统主要功能如下：

（1）集成舱门系统和滑梯系统接近传感器信号的处理,预留通道来完成如飞行控制系统地面扰流板等接近传感器的处理。

（2）接受航电空速总线信号,完成全机飞行锁的控制。

（3）集成滑梯系统控制和显示逻辑。

（4）接受发动机关闭信号和起落架系统空地信号,完成货舱门作动器的供电控制和状态指示逻辑控制。

（5）双余度ARIN C429总线输出,与航电显示系统、远程数据接口单元和中央维护系统等的交联,完成舱门系统的状态指示、报警和故障信息存储;与环控压调系统交联,提供舱门状态信息作为地面预增压的条件,并提供前登机门接近传感器信息用于压调系统监控机内外压差。

（6）指示面板和指示灯的状态显示,显示舱门状态、滑梯状态和剩余压力指示;

（7）完成补偿功能来消除接近传感器虚警问题。

为完成上述功能,并符合适航要求。舱门信号系统包括的设备有:舱门信号系统控制盒;接近传感器;实现补偿功能的外部设备;指示面板、指示灯。

舱门信号控制盒为舱门信号系统的处理核心,控制盒由电源模块,处理模块和传感器信号处理模块,驱动模块组成,如图9-6所示。

电源模块为两路28V双通道电源模块,为整个控制盒提供合格品质的电源。一般情况下电源模块一路接应急电源,另一路则接28V正常电源。电源模

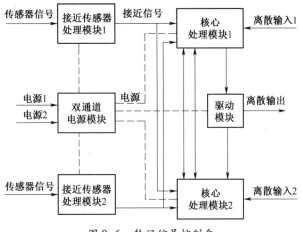

图 9-6　舱门信号控制盒

块在正常情况时使用正常电源进行供电,当飞机处于应急模式时,使用应急电源保证舱门系统正常工作。

控制盒处理模块为整个控制盒的"大脑",处理控制盒同其他系统之间的交联信息,并负责整个系统的控制逻辑和处理逻辑。

接近传感器处理模块,负责将有关舱门/滑梯上的接近传感器状态采集并提交给处理模块进行处理。

驱动模块接受处理模块的控制,负责发送和接收离散信号,用于整个舱门系统显示和舱门作动器的控制。

补偿面板的设置主要是为了提高民航飞机的派遣率。飞机起飞时,如果检测到飞机舱门未全部关闭,飞机压力调节系统是不允许给飞机加工压的。如果飞机舱门信号系统不具备补偿能力,那么在舱门信号系统误警的情况下,将极大地降低飞机的派遣率,影响航空公司效益。

现代民航飞机设置的补偿面板一般有两种方式:

(1) 安装物理结构式的补偿面板,飞行驾驶舱设置一块物理的补偿面板,如果发现飞机舱门报警,飞行员通过目视检查舱门没有问题的情况下,通过补偿面板给舱门信号控制盒发送相应传感器一个假的信号,来使飞机能够加压和起飞。

(2) 虚拟的补偿面板,该方式的出现是随着信息技术的发展而发展起来的。现代飞机触摸屏的使用,使得飞行员与航电系统的交互性做得越来越好,飞行员可以通过在飞机触摸屏点击相应传感器,由航电系统同舱门信号系统交联,将相关传感器关闭。因此能够在舱门传感器误报警的情况下使飞机增压和起飞。

为满足适航条例关于乘务员对舱门状态的目视检查方便性,对于滑梯系统、飞机残余压力的指示,安装了各式各样的指示灯、指示面板之类的提示装置。

对于滑梯系统以及飞机残余压力告警,飞机一般采用频闪型的指示灯,用于对乘务人员在飞机打开舱门时飞机状态的告警。

也布置有舱门关闭、上闩、上锁的指示牌类的指示面板。

由于民航飞机舱门位置信号装置为接近感应式传感器,设置了传感器信号处理电路,采用阻抗桥探测接近传感器内电感量的变化,当目标导体远离传感器时,电桥是平衡的,而后经过解调输出相应的信号,该电路响应速度快,探测距离准确,精度高。处理电路输出多路信号,由于每个接近传感器的电阻值是基本相同的,当接近传感器本身或者连接回路中有存在断路和短路的现象,对应的阻值发生变化,"测试输出"的信号就会发生跳变,驱动故障报警;"电平输出"的信号用于指示目标导体与接近传感器的距离,当目标导体处于"远"的位置时,输出高电平,当物体处于"近"的位置时,输出低电平;解调电压的电压值大小完全正比于接近传感器的检测距离,二者具有一定的比例关系,当位置确定时,输出电压值的大小就是固定不变的,主要适用于判断接口电路的工作是否正常以及目标导体与接近传感器的位置状态。信号处理电路如图9-7所示。

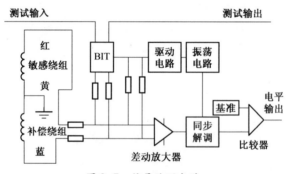

图9-7　信号处理电路

随着现代传感器处理技术向智能化方向发展,在信号处理系统不断引入DSP等可编程控制芯片,信号处理系统拥有的功能越来越多。目前,国外最新舱门信号处理系统已经具备动态配置传感器参数的能力,如传感器测量距离、传感器特性曲线等。因此,舱门信号处理系统发展的方向为更加智能化、更加客户化。而随着接近传感器不断优化结构设计和电路设计,传感器向着更长平均故障间隔时间、更高测量精度和更低廉价格的方向发展。

9.2　位置信号装置

民航飞机上广泛使用的位置信号装置为电涡流式接近传感器,又称无触点行程开关。它能在一定的距离(几至几十毫米)内检测有无物体靠近。当有物体接近到一定的距离时,就可以发出"动作"信号。接近传感器的核心部分为"感辨头",它对正在接近的物体有很高的感辨能力,原理如图 9-8 所示。

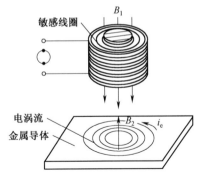

图 9-8　电涡流式接近传感器原理

B_1—传感器线圈电场;B_2—金属导体电涡流产生电场;i_e—电涡流。

电涡流接近传感器的主要分为二线制的被动传感器和三线制的主动传感器。被动传感器即需要后续电路进行鉴幅等操作,而主动传感器则传感器上集成了鉴幅等信号处理电路。主动传感器集成了信号处理电路,其可靠性要比被动式传感器要差。目前,国际上被动式传感器可靠性已经可以达到 1×10^6h,而主动式传感器则达不到上述标准。民用飞机大量采用了被动式接近传感器外加后续信号控制盒模式的工作方式。图 9-9 为民机上使用的被动式传感器。

图 9-9　被动式接近传感器

61FE 接近传感器属全金属密封结构电感式无接触位置传感器,用于检测金属物体(靶标)位置变化,并输出相应开关信号。其技术参数见表 9-1。

表 9-1　61FE 接近传感器主要技术参数

项目	性能指标
工作电源(DC)/V	18~30
额定检测距离/mm	2
有效检测距离/mm	≥1.5
复位距离/mm	≤2.5
回差/mm	<1

项目	性能指标
消耗电流/mA	≤20
输出控制电流/mA	≤20
标准检测体	不锈钢 15-5PH 15mm×15mm×1mm（1mm 为检测距离方向）
工作温度/℃	−55~70

9.2.1　位置信号装置的特点

　　接近传感器属高精度无接触式位移传感器,具有体积小、输出梯度高、线性度高、相位小、零位低、阈值小、分辨率高、温度范围宽、温度影响小、重复性好、寿命和可靠性高、功耗低、重量轻等优点。广泛应用于各类民用飞机的电传操控系统、起落架收放系统、舵机及作动系统等。缺点是抗强电磁干扰差。

　　军用飞机上的位置传感器一般采用微动开关,抗电磁干扰能力强,对湿热、霉菌、盐雾适应性好。微动开关必须满足 GJB809A—1997《微动开关通用规范》的要求。微动开关也称为速动开关、终点电门等。"微动"是指闭合与断开触点间的行程很短。具有瞬时动作,常用于频繁通、断的小电流电路中。触点对主要采用银、金或优质银合金材料。该类产品具有负载容量大、瞬时动作、动作灵敏、参数精度高、使用环境温度范围广、最小差动行程范围小、电寿命长等特点,广泛应用于各类飞机的电传操控系统、起落架收放系统、舱门指示系统等。图 9-10 为微动开关的结构。图 9-11 为微动开关的实物。

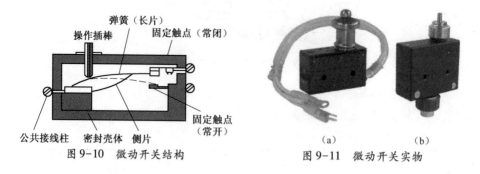

图 9-10　微动开关结构　　　　图 9-11　微动开关实物

　　AK 系列微动开关产品特点如下：

（1）负载容量大。

（2）具有瞬时动作功能,动作灵敏、参数精度高。

（3）使用环境温度范围:−55~85℃,高温结构的产品可达 200℃。

（4）最小差动行程范围:≤0.04mm。

（5）寿命达到10000~37000次;部分产品机械寿命可达到50000次以上,产品工作正常。

（6）产品执行 GJB809A—1997《微动开关通用规范》的要求。

（7）可按用户要求附加杠杆、滚轮等辅助按压机构,也可按用户指定的电路结构制造。

9.2.2 舱门位置信号装置的安装

在舱门设计时,出于舱门操纵逻辑控制或舱门关闭或打开到位状态告警的需要,舱门的控制系统或告警系统要求获得舱门某些元件的位置状态电信号,一般在门框区或门体结构或机构上安装接近传感器或微动开关等舱门位置信号装置。图9-12为某客机货舱门接近传感器安装。图9-13为某军用运输机货舱门微动开关安装,当舱门关闭时,安装在83框上的圆形调节螺柱推动微动开关机构滚轮及摇臂开始转动,直到微动开关机构的调节螺钉与微动开关触点脱离,微动开关发送舱门到位电气信号给控制系统,舱门收放作动筒停止,舱门关闭到位。需要强调的是:接近传感器安装简单,无须附加机构,重量轻;但微动开关可以附加杠杆、滚轮等按压机构,虽然多出按压机构的重量,却能将舱门的较大幅度的运动转换为微动开关处的微动,这样舱门关闭后空中受载引起的振动、变形不会造成微动开关触点的触发,发出错误的开关信号。

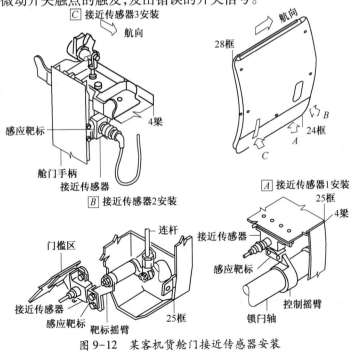

图 9-12　某客机货舱门接近传感器安装

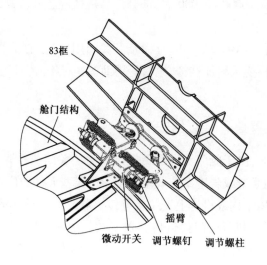

图 9-13　某军用运输机货舱门微动开关安装

9.3　应急舱门的飞行锁电气控制

根据最新适航条例要求,作为应急出口的登机门、服务门及应急出口都应该具有防止被人无意打开或有意打开的能力。目前,飞机舱门设计人员为满足此适航条款,通常采用在飞机的这些舱门的内手柄轴上设置飞行锁机构。

飞行锁机构通常包括棘爪(或制转杆,用于制止手柄轴的转动)、飞行锁作动器(或电动机,用来驱动棘爪啮合制动)、回位弹簧(用于驱动器断电时确保棘爪松开制动)、位置传感器(用于给飞行锁控制系统提供棘爪啮合或松开状态的电信号)、相关的控制电路等。

每个舱门的飞行锁机构的机械故障或电气故障,不能造成其他舱门电子锁机构的失效。

棘爪机构设计时,要注意棘爪与转轴有小的间隙,确保飞行锁作动器断电后,棘爪能可靠打开。同时,手柄轴的微动不能造成舱门锁闩解锁,如果机构交联有放气门,手柄轴的微动允许放气门打开微小的角度,以造成舱内压力释放。图 9-14 为某型客机飞行锁机构。图 9-15 为该飞行锁作动器(电磁铁)的实物。图 9-16 为该飞行锁机构控制原理。表 9-2 列出了该飞行锁作动器的主要参数。图 9-17 为该飞行锁作动器外廓尺寸标记。

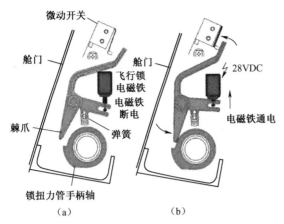

图 9-14 某飞行锁机构

(a)开锁;(b)上锁。

图 9-15 飞行锁作动器实物

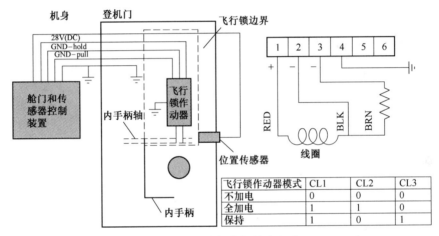

飞行锁作动器模式	CL1	CL2	CL3
不加电	0	0	0
全加电	1	1	0
保持	1	0	1

图 9-16 飞行锁机构控制系统原理

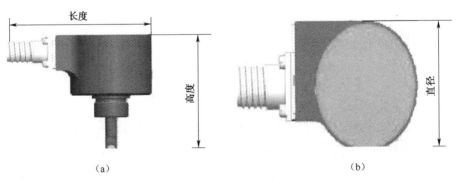

图 9-17 飞行锁作动器外廓尺寸标记

表 9-2 某飞行锁作动器主要参数

项 目	性能指标
工作电源(DC)/V	18~32,名义 28
线圈电阻/Ω	16.9~17.6
电阻值/Ω	29.7~33.39
总行程/mm	6.35mm
外廓尺寸(L×H×D)	54mm×87mm×45mm
输出力/N	20~32
重量/g	544
工作温度/s	−40~71.1
工作时间/s	2(−40℃时)
故障率	$1.43×10^{-7}, 2.65×10^{-7}$(锁定)
故障间隔平均时间 (平均装置替换间隔时间)/飞行小时	840000(756000)

B777 飞机舱门飞行锁机构由电动机、飞行锁解锁位接近传感器、飞行锁上锁位接近传感器,以及传感器靶标、锁爪杠杆、凸轮和两个弹簧组成,如图 9-18 所示。

当飞行速度达到 80kn 时,大气数据惯性基准装置(ADIRU)和第二大气数据姿态基准装置(SAARU)提供一个空速信号。

接近传感器电子装置(PSEU)和一个电气负载管理系统(ELMS)使继电器接通,继电器给飞行锁电动机通电。电动机转动使棘爪杠杆运动到上锁位。然后电动机停止转动并使杠杆保持在上锁位。杠杆跟锁闩扭力管上凸轮咬合。锁闩扭力管不可能转动使舱门锁闩开闩。

当飞行速度低于 80kn 时,继电器断开,飞行锁马达断电。弹簧驱使杠杆转动到解锁位。锁闩扭力管能够转动使舱门开闩。

飞行锁上锁和解锁位接近传感器信息从接近传感器电子装置(PSEU)到达飞机信息管理系统(AIMS)。当棘爪杠杆不在指定位置时,状态和维护信息会显示出来。

飞行锁控制系统设计要求:任何原因的作动器或电动机的断电,应确保飞行锁机构处于打开状态。

有些客机控制逻辑为:当出现全部应急功能的舱门关闭后、发动机任何一个启动、空地逻辑判断处于空中模式或发动机左右推杆都向前推过 53° 情况之一时,飞行锁控制系统给飞行锁驱动器电磁阀通电,舱门内手柄被锁住,防止舱内人员无意或有意开门。

B777 飞机的登机门的飞行锁机构控制逻辑为:飞机速度达到 148km/h 时,每个门手柄自动锁定。飞行锁可限制门手柄的转动,只使泄压门部分打开,但防止门打开。

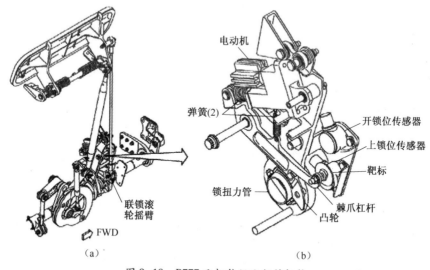

图 9-18　B777 飞机舱门飞行锁机构

9.4　舱门的告警系统

为使飞行员和维修人员了解飞机飞行安全或维护的有关参数状态,确保飞行安全,运输类飞机通常设置有发动机参数指示和座舱告警系统,以便向飞行机组提供起飞构型告警、着陆构型告警、空速告警、坡度告警、预设高度告警、风切变告警、近地告警、交通告警、电子对抗威胁告警和系统故障类告警,包括结冰、着火和烟雾、驾驶舱和货舱高度异常、系统非指令性状态变化或运动、系统响应与人工操作不一致、系统构型错误、系统故障导致性能降低和余度减少或功能丧失。系统状态提示是指人工或系统自动选定的重要稳定工作状态的提示、飞行员提示和撤离指令、发动机有关告警等信息。

舱门告警系统属于系统故障类告警,目的是为飞行机组和维护人员提供舱门状态信息。机身上增压舱舱门不正常的打开会导致舱内压力高度急剧变化,甚至机毁人亡。非增压舱舱门飞掉可能造成飞行事故或间接导致飞行事故。这些舱门必须纳入舱门告警系统。起落架舱门的状态告警信息一般在起落架控制系统去处理。

早期的运输类飞机是大量机电仪表组成的驾驶舱。如伊尔 76 飞机舱门告警是通过独立的模拟电路和元器件组成的灯光、音频告警系统。纳入报警系统的每个舱门,通过位置传感器的电信号表明舱门是否关闭并上锁,如果未关闭或未上锁,位于驾驶舱的舱门告警面板上的代表该舱门的灯就会发出红光。

现代运输机驾驶舱已实现"玻璃座舱"。驾驶舱配有多块显示器和平显,具有夜视功能,能将飞机上所有与飞行和任务有关的信息及时显示给驾驶员,大大提高人机交互能力。

发动机指示和机组告警系统(EICAS),在现代运输类飞机已广泛采用。现代飞机的座舱告警资源包括座舱中向飞行机组直接提供告警信息的各种视觉、听觉和触觉装置。视觉告警装置包括主告警灯、告警指示灯/设备和告警信息显示装置。听觉告警装置包括驾驶舱扬声器和各个机组人员席位(包括备用席位)的耳机。触觉告警装置为安装在左、右驾驶杆上的振杆器。座舱告警信息划分为危险级、警告级、注意级、咨询级、提示级五个等级。危险级是指情况十分危急,严重危及飞行安全,需要飞行员立即采取果断措施的数量很少的警告级信息,必须设置专用指示灯。警告级是指飞机处于危险构型或者危险飞行状态,或者机上系统出现危及飞行安全的故障,需要飞行员立即知道并采取措施的告警信息。注意级是指飞机构型异常或者系统出现故障,不会直接引起飞行安全,需要飞行人员立即知道但不需立即采取措施的告警信息。但是,一旦时间和条件允许,飞行员就应当对这类信息进行处置,以防发展成更严重的状况或故障。咨询级是指系统出现故障,导致系统余度降低或者性能下降,需要飞行员进行监控的信息。提示级是指系统(设备)的安全或正常工作状态信息,该状态可由系统自动进入或者飞行员人工选择进入。显示器上显示的告警信息的颜色规定为危险级(红色)、警告级(红色)、注意级(琥珀色)、咨询级(琥珀色)、提示级(白色)。座舱音频告警采用三类告警音频,即合成话音、合成音调和调制音调。舱门的告警信息级别最高为注意级。表9-3列出了某运输机舱门系统告警需求信息。图9-19为B777飞机舱门告警页面。

表9-3 舱门系统告警需求信息

序号	专用告警短语	话音短语	优先等级	货运员	条件
1	后货舱门打开异常 斜台打开异常 左登机门打开异常 右登机门打开异常	—	注意	√	相应舱门未按指令打开
2	后货舱门未关闭 斜台未关闭 左登机门未关闭 右登机门未关闭	舱门未关闭	注意	√	相应舱门未按指令关闭

序号	专用告警短语	话音短语	优先等级	货运员	条件
3	后货舱门未锁 斜台未锁 左登机门未锁 右登机门未锁	舱门未锁 （仅注意级）	注意 咨询	√	无开门指令时相应的舱门未 关闭并锁紧。 地面时，为咨询级；空中时，为注意级
4	舱门未锁	—	注意 咨询	√	以下舱门未锁： 左 1/左 2/右 1/右 2/驾驶舱水上 应急出口，左后/右后应急门， 前下/后下维护舱门， 机组跳伞门，后机身维护门。 地面时，为咨询级；空中时，为注意级

　　舱门的告警指示装置一般采用选取在门框区或门体结构上安装接触传感器、接近传感器等装置来实现舱门在闭锁/解锁或关闭/打开时的状态指示，这些电门通过舱门控制、指示电路连接到飞机的机电管理系统里，通过逻辑判断确定舱门是否需要告警。

　　ARJ21-700 飞机后应急门、货舱门告警指示系统：

　　后应急门处于完全关闭位置时，插销锁机构上锁，插销锁中插销杆对应的门框位置上安装有接近传感器，探测和感应插销杆的位置和状态信息。在驾驶舱仪表板的多功能显示器（MFD）上，显示舱门的状态信息。舱门没有锁闭到位或意外解锁打开时，驾驶舱仪表板中央的 EICAS 显示器（ED）上会显示琥珀色"L EMER EXIT DOOR NL""R EMER EXIT DOOR NL"的告警 EICAS 信息，提醒机组人员要采取措施。

　　货舱门 3 号、4 号纵梁之间对应的前门框上安装有接近传感器，对应的舱门结构上安装有感应靶，当货舱门关闭到位后，接近传感器能探测和感应到感应靶（舱门）的位置信息，在驾驶舱仪表板的 MFD 上，显示舱门的状态信息；舱门没有锁闭到位或意外解锁打开时，驾驶舱仪表板中央的 EICAS 显示器上会显示舱门机组告警 EICAS 信息，提醒机组人员要采取措施。

　　在运输类飞机舱门设计时，舱门设计专业需要根据飞机总体专业整个飞机的告警要求，提出舱门系统的告警需求信息，机电专业和航电专业则具体负责实施。

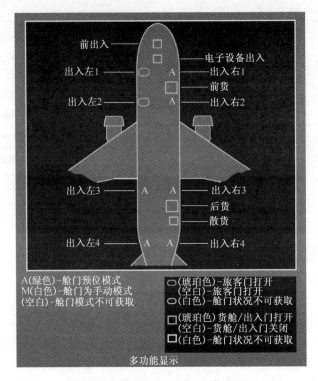

图 9-19 B777 飞机舱门告警页面

第10章 舱门设计实例分析

10.1 登机门设计实例分析

运输类飞机的登机门主要作为人员进出飞机的通道,在发生紧急情况时,可以作为应急出口供人员逃生,在军用运输机中登机门也作为伞兵空中跳伞的通道。其当作人员进出通道和应急出口使用时,要求舱门能够从飞机内外手动操作迅速地打开。当作空中跳伞通道使用时,要求舱门在飞行状态下能够开启并锁定在打开位,给跳伞人员提供可靠、有效的挡风作用。下面以几种常见的登机门为例进行分析。

10.1.1 伊尔76飞机登机门实例分析

伊尔76飞机为中远程重型运输机,在20世纪60—70年代提出设计并研制试飞,可运载人员200(单层方式)~300(双层方式)人。登机门(图10-1)位于机身前方,左右对称布置各一个。既作为人员地面进出飞机的主要通道,又作为空中跳伞通道。具有有动力驱动装置,能够在空中风载作用下将舱门打开,并保持在打开位。为跳伞人员提供挡风作用,保证跳伞安全。

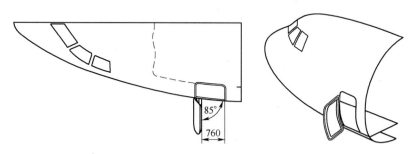

图10-1 伊尔76飞机登机门

1. 登机门结构

伊尔76飞机登机门(图10-2)净开口宽约1.1m、高1.9m,尺寸较大,结构主要承受舱门气密载荷,同时为机构提供支撑。所以在设计时,除了需要满足强度要求外,还要满足一定的刚度要求。舱门结构主体为围框与横纵梁的形式加外蒙皮。由于横向尺寸较大,围框在舱门两侧的上下断开,共分为四段,以搭接的形式通过带板和螺栓连接起来。

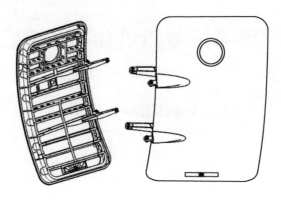

图 10-2　伊尔 76 登机门结构

舱门内部的 11 个纵梁(图 10-3)将舱门分成 12 个部分,为主要承力和传力部件。蒙皮上的气密载荷通过纵梁外缘条传递至纵梁,纵梁通过两端的滚轮锁传递至机身框上。纵梁采用高强度铝合金预拉伸板机加工制造而成,其腹板和上下缘条与围框通过带板用铆钉和螺栓连接起来。

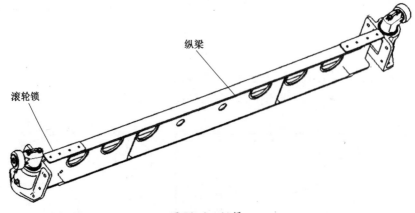

图 10-3　纵梁

内外蒙皮材料为包铝板,通过铆钉与结构框架连接。每部分外蒙皮上的气密载荷通过与纵梁的连接铆钉传递至纵梁。

舱门结构外侧有两个悬挂铰链接头与机身连接,当舱门在空中打开时,所有气动载荷均通过它传递至机身上。在舱门内侧纵梁上布置有两个驱动摇臂(图10-4),与作动筒的活塞头铰接,液压驱动舱门打开时,作动筒通过它驱动舱门开启和关闭。

186

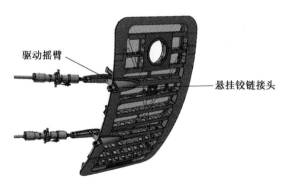

图 10-4　舱门悬挂铰链和驱动摇臂

2. 登机门机构

伊尔 76 登机门机构为滚轮锁机构，内外手柄和连杆驱动纵梁两端的 11 个滚轮锁做旋转运动来实现门的上锁和解锁。

1）手柄机构

伊尔 76 登机门内外手柄机构（图 10-5）通过钢索连接起来。当从内部开门，转动内手柄时，要求外手柄不动；当从外部开门，转动外手柄时，要求通过钢索带动内手柄转动。为了满足该要求，在外手柄机构的驱动转轴上有一段外花键，当要开门或关门时，将外手柄驱动转轴向外拔出，使其上的外花键和钢索滚轮传动轴的内花键相配合，这样将手柄转轴的转动传递至钢索滚轮，然后通过钢索带动内手柄转动实现外手柄带动内手柄转动。当从内部开门，转动内手柄时，外手柄驱动转轴在弹簧的作用下和钢索滚轮传动轴的外花键脱离开来，实现了内手柄转动时外手柄不动。

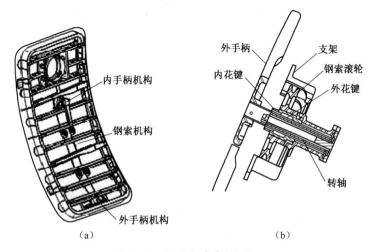

图 10-5　舱门内外手柄机构

2）连杆机构

滚轮锁分布在舱门纵梁两边（一边 6 把，另一边 5 把），为了保证它们运动的同步性，通过连杆机构将它们串联起来。连杆机构包括左右驱动连杆、传动连杆、十字铰等，如图 10-6 所示。左右驱动连杆与内手柄相连。它将手柄处的转动和作动筒的直线运动传递至滚轮锁机构处，实现上锁和解锁。前后水平连杆用于内手柄转动时驱动滚轮锁的连杆转动；斜连杆用于液压驱动时，将作动筒活塞杆的直线运动传递至手柄处。舱门两侧的滚轮锁机构，通过垂直连杆串联起来，保证其能够同时转动。在设计连杆时，均将其设计为长度可调，用于安装时补偿误差，保证机构的挠度要求。

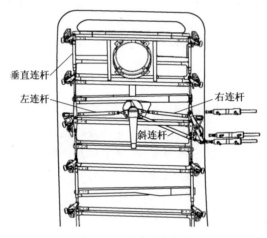

图 10-6 舱门连杆机构

3）液压驱动机构

伊尔 76 登机门液压驱动机构包括上锁作动筒、解锁作动筒和开门作动筒，如图 10-7 所示。

上锁作动筒和解锁作动筒通过直线往复运动来驱动滚轮摇臂转动，带动滚轮锁转动，实现舱门。

驱动作动筒用于驱动舱门绕铰链转动，上下共两个。在设计时，为了保证舱门在旋转过程中的自由度满足要求，作动筒与支座之间用十字铰连接。

4）机构开启/关闭逻辑顺序

伊尔 76 舱门共设置了 3 个位置指示电门机构（滚轮锁完全上锁位置指示电门、舱门开启位置指示电门、舱门关闭位置指示电门）用于提供舱门状态信号，为电控液压操纵系统提供指令信号，保证舱门开启/关闭顺序的正确性。

打开舱门时，首先解锁作动筒通过连杆驱动手柄转动带动滚轮锁解锁；当完全解锁时，发出解锁信号，驱动作动筒开始驱动舱门转动，将其打开。当完全打

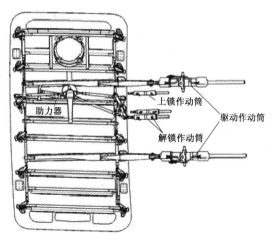

图 10-7　动力驱动机构

开到位后,发出舱门打开位指示信号,作动筒停止伸长。

关闭舱门时,首先驱动作动筒将舱门收回,至完全关闭位时,触发电门指示舱门关闭到位,上锁作动筒驱动滚轮锁机构上锁;当滚轮锁完全上锁后,触发电门指示舱门完全上锁。

5）安装调整要求

舱门在安装调整时,首先保证机构零部件的交点位置正确,满足公差要求。零部件安装完成后,首先手动开启/关闭舱门机构,检查是否能够灵活运动,是否有干涉和卡滞现象,调整电门机构,检查电门发出的舱门位置信号是否正确;其次检查液压系统管路的连接是否正确,单个检查其在接收到电门指示信号时作动筒是否能够正确运动到位;最后用液压驱动舱门做开启/关闭运动。

舱门阶差的调整可通过在滚轮锁挡块处设置齿形垫板,调整其内外位置来实现阶差的调整。

舱门间隙的调整通过锉修门框边缘来实现。

10.1.2　新舟 600 飞机门梯合一登机门实例分析

新舟 600 飞机为新舟 60 飞机的改进型,登机门采用全新的设计,是门梯合一登机门(图 10-8)在国产飞机上的一次成功应用。

门梯合一登机门位于前机身左侧地板的上部,安装在机身左侧 7 框和 9 框之间,通过登机梯上的 4 个挂点与门框和地板梁上的支座连接。主要由提升机构、地面锁定机构、门闩锁机构、登机梯及门体结构组成。登机门门框开口宽度为 760mm,门体高度为 1580mm,登机梯两扶手间的最小宽度为 610mm。登机门向外、向下打开。

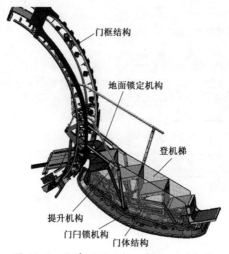

图 10-8　新舟 600 飞机门梯合一登机门

登机门在打开放下状态,登机梯的斜度与水平面之间的夹角为 40°。最低一阶台阶在停机状态下距地面为 250~340mm。舱门和门框之间装有为飞行员提供指示登机门关闭到位的信号指示装置。在舱门外手柄上设置有手柄锁,当人离开飞机时,可把飞机舱门手柄锁住。

1. 登机门结构

该登机门结构分为登机梯和门体结构两部分。登机梯是在登机门放下状态时保证乘客顺利上下飞机的主要承力部件,其结构强度和刚度至关重要。登机梯主要由主摇臂、侧板、踏板、活动翻板、翻板机构支座及观察管等部件组成,如图 10-9 所示。采用厚度为 10mm 的铝蜂窝芯铝面板结构作为侧板、踏板及活动翻板的重要构件,使登机梯结构在满足强度的基础上具有良好的刚度;前侧板采用铝合金钣弯结构;连接件主要选用铝合金型材角片进行连接,下部布置了三组

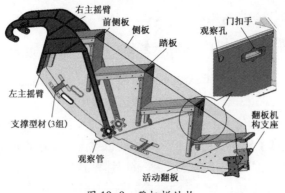

图 10-9　登机梯结构

190

支撑型材,保证梯结构的整体刚度;观察管下端与舱门观察窗对齐,其作用是在开门前通过观察孔观察开门区域内是否有人或者障碍物,保证开门过程中人员和舱门不受损害;门扣手作用是当舱门收起到舱内工作人员可以触及的位置时,操作人员扣住扣手,将舱门向内拉,用这一操作代替施加在收放拉杆的拉力,使舱门收起更易于操作。

舱门结构主要由外蒙皮、内蒙皮、密封带、连接型材、连接接头、连接支座、腹板框、隔板、加强筋及内装饰板等组成,如图 10-10 所示。

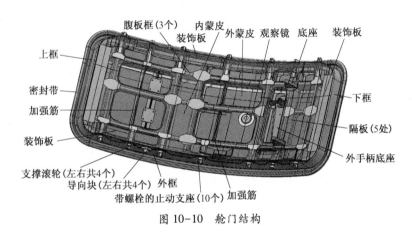

图 10-10　舱门结构

舱门在空中座舱增压时需承受很大的增压载荷,因此门体结构除了要有一定的强度外,刚度要求是十分重要的。因为舱门是一个活动的部件,当座舱增压时舱门变形应尽量小,更不允许有永久变形,以保证舱门密封可靠,操纵机构工作正常。所以舱门本身除了有内外蒙皮外,还安排了较为密集的纵向构件和横向构件,该舱门为"堵塞式"舱门,仅承受增压舱的压差载荷,通过舱门上的 10 个止动螺栓(触点)与门框上相对应的止动支座(触点座)的接触将此载荷均匀地传递到门框上。在舱门两侧各布置了一个导向块,使舱门在收起过程中能顺利、准确地进入门框。

2. 登机门机构

1) 提升机构

登机门提升机构主要由随动收放扶手、收放拉杆、上摇臂、提升拉杆、带主摇臂的登机梯组件、助力气弹簧及翻板组件、连杆、小摇臂等零部件组成(图 10-11)。主要是保证舱门顺利地提升关闭和打开放下,并能可靠地把舱门固定在放下位置,保证乘客上下飞机的方便。

提升机构的动力主要靠舱门两侧的助力气弹簧。转动交点 1 和转动交点 2 是固定在机体结构上的两个固定转轴;当操作人员拉动收放拉杆时,在助力气弹

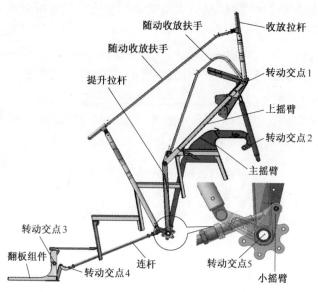

图 10-11　登机门提升机构

簧的助动下顶起上摇臂,使其绕交点 1 顺时针转动,上摇臂带动提升拉杆提升舱门上的转动交点 5,从而带动主摇臂绕转动交点 2 转动,实现舱门的收起。与此同时,转动交点 5 在自身转动的过程中,小摇臂与之连动,从而推动连杆;转动交点 3 固定在登机梯结构上,连杆推动转动交点 4,使舱门在收放过程中翻板组件绕交点 3 转动,舱门到位的同时,翻板相应到位。舱门放下时,助力气弹簧起阻尼作用,登机门在重力作用下绕转动交点 1 逆时针转动,过程与收起时相反,当舱门摇臂上的垫片与连接在主摇臂支架上的限位块接触时,舱门到达放下位置。

　　2) 地面锁定机构

　　为消除舱门打开状态阵风对其的影响,设置了登机门地面锁定机构,当飞机登机门打开到位后,将舱门锁定在开门位置,该机构由踏板、连杆、锁钩、限位支座、小摇臂等组成,如图 10-12 所示。

　　在登机门收起前,应先打开登机门地面锁定机构的锁钩,操作人员可以分别在地面和舱内打开地面锁定机构。当操作人员在地面时,可先把锁定机构的钩子顺时针扳转约 12°,使钩子从垫片位置脱开,然后托起舱门实现收起;当操作人员在舱内,可先用右脚踩踏踏板,通过连杆拉动小摇臂带动锁钩转动,锁钩从垫片位置脱开,然后拉起随动机构的扶手将舱门收起。

　　3) 闩锁机构

　　登机门闩锁机构是舱门开启和关闭时的运动机构,其主要由外手柄机构、内手柄机构、转轴、底座、协调拉杆、限位块、摇臂组件、开门后锁定机构及助力限位

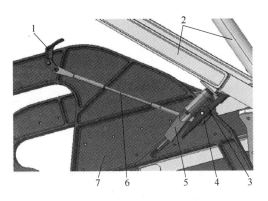

图 10-12　登机门地面锁定机构

1—踏板;2—上摇臂;3—锁钩;4—小摇臂;5—限位支座;6—连杆;7—主摇臂。

弹簧等组成,如图 10-13 所示。

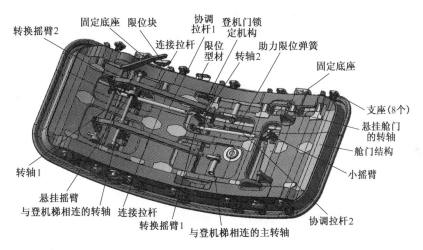

图 10-13　登机门门闩锁机构

3. 登机门开启/关闭原理

登机门的工作原理可以通过门的打开和关闭两个过程阐述。

1) 登机门打开过程

首先向下扳动内手柄(人在舱外时,顺时针扳动外手柄),这时舱门在登机门门闩锁机构的带动下向上向外运动,使飞机卸压,同时使舱门两侧的四个导向滚轮在门框上固定底座导向槽中向外运动,当舱门向上提升到位后,导向滚轮从槽中脱开;推动舱门登机梯扶手,使登机门绕舱门在机身上的转轴向外、向下翻转,在舱门放下过程中,安装在舱门提升机构两侧的助力气弹簧对舱门的打开放下起到阻尼作用,使舱门能够平缓放下。

在舱门转动初期,安装在舱门上的登机门锁定机构的滚轮与固定在门框上的限位型材分离,在扭簧的作用下锁钩转动,锁钩挂在登机门门闩锁机构的锁环上,登机门门闩锁机构锁定,使舱门结构与登机梯结构锁定在一起(图 10-14)。

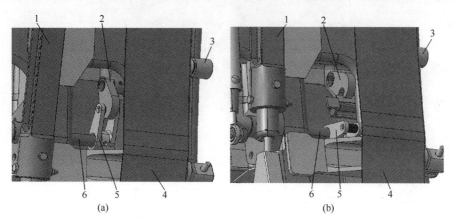

图 10-14　舱门锁定机构

1—连接拉杆;2—锁钩;3—滚轮;4—舱门;5—锁环;6—转轴。

在舱门向下运动的过程中,翻板通过与登机门提升机构相连接的连杆的带动,翻板进行翻转运动,当舱门放下到一定位置后设置在登机梯主摇臂上的限位支座顶在提升机构的上摇臂上,使舱门停止转动。此时,翻板也转到位,固定在登机梯主摇臂上的登机门地面锁定机构的锁钩转动,挂在摇臂的挂点上,使登机门锁定。

2)登机门关闭过程

在关闭舱门时,当人在飞机上时,用右脚踩踏地面锁定机构的踏板(当人在地面时,搬动地面锁定机构的钩子),使锁钩脱开提升机构。这时拉动随动机构的收放拉杆(当人在地面时,用手从底部将舱门托起),在助力气弹簧的作用下提起舱门,使其绕机身上的转轴向上转动收起。

在提升舱门的过程中,由于安装在舱门提升机构两侧的助力气弹簧处于压缩状态,在助力气弹簧的反弹力的作用下,有助于舱门的提升,使舱门很轻松的缓慢关闭。当舱门关闭接近门框时,在门框两侧固定的限位台的导向作用下舱门顺利进入门框中,固定在舱门两侧的滚轮进入固定在门框上的固定底座的导向槽内。此时,固定在舱门上的舱门锁定机构的滚轮压靠在门框上的限位型材表面,使舱门锁定机构的锁钩转动脱解锁环,舱门向下、向内关闭到位。

当舱门提升到位后,扳动内手柄(当人在地面时,用手顺时针扳动外手柄),使舱门在锁钩槽中向下运动 55mm。这时,舱门关闭到位,在门闩锁机构中设置的助力限位弹簧使机构保持在舱门关闭状态。此时,设置在舱门两侧的共 10 个触点分别顶在舱门门框的止动支座上。登机门关闭工作流程如图 10-15 所示。

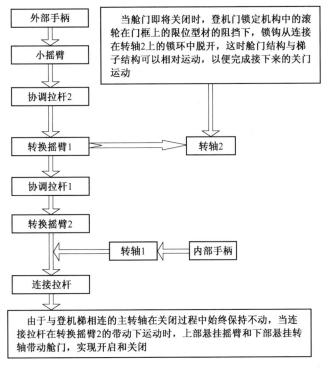

图 10-15　登机门关闭工作流程

10.2　服务门实例分析

服务门主要在客机上作为乘务员进出飞机和运送食品等的通道,有些服务门还兼做应急出口使用。在现代客机上一般均设置有服务舱门,位于和登机门相对位置,开口尺寸相对登机门有可能较小。下面以 ARJ21-700 飞机和 MA60 飞机服务门为例进行分析。

10.2.1　ARJ21 飞机服务门实例分析

ARJ21 飞机是 70~90 座级的中短航程支线客机,其服务门(图 10-16)位于机身前段沿航向的右侧壁上,门开口尺寸约为 1225mm×692mm。舱门为堵塞式外开门,门比门框大。当舱内充压时舱门像堵塞一样,利用压力向外压在门框上。在舱门围框上有触块,门框上有触点。气密载荷通过服务门上的触块和机身门框上相应的触点传到机身。

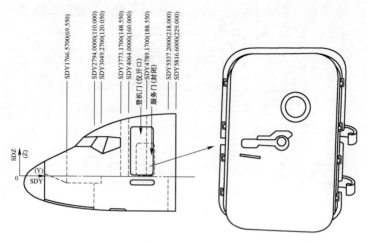

图 10-16　ARJ21 飞机服务门

由于服务门为堵塞式舱门,舱门向外打开。机构设计时增加了上下折板机构(图 10-17),开门时,通过手柄上的凸轮机构将折板向下翻下同时舱门向内向前运动,然后向外推手柄或门(此时门处于完全旋转状态,卡口将锁定操纵手柄),将舱门推至完全打开状态时(靠在机身外侧),舱门依靠阵风锁钩锁定在机身侧壁上。

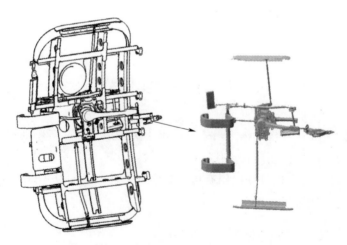

图 10-17　ARJ21 飞机服务门机构

1. 服务门结构

ARJ21 飞机服务门结构(图 10-18)是由内/外蒙皮、盆形件、纵/横梁组件、外手柄盒、密封件挡件等铆接而成的铝合金结构。

外蒙皮为一整块包铝板,通过铆钉与横纵梁的缘条连接。内蒙皮分为 5 块,未构成舱门里边封闭,给结构铆接留出空间,且便于机构的安装、拆卸和维修。舱门内蒙皮及纵/横梁组件上预留了舱门内装饰及滑梯包安装的紧固件位置。

这些由铝合金钣弯件铆接而成的纵/横梁组件与内/外蒙皮、盆形件等构成了坚固的半封闭结构有效地承受了气密压差载荷,通过前后各 4 个挡块与铰链组件一起将舱门上载荷传至机身门框结构;并为操纵机构提供了安装支持。

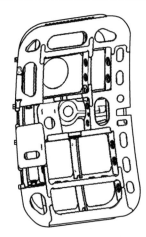

图 10-18　ARJ21 飞机服务门结构

2. 服务门机构

ARJ21 飞机服务门手柄机构设计为内、外都可以操纵的联动机构,开启和关闭舱门时内外手柄同时转动。开启舱门时先逆时针旋转内手柄(门外手柄顺时针旋转)驱动上下折板翻转,同时在门框上卡环锁的作用下,舱门向内向前侧身翻转。到位后向外推手柄或门(此时门处于完全旋转状态,卡口将锁定操纵手柄),推门至完全打开状态(靠在机身外侧),舱门依靠阵风锁钩锁定在机身侧壁上。

ARJ21 飞机服务门机构(图 10-19)包括铰链组件、手柄及推杆机构、上/下折板机构、保持打开机构、卡口锁曲柄机构、卡口锁可调杆组件和卡口机构。

1) 铰链机构

铰链机构(图 10-20)用于将舱门挂于门洞前边的舱体支座上,使舱门绕扭力管轴转动,在舱门另一侧卡口槽的作用下也与门一起绕舱体支座轴转动,完成舱门的打开和关闭动作。

铰链机构是由上/下铰链臂、扭力管和上/下端轴通过销轴连接而成的刚性结构。上/下铰链臂是由 7050-T7451 机加工而成,与舱体支座配合的一端孔内压有钢衬套。扭力管为 2024-T3 管材收压成型。上/下端轴则为钢棒机加工件。

197

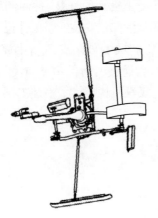

图 10-19　ARJ21飞机服务门机构

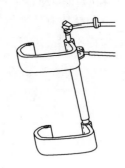

图 10-20　ARJ21飞机服务门铰链机构

2）内/外手柄及推杆机构

内/外手柄及推杆机构用于开启、关闭舱门,它把上/下折板机构、铰链组件的运动关联协调起来,共同完成舱门的开启、关闭动作。

内/外手柄及推杆机构由内/外手柄、手柄轴、曲拐组件、推杆组件、挡块、弹簧、滚子等组成。内/外手柄、锁内/外板、手柄轴都是7050-T7451机加工件,有相互摩擦的部位装有钢或铜衬套。推杆机构则由4130钢管等制成,如图10-21所示。

图 10-21　ARJ21飞机服务门推杆机构

3）上/下折板机构

上/下折板机构用于舱门的上/下边密封。当舱门关闭后上/下折板展开顶起密封带保证舱门上/下边密封。当开门时上/下折板先收缩,使上/下密封带放松,以便舱门进入门洞,最终使舱门打开。

上/下折板机构由上/下活动折板,以及操纵它们收缩伸展的拉杆、连杆、支座等组成。折板由铝合金合页型材组成,拉杆、连杆由铝管制成。

4）保持打开机构

保持打开机构用于将门锁在打开位置,由手柄组件、钩子、钩子盒、管组件、

198

中杆组件等组成,如图 10-22 所示。手柄组件用 6061-T6 管材和板材焊接而成。管组件是 4130 管子焊接件。中杆组件则为 2024 管料与钢接头组合而成。钩子盒由 7050-T7451 机加工制造。

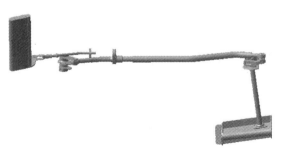

图 10-22　ARJ21 飞机服务门保持打开机构

5）卡口锁曲柄及卡口机构

卡口锁曲柄及卡口机构(图 10-23),卡口可调杆组件共同确保舱门开启、关闭的轨迹,并确保舱门关闭到位后上锁。

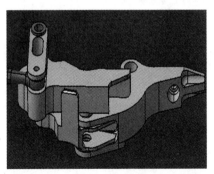

图 10-23　ARJ21 飞机服务门卡口机构

10.2.2　新舟 60 飞机服务门实例分析

新舟 60 飞机前服务门由门体结构、机构两部分组成,如图 10-24 所示。在关闭位置时,舱门上的插销锁上锁,两侧的 4 个下位锁滚轮位于门框上的 4 个 U 形锁钩中。当承受气密载荷时,舱门两侧的 6 个挡销与相应的固定在门框上的 6 个挡块啮合,与 4 个下位锁锁销共同承受飞机气密载荷,防止在气密载荷的作用下前服务门向外打开;当飞机承受负压载荷时,4 个锁销通过 U 形锁钩将载荷传递至门框上,防止前服务门向内运动。

开启前服务门时,操纵内、外手柄,首先打开插销锁,接着继续操纵内、外手柄,前服务门向上提升,提升到位后上位锁机构将前服务门锁定在提升位置。此时,向前向外推动前服务门直至完全打开,阵风锁机构将前服务门锁定在完全打开位置,防止由于人员误操作或机场侧风时前服务门动作。

关闭前服务门时,通过阵风锁机构上部手柄打开阵风锁机构,向后向内推动前服务门直至即将关闭位置,继续向内推动前服务门,上位锁自动解锁。此时,向下扳动手柄,前服务门下降到完全关闭位置,下位锁上锁,插销锁上锁。

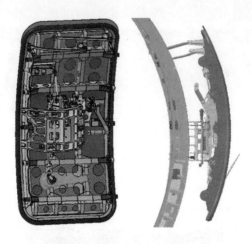

图 10-24　新舟 60 飞机服务门

1. 服务门结构

服务门结构主要由内蒙皮、外蒙皮、门体围框、纵梁、横梁、下位锁挡销(6组)、下位锁锁销(4组)、机构支座、平衡杆支座、辅助摇臂支座、外手柄盒、密封带等零部件组成。

前服务门结构的设计重点为刚度设计。根据前服务门的受力特点和运动原理设计,确定前服务门结构由门体框缘、5 根纵梁、2 根横梁及内、外蒙皮组成"井"字形框架,主要承受作用在服务门表面上的气密载荷,保证在气密载荷作用下结构满足强度,并具有足够的刚度,避免结构变形,影响前服务门的气密性能及功能。

1)纵梁

纵梁如图 10-25 所示,与固定连接在纵梁两端的一对下位锁挡销或锁销组成组合梁,在前服务门受载状态,简化成两端简支的简支梁,主要承受飞机气密载荷在前服务门上产生的弯矩。

图 10-25　新舟 60 飞机服务门纵梁

前服务门布置了 5 根纵梁,均为铝合金整体机加工件,简化了装配工作,并对保证门体刚度十分有利。

2) 机构支座

前服务门机构支座(图 10-26)是提升机构、助力机构、上位锁机构的安装支座,手柄机构、插销锁机构、主摇臂等都最终连接在机构支座上。

机构支座采用铝合金整体机加工件,安装机构的安装孔中压装钢制衬套,立腹板上设置加强筋加强,防止失稳。

图 10-26　新舟 60 飞机服务门机构支座

机构支座安置在前服务门内表面,3 号纵梁、1 号纵梁、2 号横梁上,与纵、横梁组件螺接。

3) 密封结构

前服务门密封带选用 Q 形整体模压硅橡胶型材,通过密封带固定型材连接在门体结构上。

密封带在服务门上部、两侧和下部的密封状况如图 10-27 所示。在飞机气密舱非增压状态下,前服务门应当能够满足 100% 水密封。

2. 服务门机构

舱门机构主要包括提升机构、插销锁机构、上位锁机构、手柄机构、阵风锁机构等。

1) 提升机构

提升机构(图 10-28)主体安装在舱门结构上的机构支座上,两个提升摇臂通过垫块和十字转轴与舱门主铰链臂连接。手柄机构与提升机构转轴相连。

工作过程:在飞机内部或外部操纵前服务门内手柄或外手柄,驱动提升机构摇臂轴转动,由于两个提升摇臂一端通过垫块与主摇臂相连,除打开插销锁行程外不能上下移动,随着提升机构摇臂轴的转动,将驱动提升摇臂与机构支座相连的一端绕垫块转轴上(提升运动)、下(下降运动)转动,带动机构支座上(提升运动)、下(下降运动)转动,由于机构支座与前服务门结构固定连接,因而随着提升摇臂的运动,将驱动前服务门上(提升运动)、下(下降运动)转动。在此运动

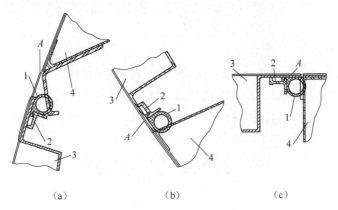

图 10-27　新舟 60 飞机服务门密封

(a)上部密封;(b)下部密封;(c)两侧密封。

1—密封带;2—密封带固定型材;3—门结构;4—门框结构;A—外表面。

过程中,助力机构随动,由于压力弹簧的作用,在插销锁解锁运动过程中,助力机构提供阻力;在提升运动过程中,助力机构转化为助力,有利于门体提升;在下降运动过程中,助力机构又提供阻力。

图 10-28　提升机构

2）插销锁机构

前服务门插销锁机构由插销、连杆、摇臂、可调拉杆等零部件组成(图 10-29)。安装在前服务门结构上,可调拉杆一端与提升机构摇臂轴连接。

工作过程:(图 10-29 为插销锁机构解锁状态)前服务门关闭状态时,插销锁机构插销与固定安装在门框上的插销锁锁座啮合,防止前服务门出现向上跳动;开门时,操纵前服务门手柄,驱动提升机构摇臂轴转动,带动插销锁可调拉杆向下运动,通过摇臂和连杆的运动传递,带动插销水平运动,从插销锁锁座中脱开,插销锁解锁。在前服务门提升、打开的整个过程中,插销锁始终保持解锁状态。插销锁上锁为解锁的逆过程。

图 10-29　插销锁机构

3) 上位锁机构

上位锁机构主要由锁环组件、调整摇臂、调节拉杆、锁钩组件、可调拉杆、拨杆组件、扭力弹簧等零部件组成,如图 10-30 所示。

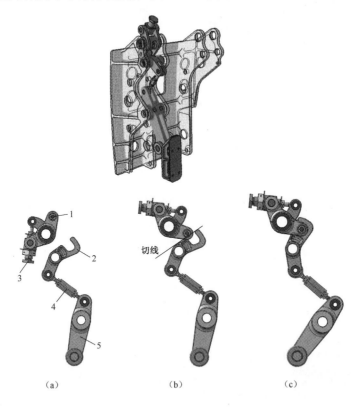

（a）　　　　　　　　（b）　　　　　　　　（c）

图 10-30　上位锁机构

（a)前服务门关闭位置;(b)前服务门提升位置;(c)上位锁上锁位置。

1—上位锁锁环;2—上位锁锁钩;3—调整摇臂;4—可调拉杆;5—拨杆组件。

工作过程：前服务门关闭位置时，上位锁锁钩与锁环脱开，在扭力弹簧的作用下，拨杆组件上的滚轮与固定连接在主摇臂上的导向块始终贴合。操纵前服务门手柄，前服务门向上提升的过程中，上位锁锁环组件随着提升机构摇臂轴的转动向着接近上位锁锁钩的方向转动，在扭力弹簧的作用下，拨杆组件上的滚轮与导向块贴合；当前服务门提升结束时，锁环运动到图 10-30（b）的位置；向外向前推动前服务门，拨杆组件上的滚轮与导向块逐渐脱离，在扭力弹簧的作用下锁钩组件绕自身转轴转动与锁环啮合，上位锁上锁，将前服务门锁定在提升位置。

4）手柄机构

前服务门手柄机构主要由内手柄、内手柄摇臂、调节拉杆、外手柄、外手柄摇臂、可调拉杆、扭力弹簧等零部件组成，如图 10-31 所示。内外手柄通过与提升机构摇臂轴固定连接实现联动，用来打开（关闭）插销锁机构、提升前服务门和打开（关闭）前服务门。

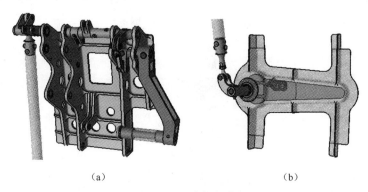

（a）　　　　　　　　　　　　（b）

图 10-31　手柄机构

内手柄及其摇臂安装在机构支座上，并和提升机构摇臂轴固定连接；外手柄一端和提升机构摇臂轴固定连接，另一端连接在外手柄盒中。

前服务门处于关闭位置时，外手柄在扭力弹簧的作用下保持处在外手柄盒中。

在飞机停机状态时，前服务门关闭，内手柄保险销插上，此时，从飞机外部不能打开前服务门；在飞机起飞之前，在飞机内部取下内手柄保险销并将其插在门框结构上的支架中，此时，从飞机外部和内部都可以打开前服务门。

5）阵风锁机构

前服务门阵风锁机构安装在主摇臂上，主要由锁环（与主摇臂在门框上的悬挂接头综合设计）、锁钩、锁键、保持杆、拉杆、操纵手柄组件、扭力弹簧等零部件组成，如图 10-32 所示。

前服务门处于完全打开位置时，阵风锁机构锁钩与锁环啮合，将前服务门锁定在打开位置，防止由于机场侧风或误操作造成前服务门关闭或位置移动。

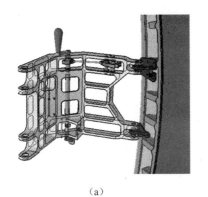
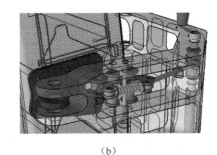

（a）　　　　　　　　　　　　　　（b）

图 10-32　阵风锁机构

前服务门阵风锁机构上锁过程为自动上锁,解锁为手动解锁。打开阵风锁时,从飞机内部扳动内手柄或从飞机外部拉动阵风锁机构下拉环,通过机构运动传递,使锁钩和锁环脱开,完成解锁。

10.3　应急舱门实例分析

应急舱门是飞机应急逃生系统的一个重要组成部分,在飞机出现紧急情况时,如地面迫降、水上迫降、空中跳伞时要求能够保证人员安全、快速地撤离飞机。为了保证在上述情况下乘员能在规定时间内安全撤离飞机,应急舱门需要有足够数量及合理的类型。应急舱门的设计还要求绝对安全、可靠,杜绝由于误操作而导致应急舱门在空中意外打开的因素。

下面通过对某运输机机组应急门、水上应急门、后应急门等典型应急门分别进行分析。

10.3.1　机组应急门实例分析

机组应急门主要用于机组人员的逃生,其安装在机头驾驶舱顶部的中间位置,净开口尺寸约为 570mm×490mm,如图 10-33 所示。舱门为内开、堵塞式舱门,设置了内外手柄,从机身内部和外部均可以打开。

1. 机组应急门结构

机组应急门结构组件由盆形件组件、止动钉组件、铰链臂组件组成(图 10-34)。盆形件组件由 7050-T7451 厚板整体机加工而成,相对于组合件来说省去了装配的过程,保证了精度要求,而且总体机械性能较好。舱门的内饰通过在盆形件组件一周安装的角片来进行固定。

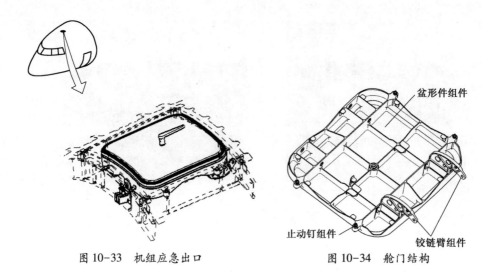

图 10-33　机组应急出口　　　　　图 10-34　舱门结构

在盆形件组件的两边从 1 号和 3 号横筋延伸出了四个止动块,舱门上的气密载荷通过安装在止动块上的止动钉被传递到门框上面。

舱门铰链组件安装在 3 号横筋与围框之间,通过螺栓与它们连接。

2. 机组应急出口机构

机组应急出口的机构可以看作一个平行四杆机构和两个曲柄滑块机构的组合(图 10-35)。平行四杆机构由手柄作为驱动,带动两个曲柄转动。曲柄的转动,通过拉杆带动插销作往复运动来实现门的解锁和上锁。

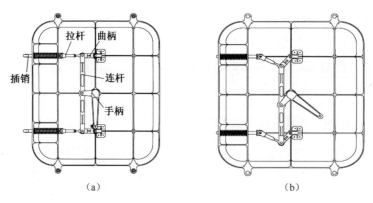

（a）　　　　　　　　　　　　　　　（b）

图 10-35　舱门机构

（a）机构关闭位置；（b）机构打开位置。

10.3.2　水上应急舱门实例分析

水上应急舱门(图 10-36)是在水上迫降时,机上人员的逃生通道,布置于机身前后位置的两侧,共四个。舱门开口下表面位于二层地板以上,在水上迫降时,位于吃水线以上。舱门不参与机身整体受力,舱门关闭状态,承受的气密载荷通过舱门结构扩散到机身壁板上;舱门承受负压时,舱门锁机构承受负压,保证舱门始终处于关闭锁定状态。舱门机构设计尽量实现舱门锁机构承力时操纵机构不受力。

水上应急舱门可以从飞机货舱外部或内部开启,舱门结构下部设置铰链,结构内部设置辅助手柄,可以在舱门重力作用下方便快速地打开。

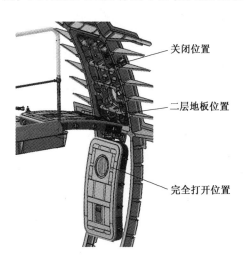

图 10-36　水上应急舱门

1. 水上应急舱门结构

水上应急舱门的结构(图 10-37)是承受气密载荷的主要构件,当气密载荷作用在外蒙皮上时,首先载荷传递至围框、横梁和纵向加强件上,纵向加强件上的载荷传递至横梁上,横梁、围框上的载荷最终以集中载荷的形式通过舱门两端的承力挡块传递至门框上的承力挡块支座上。

在负压载荷工况下,舱门下端的铰链臂与上端机构组件中的凸轮锁受载,并分别将载荷传递至门框上的铰链臂支座和锁座上。

结构组件总体采用机加工组合的设计方案,主要构件包括外蒙皮、围框、横梁、纵向加强件、承力挡块、铰链臂、手柄盒、带板等。

2. 水上应急舱门机构

水上应急舱门机构(图 10-38)主要包括凸轮锁、拉杆组件、摇臂、手柄组件(含手柄轴、外手柄、内手柄)、助力器等。通过向下拉动内手柄(向上推动内手柄)或向上拉动外手柄(向下按动外手柄)实现舱门的解锁(上锁)运动。

锁机构在飞行中,主要承受负压载荷(图 10-39),负压载荷的一部分通过舱

图 10-37　水上应急舱门结构

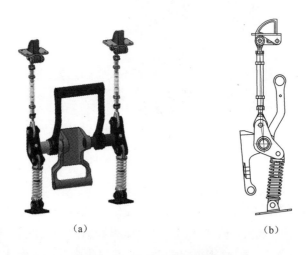

　　　　（a）　　　　　　　　　　　　（b）

图 10-38　水上应急舱门机构

门下端的铰链臂传递至门框上,另一部分通过凸轮锁传递至门框的锁座上,拉杆与手柄轴之间的挠度值保证了凸轮锁在承受负压时机构的锁定状态。锁座对凸轮锁的支反力通过拉杆组件传递至摇臂组件,对手柄轴作用一个扭矩,该扭矩由手柄组件的限位装置对手柄作用的支反力抵消。

　　1）凸轮锁

　　凸轮锁(图 10-40)安装在凸轮锁支架上,绕支架上的铰链点转动。另一个铰链点与拉杆组件的接头相连,接头两侧设计有补偿垫片,用以调整凸轮锁沿航向的位置,同时避免凸轮锁与支架之间的直接摩擦。为了提供较高的刚度,凸轮锁与凸轮锁支座材料均采用 30CrMnSiA。

2）拉杆组件

拉杆组件（图 10-41）连接凸轮锁与摇臂，由两个接头及拉杆组成，下端接头采用关节轴承与摇臂连接，以便于机构对中。接头及钢管两端分别采用左旋和右旋螺纹，便于调节拉杆长度，拉杆顶端有锁紧螺母，调整完毕后使用保险丝固定。接头上因为要加工螺纹，而且是重要的机构承力零件，所以材料选用 30CrMnSiA。由于拉杆长度的限制，采用钢接头与铝管的组合形式减重效果不明显，而且拉杆本身也需加工螺纹，属于重要的机构承力构件，所以材料选用 30CrMnSiA 六角棒补加工的钢管代替。

3）手柄及摇臂组件

手柄组件包括内手柄、外手柄手柄轴等，手柄轴分为两段，左右对称，内手柄与手柄轴及手柄轴与摇臂的连接采用螺栓固定连接，外手柄与手柄轴的连接采用花键配合的形式，如图 10-42 所示。固定摇臂、内手柄的螺栓孔与花键之间存在一个固定角度，该角度可由工装保证。内外手柄均选用 7050-T7451 铝合金机加工件，手柄轴的设计主要考虑到机构的刚度选用 30CrMnSiA 机加件，摇臂选用 7050-T7451 铝合金机加工件，见图 10-42。

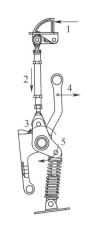

图 10-39　锁机构负压载荷承载

1—锁座对凸轮锁的支反力；

2—凸轮锁载荷传递至拉杆组件；

3—锁座支反力对手柄轴的扭矩；

4—手柄限位器提供的支反力；

5—限位器支反力对手柄轴的扭矩。

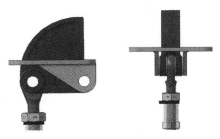

图 10-40　凸轮锁

图 10-41　拉杆组件

图 10-42　手柄及摇臂组件

4）助力器组件

助力器组件包括助力器内筒、助力器外筒、助力器弹簧及支座等零件,如图 10-43 所示。机构解锁过程中主要的阻力来源于助力器组件。在手柄轴转过约一半解锁行程之前,助力器始终向机构提供一个上锁方向的力矩,增加机构的锁闭安全性;手柄轴解锁行程的后一半,助力器向机构提供一个解锁方向的力矩,助力机构解锁,并使机构锁定在解锁状态。助力器内筒与摇臂连接的一端安装有关节轴承,利于机构自动对中。助力器内筒、外筒、支座均选用 7050-T7451 铝合金机加工件;考虑到生产工艺要求,弹簧选用 50CrVA 钢丝。

图 10-43　助力器组件

5）锁机构的停机防护措施

在锁机构内手柄上设置有保险销插孔,飞机停机时将弹簧销插入保险销插孔,以防止外部无关人员通过水上应急出口进入飞机内部,如图 10-44 所示。

3. 密封设计

密封结构采用 Ω 形橡胶型材,通过专用型材固定在舱门的组合围框四周,如图 10-45 所示。

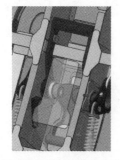

图 10-44　锁机构的停机防护

图 10-45　密封截面

210

10.3.3　后应急门实例分析

某运输机后应急门主要由舱门结构组件、机构组件、观察窗组件、密封组件、电门指示机构和整流罩组件等组成。

1. 后应急门结构

舱门结构主要由外蒙皮、组合围框、5 根纵梁、2 根横梁、10 个承力挡块、观察窗、密封结构、外手柄盒、机构安装支座、舱门对中滚轮等组成,如图 10-46 所示。

后应急门可以从飞机货舱外部或内部开启,舱门开启后移离安装位置,形成应急通道。基于这种设计原理方案,舱门结构下部设置为支撑销,结构内部设置辅助手柄,用于从内部开启舱门时方便移离舱门。

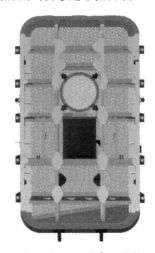

图 10-46　后应急门结构

1) 舱门密封

根据应急出口为向内开启的堵塞式舱门的结构特点,选用 Ω 形橡胶密封组件(图 10-47)。中空 Ω 形橡胶密封带向货舱一侧间隔一定距离布置有通气孔,在货舱充压时,被动充气,达到气密目的。密封带的预压缩量也保证了舱门的水密要求。此外,为了便于密封带在舱门上的固定和安装,在此密封带的结构形式上增加了与舱门相连接的底座。

密封带选用了硅橡胶,硅橡胶具有优异的耐候性、憎水性、生理惰性、与金属无接触腐蚀、使用温度为-55~50℃、使用和储存寿命长等特点,硅橡胶硫化后除具有优异的耐高、低温、耐臭氧和大气老化性能。

2) 观察窗结构

在舱门结构上设置观察窗,用来采光和在应急开启舱门时观察飞机舱内/舱外的情况。

根据后应急门机构和结构布置,观察窗布置在舱门结构 1 号纵梁、2 号纵梁、1 号横梁、3 号横梁之间。观察窗有效透光区域为 ϕ140mm。

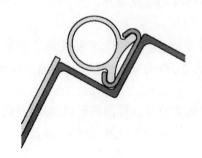

图 10-47　密封带组件及其截面形式

后应急门观察窗由外层玻璃、内层玻璃、密封件、观察窗窗框、弹簧夹、弹簧夹支座等零组件组成,如图 10-48 所示。

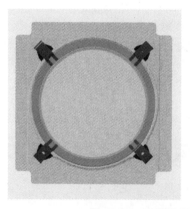

图 10-48　观察窗结构

2. 后应急门机构

后应急门机构主要包括锁机构组件、手柄组件和弹簧助力器组件等,如图 10-49 所示。

锁机构组件由插销锁(4 把)、连杆、摇臂、可调拉杆、驱动摇臂构成。手柄组件包括内手柄、外手柄和手柄轴等。舱门插销锁机构通过联动的内、外手柄操纵,外手柄安装在手柄盒中,手柄盒部位为活动气密线。

1) 后应急门锁机构

后应急门锁机构由插销组件、连杆、可调拉杆、摇臂等组成。

插销和摇臂通过连杆连接,插销杆直径为 14mm,材料采用 30CrMnSiA。连杆材料为2A12,摇臂材料为7050-T7451。在摇臂上设置凸台,在解锁状态时,与结构支座上的限位螺钉相接触,避免摇臂在运动过程中超过死点位置,使得插销脱落,如图10-50所示。

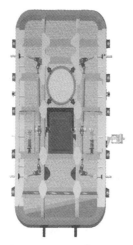

图10-49 后应急门机构

图10-50 摇臂限位示意图

上部可调拉杆组件采用钢接头和铝管的组合形式,连杆材料选用2A12,与钢制接头通过半圆头铆钉HB6230-4连接。钢制接头和单耳接头分别采用左旋和右旋螺纹,可以调节拉杆长度。长度调整完毕后,单耳接头杆部有锁紧螺母,打保险丝固定。单耳接头上有加工螺纹,是主要的机构承力零件,材料采用30CrMnSiA。

下部可调拉杆组件采用钢接头和钢管的组合形式,两端接头分别采用左旋和右旋螺纹,可调节拉杆长度,长度调整完毕后使用锁紧螺母用保险丝固定。

舱门关闭上锁状态4个插销伸出,与固定安装在门框上的滚轮挡块组件接触,限制舱门向内开启运动。开启锁机构,通过操纵手柄,克服锁机构连杆与摇臂铰接位置的过挠度死点,插销收缩运动至与固定安装在门框上的滚轮挡块组件脱离,舱门可以向内运动。

2)手柄组件

手柄组件包括内手柄、外手柄、手柄轴等,如图10-51所示。手柄布置在1号纵梁、2号纵梁、2号横梁、3号横梁之间,外手柄安装在手柄盒中。手柄通过手柄轴与驱动摇臂、弹簧助力器连接。

手柄轴分为两段,左右对称。外手柄和手柄轴通过花键连接,内手柄和手柄轴通过手柄轴以螺栓固定连接,手柄轴和驱动摇臂采用螺栓固接,从而实现内、外手柄联动。手柄轴上的两个螺栓孔和花键之间存在一个固定的角度,该角度

图 10-51　手柄组件

可由机构工装保证。内、外手柄为 7050-T7451 铝合金机加工成型零件,手柄轴采用 30CrMnSiA 机加工件。

图 10-52 为手柄关闭状态及开启中间状态及开启状态。

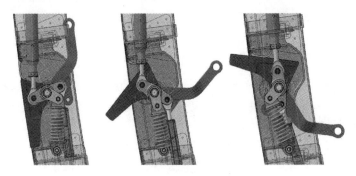

图 10-52　手柄开关闭状态开启中间状态及开启状态

(a)关闭状态;(b)开启中间状态;(c)开启状态。

3) 弹簧助力器

弹簧助力器由压缩弹簧、助力器内筒、助力器外筒组成,上部通过摇臂铰接在手柄轴上,下部通过支座铰接在 3 号横梁上,如图 10-53 所示。

图 10-53　弹簧助力器

214

舱门锁机构关闭状态和开启状态时,压缩弹簧对手柄轴形成扭矩,保持舱门锁机构始终处于关闭或开启状态。在开启关闭的操纵过程中,调节控制手柄力。

10.4 货舱门实例分析

10.4.1 侧货舱门实例分析

图 10-54 是某货运飞机侧货舱门开口剖面图,该侧货舱门开口位于前机身左侧、地板以上,要求装卸的最大参考货物高×宽为 2235mm×2540mm 的标准集装箱。侧货舱门向外、向上打开,要求舱门在最大开度时下缘距离集装箱顶面的距离不小于 100mm。

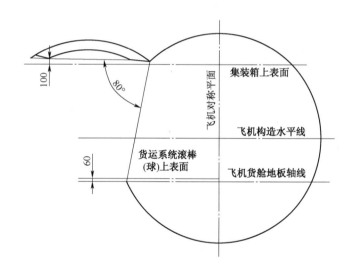

图 10-54 侧货舱门最大开启角度

1. 侧货舱门的组成

飞机侧货舱门主要由门体结构、舱门作动机构、锁机构、锁键机构、开启手柄机构、压力释放机构、到位机构、对中机构等零部件组成(图 10-55)。

(1)门体结构:主要由框缘、承力隔框、纵向加强组件、内/外两层蒙皮、密封件、机构接头、锁机构观察窗、连接铰链等零部件组成。当舱门处于关闭状态,锁机构安全上锁后结构主要承受飞机气密载荷,同时参与承受机身环向载荷。

(2)舱门作动机构:用于舱门打开或关闭,根据飞机的几何空间、货舱门的大小、重量、载荷情况、舱门开启角度等因素有多种布置形式。方案采用舱门顶部铰链位置两侧作动筒同步驱动的作动方式,由固定在货舱门上部两侧的固定接头、固定在机身上的固定接头、两个同步运动的带内部机械锁的舱门作动筒构成。

（3）锁机构:侧货舱门锁机构的作用是当货舱门处于完全关闭状态时将其可靠地锁定。由于货舱门尺寸相对较大,通过初步载荷估算,同时参考波音飞机的成熟经验,总共布置了 10 把锁,其中货舱门下缘均匀布置了成组的 4 对共 8 把锁,两侧中间位置各布置 1 把锁。10 把锁通过扭力轴和连杆连接,用一个液压作动筒驱动,实现锁机构的解锁和上锁动作。当锁机构上锁后扭力轴和拉杆不受力,10 个凸轮式锁钩与连接铰链将侧货舱门上的气密载荷传给机身。

（4）锁键机构、手柄机构、压力释放机构:为了保证锁机构的安全可靠,预防由于误操作而导致意外解锁,对应于货舱门下缘的 8 把锁,各设置 1 个扇形锁键,当锁机构上锁后,扇形锁键将 8 个凸轮式锁钩顶死在上锁位置;侧货舱门在地面需要打开时,必须先打开扇形锁键,然后液压系统供压,通过锁作动筒的作用,带动凸轮式锁钩转动解锁;为此,设置与扇形锁键联动的手动开启手柄机构,手柄机构分机内手柄和机外手柄两部分,可实现从飞机内部和外部打开扇形锁键,内外手柄联动;在地面开启侧货舱门时,如果货舱内压力比舱外压力大,当锁机构打开后货舱门在飞机内外压差的作用下可能会突然弹出,造成意外的损失或事故,因而在货舱门上设置一个小的压力释放舱门(也称泄压门),泄压门与开启手柄联动,当开启手柄打开的时候,释压门同步打开,平衡飞机货舱内外压力,保证侧货舱门安全打开。

（5）到位机构、对中机构:侧货舱门上锁工作状态承受比较大的气密载荷,门体结构密封件设计有一定的压缩量。在关闭侧货舱门的过程中当门体结构密封件碰到门框的时候,仅凭锁作动筒的驱动难以实现门体结构密封件的预定压缩量而顺利安全上锁。为了保证锁机构的顺利上锁,在侧货舱门两侧下部设置到位机构,根据初步布置,设置两套到位机构,各由一个液压作动筒驱动,两套机构同步动作,当门体结构密封件碰到门框的时候,到位机构动作,先将货舱门拉紧到完全关闭状态,然后锁机构上锁,锁机构上锁后到位机构作动筒卸压,到位机构不受力。由于侧货舱门尺寸比较大,在外场,尤其是在侧风情况下,舱门可能出现一定的变形,而锁机构配合精度要求比较高,有可能出现锁机构由于错位而无法顺利实现上锁,为此设置对中机构,保证锁机构在上锁前所有的锁钩与锁销完全对正。在设计中,可以考虑将对中机构与到位机构合并为一套机构或者单独设计对中机构。

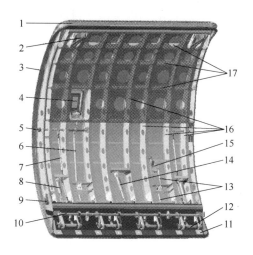

图 10-55　侧货舱门基本结构

1—门体铰链;2—侧货舱门开启机构作动筒接头;3—门体密封件;4—泄压门;
5—侧货舱门侧部锁钩;6—泄压门传动拉杆;7—锁机构可调拉杆;8—到位机构作动筒;
9—到位机构偏心锁钩;10—扇形锁键组件;11—锁机构观察窗;12—下部锁钩组件;
13—手柄机构传动拉杆;14—锁作动筒;15—手柄机构;16—承力隔框;17—纵向加强件。

2. 侧货舱门密封

大中型运输机侧货舱门开口比较大,承受着相当大的气密载荷,在货舱门门体结构的设计中,密封件的设计是关键的技术之一。对于具体的飞机,需要根据其受力状态和承受的最大载荷情况,进行气密载荷计算,结合选择的密封件材料特性,确定密封件压缩量和密封结构形式。

在方案的设计中,采用了如图 10-56 所示的结构形式。图中箭头表示气密载荷作用方向。

脚形橡胶密封型材通过密封型材固定连接在门体结构上,在门框上固定连接着与脚形橡胶密封型材配合的角形板弯件,当货舱门关闭时,脚形橡胶密封型材 A 面与固定在门框上的角形板弯件上表面贴合,随着货舱门的进一步关闭,脚形橡胶密封型材压缩直至设计要求的压缩量。从图 10-56 中气密载荷作用线可以看出,当货舱门承受飞机气密载荷时,脚形橡胶密封型材始终是向着更进一步压缩的方向变形,从而达到飞机气密的作用。

在侧货舱门密封结构设计中,门体上部与机身结构铰链连接,对铰链部位的密封结构设计要给予足够的重视,同时考虑采取必要的防雨漏水措施。

在侧货舱门上部与机身结构铰链连接的部位,为了实现飞机气密,密封结构沿着径向向内偏移,绕过铰链位置,实现在铰链内部密封,同时为了防止雨水进

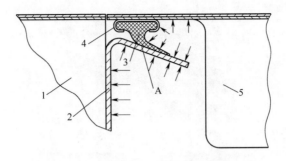

图 10-56 侧货舱门门体密封结构简图

1—门框结构;2—固定在门框上的角形板弯件;3—脚形橡胶密封型材;

4—密封型材固定连接件;5—门体结构。

入飞机货舱,在侧货舱门上部连接铰链和密封结构之间设置防水漏雨装置,如图 10-57 所示。

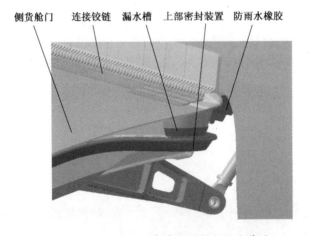

图 10-57 侧货舱门上部密封结构与防水装置

防雨漏水装置安装在侧货舱门上部密封结构与连接铰链之间,为柔性橡胶零件,上部与机身结构连接,下部与货舱门连接,当货舱门处于关闭状态时,从连接铰链处渗漏水被防水漏雨装置收集并通过上部密封结构处的漏水槽流向机体外,有效地防止水进入飞机货舱内部。

10.4.2 B787 飞机货舱门实例分析

图 10-58 为 B787 飞机主货舱门,该舱门为向外向上翻转开启的非堵塞式舱门,手动解锁,液压驱动解闩和开启。该舱门除承受气密载荷外,还承受轴向和剪切的飞行载荷。

218

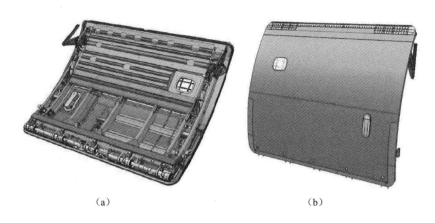

| (a) | (b) |

图 10-58　B787 飞机主货舱门

该舱门通过上部的琴键铰链与机身相连。5 个 C 型闩可旋转,并与机身上对应的销轴啮合将舱门闩定在关闭位。

1. 货舱门结构

B787 飞机主货舱门结构如图 10-59 所示,其外蒙皮、纵梁、隔框和边框为 CFRP-BMS 8-276 碳纤维增强复合材料。纵梁、隔框和边框通过紧固件连接到外蒙皮上。底部的梁选用 7050-T7451 机加工件。琴键铰链及其链接销和各支座材料为 15-5PH。闩轴支座选用 Ti-6Al-4V。

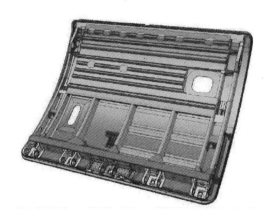

图 10-59　B787 飞机主货舱门结构

2. 货舱门机构

B787 飞机主货舱门的机构包括开门机构、内移机构、闩机构和锁机构,如图 10-60 所示。其中,提升机构、内移机构和闩机构通过液压动力驱动。锁机构为手动操作。

开门机构由两套线性的液压作动器驱动。该机构将作动器的直线运动转化为舱门绕铰链轴的旋转运动,实现舱门的开启和关闭。当舱门完全打开到位后,作动器内的锁将舱门锁定。

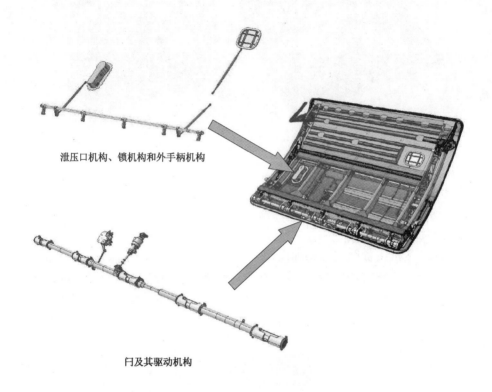

泄压口机构、锁机构和外手柄机构

闩及其驱动机构

图 10-60 B787 飞机主货舱门机构

内移机构位于舱门底部的前侧和后侧,为两套独立的机构,由两套线性的液压作动器驱动。通过与安装在门框上的销轴协调作用,内拉或外推舱门,进而辅助开门机构进行舱门开启或关闭。

闩机构主要包含 5 个有万向轴连接的 C 形闩,通过独立的液压作动器驱动。闩可沿着支持轴套做轴向移动,从而避免闩承受轴向载荷。环状的闩能够排除任何驱使闩从完全上闩位解闩的力。同时,闩驱动器内部的抑制装置能够安全地将闩保持在完全上闩位。

锁机构由外手柄、锁轴、扇形锁键(5 个)、泄压门、摇臂和拉杆组成。5 个扇形锁与对应的闩凸轮啮合,上锁时确保将闩限制在完全上闩位;同时,保证在泄压门未开启时,舱门机构解闩。

该舱门机构主要零件选用的材料:锁轴、扇形锁键和闩凸轮为 15-5PH;闩的扭力管为 4330。

10.4.3　伊尔 76 飞机后货舱门实例分析

伊尔 76 飞机是军用运输机的典型代表,其后货舱门设计很有特色。其后货舱门位于飞机机身尾段下部,用于装卸货物。货舱门由密封舱门、装卸台和中舱门及两个侧舱门组成,如图 10-61 所示。

在货舱门打开时,装卸台往下放,密封舱门向后上方抬起并停在水平位置上,中间舱门向上抬起,而侧面舱门向外打开。货舱门所有部分的传动是电控液压式。货舱门由领航员操纵台以及空降设备空中机械师前后操纵台控制,按一定顺序自动打开和关闭。此外,在接通领航员操纵台和驾驶员操纵台上的空投货物应急转换电门时,可以打开货舱门(与登机门联动),在自动打开货舱门程序中,装卸台到水平(零)位置。为了装载不同外形尺寸和种类的货物,装卸台可以自主放到地面和水平位置以下的各中间位置。在货舱门自动关闭程序中,装卸台可以从水平位置、地面或其他中间位置抬起。地面装备可以通过悬挂于装卸台后端框上的货桥进入。

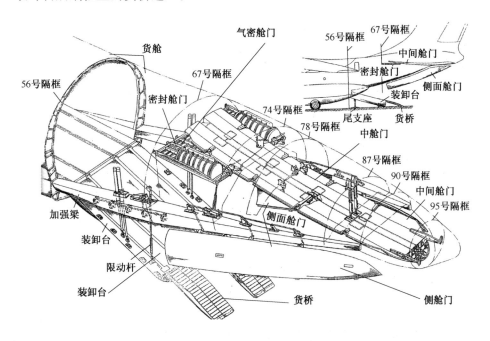

图 10-61　伊尔 76 飞机后货舱门结构

10.4.2.1　中舱门

中间舱门是货舱门的一部分并与其他部分按一定程序协同工作。当货舱门在关闭位置时,中间舱门处于放下位置,靠在装卸台上并由关闭位置锁与侧面舱门连接。在货舱门打开时,中间舱门抬起并被打开位置锁锁住。

1. 中舱门结构

中舱门为铆接结构,有两个大梁和一组横隔板组成(图 10-62),上面包有内外蒙皮。内蒙皮设置较多的可拆卸口盖,以便于结构内部的机构安装和维护。舱门长约 10m。舱门靠两个支架悬挂在 95 号隔框上,每一个舱门悬挂支架是一个悬臂梁,安装在大梁平面上。舱门上装有 8 个舱门关闭位置锁,锁的位置是对称的,每边 4 个。锁的传动装置装在舱门里边。在舱门打开和进入打开位置锁时,为了消除舱门摆动,以保证锁环进入锁中,在舱门两面装有导向装置,每一个导向装置有门上的滑轮和 74 号隔框上的导板组成。

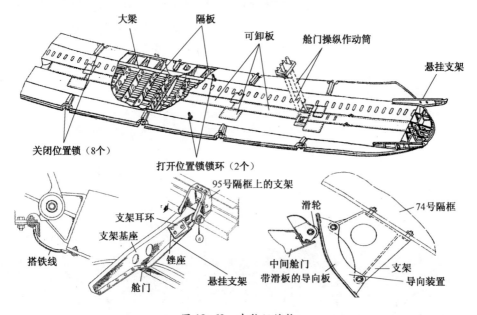

图 10-62　中舱门结构

在舱门前端中部装有对中支座,在装卸台的对应位置装有限动支座,用于限制舱门的左右位移;中舱门前端还装有限动螺栓,舱门关闭时,螺栓搭靠在装卸台上,用于消除舱门间的阶差。中舱门对中结构如图 10-63 所示。

2. 中舱门机构

1)中舱门关闭位置锁及其传动装置

锁用于货舱门关闭时,保证侧面舱门与中间舱门的可靠连接。锁由壳体(有两个夹板)、锁钩、主动和中间摇臂、钩环、锁钩摇臂和锁键组成。锁传动装置有四个锁操纵作动筒和传动系统组成(图 10-64)。

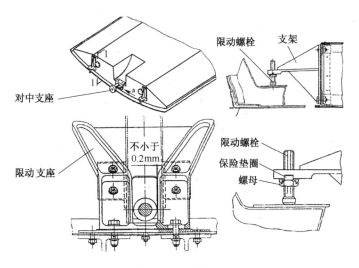

对中支座
限动螺栓 支架
限动支座
不小于
0.2mm
限动螺栓
保险垫圈
螺母

图 10-63　中舱门对中结构

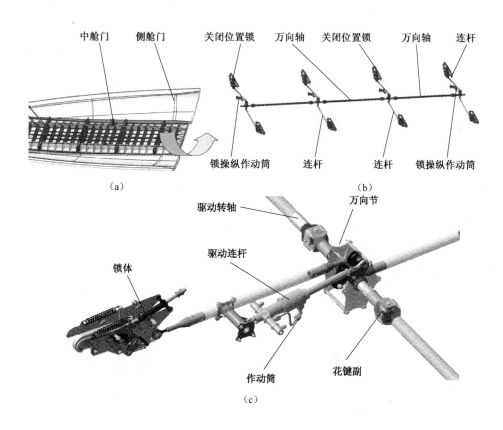

中舱门　侧舱门　关闭位置锁　万向轴　关闭位置锁　万向轴　连杆

锁操纵作动筒　连杆　连杆　锁操纵作动筒

（a）

（b）

驱动转轴　万向节

驱动连杆

锁体

作动筒　花键副

（c）

223

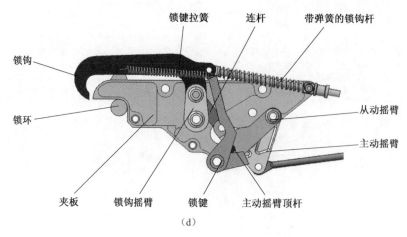

图 10-64　中舱门关闭位置锁及其传动装置

2) 中舱门打开位置锁及其打开机构

中舱门打开位置锁将中舱门锁定在打开位置,打开位置锁安装于机身 78 框上,对称两把,由两个液压作动筒通过一根驱动轴同时驱动。锁环安装于舱门结构大梁上,锁环可在垂向前后 2.5°范围内摆动,锁夹板设计捕捉口,以保证在机身和舱门变形情况下舱门能够准确、可靠上锁。每一个锁由壳体(有两个夹板),锁钩及带弹簧的锁键组成。锁键将锁钩控制在锁闭位置并互相间由轴连接。锁的锁闭是靠舱门钩环压在锁钩上(在舱门打开时)和锁键在弹簧作用下转动。锁的打开是靠装在支架上的两个作动筒(图 10-65)。

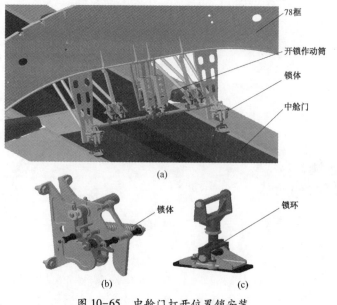

图 10-65　中舱门打开位置锁安装

10.4.2.2　侧舱门

侧舱门左右对称,主要包括舱门结构和收放机构等组件,货舱门在关闭位置时,侧面舱门与中间舱门由关闭位置锁连接。货舱门打开时,侧面舱门向外偏转60°~65°角并由操纵液压作动筒控制在打开位置上。每一侧面舱门有单独的传动装置(图 10-66)。

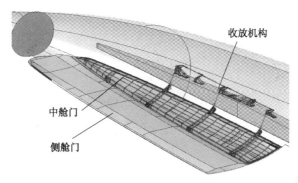

图 10-66　侧舱门安装

1. 侧舱门结构

侧面舱门是铆接结构(图 10-67),由两个纵梁及多个隔板框形成,舱门内外盖有蒙皮,蒙皮由长桁加强。侧舱门布置 3 个铰链。侧舱门尺寸较大、刚度较弱,为补偿在机身上的安装时侧舱门的变形,以及机身和舱门变形对舱门运动的影响,中部铰链臂采用固定形式,前后铰链臂为前后可活动形式。

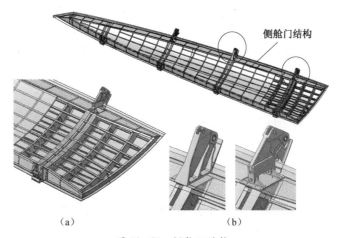

（a）　　　　　　　　　　（b）

图 10-67　侧舱门结构

2. 侧舱门收放机构

侧舱门收放机构为串联的四连杆机构组合而成(图 10-68),在舱门打开后,由液压系统内置液压锁锁定,收放机构要承受舱门打开过程中以及打解锁定后舱门上的载荷。三个铰链驱动点运动的同步性和各拉杆的抗压缩失稳是侧舱门机构设计计算关注的重点。

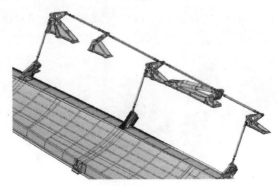

图 10-68　侧舱门收放机构

10.4.2.3　装卸台

装卸台是货舱地板的偏转部分和货舱门的一部分,亦称斜台。其收放靠加强梁上四个液压作动筒操纵。在关闭位置时,装卸台被 10 把锁锁住(左、右各 5 把)。在打开位置时,装卸台由两根限动杆控制或撑在地面上。装卸台配有四块机械化跳板(货桥)。装卸台前端固定有尾撑支座,平时尾撑支座放入装卸台中;装卸货物时支撑于地面,防止飞机向尾部翻转。

1. 装卸台结构

装卸台的骨架由纵向梁和横向隔框组成,外侧附有蒙皮,上表面为货运地板,下蒙皮有边框加强。装卸台靠两个铰链支座悬挂在 56 号隔框上。在装卸台上表面两侧各有 5 个装卸台锁接头。在装卸台与密封门的结合处(在货舱门关闭时)的货运地板上带有 6 个带轴凹槽,密封门抓钩插入槽里。在装卸台下部有 4 个小舱:在装卸台关闭时,4 个跳板(货桥)收入其中。在装卸台后端下部有尾翘支座,是装卸台的后部支点,同时在飞机大迎角着陆时,作为机身尾部的限制座。

2. 装卸台机构

1）装卸台锁机构及传动装置

装卸台锁机构是将装卸台锁闭在关闭位置。装卸台每面的锁传动装置是独立的,也就是右侧锁的传动装置与左侧锁在机械上没有联系,每一传动装置都在装卸台外面,并固定在加强梁上。传动装置由液压作动筒和传动系统组成。

2）装卸台收放机构及限动杆

装卸台收放作动筒安装于机身开口边梁上,每侧两根,采用万向节副悬挂,以补偿安装、机身变形,如图 10-69 所示。

限动杆用于将装卸台控制在水平(零)位置与偏转到水平位置以下11°之间的任何位置。限动杆与斜台随动,移动球形限位器,使斜台悬停在指定位置。

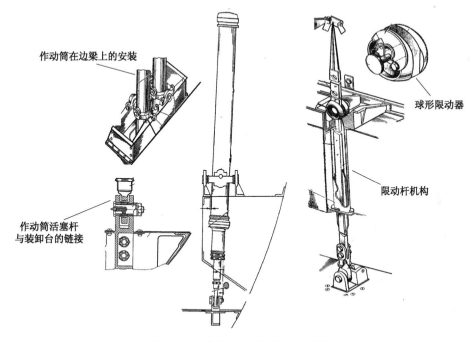

图 10-69　装卸台收放机构及限动杆

3）装卸台趾板

装卸台趾板安装在装卸台后端,作为装卸台的延伸,是货桥的一部分。在装卸台和趾板同时放到地面时,能够提供轮式装备、人员出入货舱的坡道。趾板能够在工作位置机械化收起或放下。趾板可快速拆装,在执行空投空降任务时,趾板安放装卸台结构内部(图 10-70)。

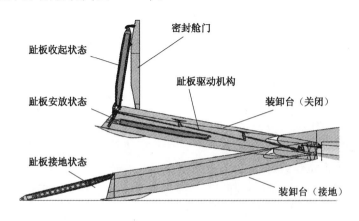

图 10-70　趾板驱动机构

227

10.4.2.4 密封舱门

密封舱门位于机身67框,与67框一起构成货舱的后气密端面,是平板式气密舱门,主要包括门体结构、收放机构、上位锁机构等组件(图10-71)。

密封舱门在关闭位置,承受气密载荷,通过其上部铰链臂和下部固定锁夹分别传给67框和装卸台地板。密封舱门向后向上定轴旋转打开,打开后由密封舱门上位锁锁定在水平位。

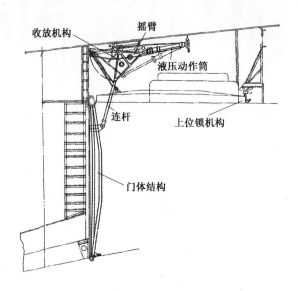

图 10-71 密封舱门

1. 密封舱门结构

密封舱门结构主要包括蒙皮、主梁(6根)、辅梁(5根)、上横梁、下横梁、收放连杆接头,以及铰链臂(6个)和固定锁夹(6个)等。6个铰链臂与67框铰链支座连接。6个固定锁夹与装卸台地板上的锁环啮合。密封舱门的气密承载相当一个两端铰支承受均布载荷的双支点梁(图10-72)。

2. 密封舱门机构

1)密封舱门收放机构

密封舱门收放机构为液压作动筒驱动的平面四连杆机构,机构平面位于舱门对称平面内(图10-73)。

2)密封舱门上位锁机构

密封舱门上位锁锁定舱门于水平位置,锁机构安装在74框,一套驱动机构通过两根钢索可保证对两把锁的同步驱动。锁环设计为可在前后2.5°范围内摆动,以补偿机身的变形,保证能够准确可靠地上锁(图10-74)。

228

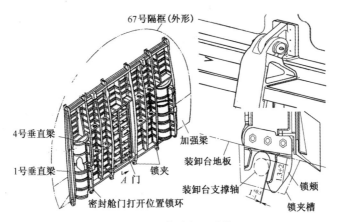

图 10-72　密封舱门结构

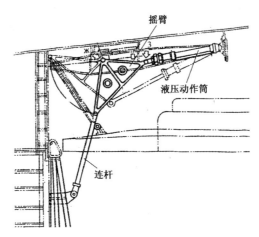

图 10-73　密封舱门收放机构

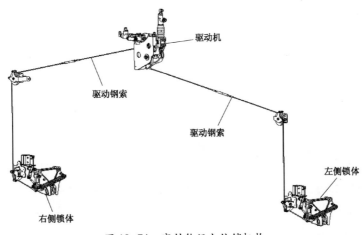

图 10-74　密封舱门上位锁机构

229

10.4.2.5 后货舱门运动顺序

后货舱门通过液压、电气实现逻辑联动操作,开启关闭的运动顺序见表10-1。

表 10-1 后货舱门运动逻辑顺序

序号	开启顺序	关闭顺序
1	关闭位置锁解锁	密封舱门上位锁解锁
2	左、右侧舱门打开	密封舱门关闭
3	中舱门打开	装卸台关闭
4	中舱门上位锁上锁	装卸台锁上锁
5	装卸台锁键打开	装卸台锁键关闭
6	装卸台锁解锁	中舱门上位锁解锁
7	装卸台打开	中舱门关闭
8	密封舱门打开	左、右侧舱门关闭
9	密封舱门上位锁上锁	关闭位置锁上锁

10.5 起落架舱门实例分析

起落架舱门是为起落架舱开口区提供气动整流和遮蔽效用的非气密舱门。根据所配套起落架功能分为前起落架舱门和主起落架舱门,完整的功能由舱门本体结构、收放机构和锁止机构协调实现。以下对某运输飞机主起落架舱门进行相关分析。

10.5.1 主起舱门结构

主起落架舱门位于主起落整流罩中下部。左右分为内外侧,航向分为3段,单段航向长度为1650mm,宽度约为1000mm,内侧曲率相对较小,外侧舱门曲率相对较大,如图10-75所示。

主起舱门结构形式类似,主体为常规金属结构,由内、外蒙皮加骨架组成封闭式盒形结构,舱门由转轴铰链接头和操纵接头约束,使得舱门在闭合和开启时保持稳定。舱门内形面因为需与主起机轮协调,设置有不同程度的压窝,对整体

230

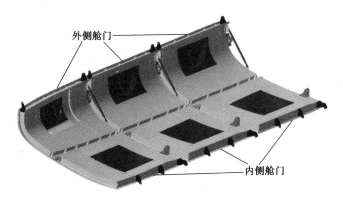

图 10-75　某运输机主起舱门

结构刚度有一定影响,且此处内蒙皮因工艺性考虑采用复材制件。骨架由较强的上、下纵梁以及前、后端框和内部维形骨架件组成。根据舱门曲率不同,对曲率较大的外侧舱门设置了局部刚度加强拉杆,而内侧舱门由于相对较为平直,无法设置此类加强,如图 10-76 和图 10-77 所示。

图 10-76　主起外侧舱门

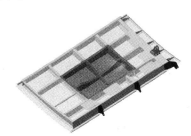

图 10-77　主起内侧舱门

10.5.2　主起舱门收放机构

　　起落架舱门收放机构一般分为联动和非联动两类,选择依据以具体限制条件为准。某型号舱门收放机构运动空间必须与图 10-78 所示起落架的收放空间协调,留出空间运动间隙 5~10mm,因而布置收放机构的空间非常有限。受限于具体型号条件,舱门收放机构支撑点选择在主起支架上,舱门收放机构不与主起收放机构全联动,仅应急半联动,且每段舱门对应一套独立的收放机构。

　　主起落架舱门收放机构如图 10-79 所示。三段舱门的收放机构包括前舱门收放机构、中舱门收放机构和后舱门收放机构。前中舱门收放机构布置方案完全相同。后舱门收放机构根据舱门转轴进行调整,与前中舱门机构稍有区别。

　　收放机构包括收放作动筒、内侧拉杆、大摇臂、中间拉杆、小摇臂、外侧

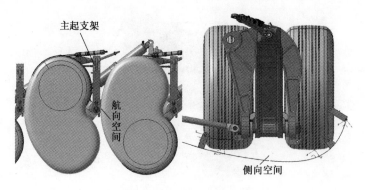

图 10-78　舱门机构可利用空间

拉杆和上位锁等部件。舱门收放机构用中间拉杆将内外侧舱门机构联动，属于平面连杆机构。收放作动筒安装在机身框耳片上，控制内外侧舱门打开关闭，并设有卡环锁，保证内外侧舱门保持在打开位置，上位锁安装在起落架支架上，通过将大摇臂锁死从而保证收放机构及舱门保持在收上位置，并承受舱门气动载荷。因而本型号主起落架舱门的锁止机构融合入收放系统中，由机构上位锁保证舱门关闭位置的锁止，舱门作动筒卡环锁保证舱门开启位置的锁止。

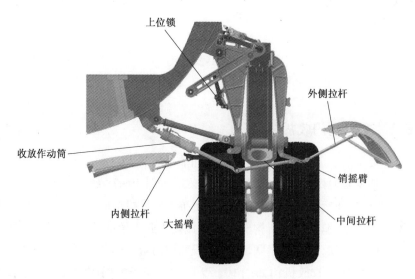

图 10-79　主起落架舱门收放机构

　　舱门机构上位锁结构如图 10-80 所示，包括锁环、滚轮、锁键、锁壳、解锁作动筒、锁键拉簧、锁环扭簧、应急放摇臂、应急放顶块和应急放拉簧等部件。

　　舱门机构上位锁上锁原理如图 10-81 所示。大摇臂绕其转轴转到开始上

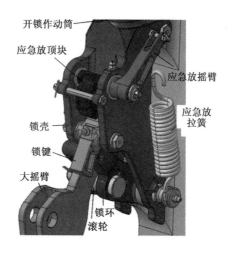

开锁作动筒

应急放顶块

应急放摇臂

锁壳

应急放
拉簧

锁键

大摇臂

锁环
滚轮

图 10-80　舱门机构上位锁结构

锁位置,后圆弧面接触到锁环滚轮上,接触点的法线方向即接触力的方向,与转轴有一定夹角,则会对锁环转轴产生向下转矩,促使锁环向下运动至上锁位置。此时,解锁位置锁键在锁键拉簧作用力下滑至上锁位置。锁键圆弧面与锁环圆弧面接触顶死,此时大摇臂前圆弧面与锁环圆环面接触,则上位锁将大摇臂锁死。

舱门机构上位锁解锁原理如图 10-82 所示,分为正常解锁和应急解锁两种程序。

（1）正常解锁:

解锁作动筒由正常液压源驱动活塞杆顶开上锁位置的锁键至解锁位置,此时锁键与锁环留有一定间隙,锁环在扭簧和摇臂分力矩的作用下滑至解锁位置,摇臂脱出解锁位置。

（2）应急解锁:

① 应急液压解锁:解锁作动筒由备份应急液压源驱动活塞杆顶开上位位置锁键至解锁位置,其余如正常解锁。

② 机械应急解锁:由钢索驱动应急放摇臂顶块顶开上锁位置锁键至解锁位置,其余如正常解锁。

舱门收放机构及锁止机构动作逻辑顺序分为舱门开启和舱门关闭两种,还有应急放情况下的特殊逻辑顺序。

（1）舱门开启:

① 舱门操纵系统接收舱门开启信号;

233

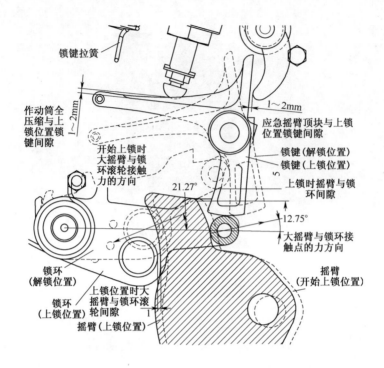

图 10-81 舱门机构上位锁上锁原理

② 舱门机构上位锁开启；

③ 舱门收放作动筒加压至指定压力值；

④ 舱门在机构作用下平缓开启至作动筒行程控制位置；

⑤ 舱门收放作动筒卡环锁上锁，将舱门保持在当前开启角度；

⑥ 舱门收放作动筒泄压。

（2）舱门关闭：

① 舱门操纵系统接收关闭舱门信号；

② 舱门收放作动筒卡环锁解锁；

③ 舱门收放作动筒推动舱门向关闭位置动作；

④ 舱门机构上位锁上锁并传递信号；

⑤ 舱门收放作动筒泄压。

（3）应急放：

① 应急放系统开启舱门机构上位锁；

② 舱门收放作动筒根据应急程序进行工作推动舱门运动；

③ 舱门收放作动筒行程达到设定值；

④ 舱门卡环锁上锁，舱门开启完毕。

234

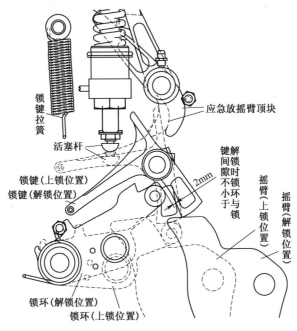

锁键拉簧

应急放摇臂顶块

活塞杆

键解锁时锁环不锁与锁间隙不小于

锁键(上锁位置)
锁键(解锁位置)

2mm

摇臂(上锁位置)

摇臂(解锁位置)

锁环(解锁位置)
锁环(上锁位置)

图 10-82　舱门机构上位锁解锁原理

10.6　内部舱门实例分析

在飞机结构中,内部舱门主要用于各舱段之间的隔离使用,防止相互干扰或满足安保要求。运输类飞机中,常用的有驾驶舱舱门、盥洗室门和机组休息室门等。相对于驾驶舱舱门,盥洗室门和机组休息室门功能单一,设计相对简单,本节不再赘述。驾驶舱舱门位于驾驶舱与客舱(或货舱)分隔框上。相对于军用运输机,民用飞机的驾驶舱舱门设计更加复杂,民用飞机驾驶舱舱门必须具备防劫机功能,还应具备应急泄压与驾驶舱乘员应急撤离功能。下面以民机驾驶舱舱门进行实例分析。

10.6.1　驾驶舱舱门概述

根据 FAR25 第 127 修正案的要求,民用飞机应设计有驾驶舱防护系统,防止驾驶舱被入侵和被子弹穿透,因此驾驶舱舱门及其所在的隔框应具有防劫机功能。某民用飞机驾驶舱门的布置如图 10-83 所示。

防劫机门系统主要包含防劫机门结构、电子锁、密码输入板、飞行员控制器、控制系统、门铰链和应急出口等(图 10-84)。门及电子锁满足防冲击要求,以阻止

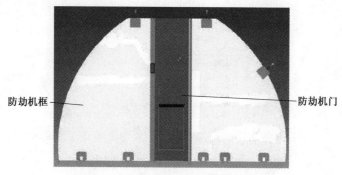

图 10-83　某民用飞机驾驶舱门的布置

未经许可人员的暴力入侵。门上方设计有观察孔,用于飞行员对防劫机门后部范围进行观察。客舱一侧的密码输入板,用于正常情况和紧急情况人员的进出。

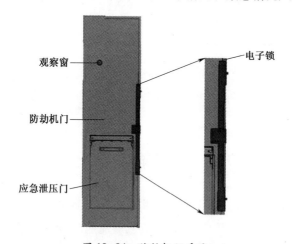

图 10-84　防劫机门系统

10.6.2　电子锁

防劫机门共安装两把(或三把)电子锁,并通过厚铝板进行防弹保护,钢质锁销则设计能承受超过 5000(bf),以及 300J 冲击载荷试验中所施加的力。

电子锁可以通过驾驶舱内的门把手打开,而客舱一侧的门把手则不能打开。电子也可通过锁内的螺旋线圈提供的电磁力控制锁销位置实现开闭:当螺旋线圈通电时,弹簧处于伸长状态,锁销被退出,防劫机门处于锁紧状态;当螺旋线圈断电时,弹簧和锁销收回锁体内,此时电子锁提供轻微的力,将防劫机门维持在关闭状态,此时可以从客舱一侧进入。

电子锁安装在驾驶舱一侧,电子锁通过控制系统与两套压力传感器连接:第一套压力传感器安装在风挡玻璃附近、飞行员之前的位置,当发现有泄压情况,

236

将发出电子信号,将电子锁置于不锁定状态,此状态允许门在泄压情况下被打开;第二套压力传感器布置在门柱上,朝向客舱一侧,用于提供客舱压力数据,控制器通过两套压力系统数值差异更快地判断是否处于泄压情况。电子锁示意如图 10-85 所示。

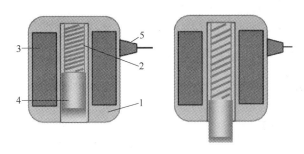

图 10-85　电子锁示意

(a)电子锁断电状态(弹簧处于自然状态);(b) 电子锁通电状态(弹簧处于伸长状态)。

1—锁体;2—弹簧;3—螺旋线圈;4—锁销;5—接线座。

电子锁控制系统(图 10-86)主要包含两个控制单元:

(1) 电子进入系统(密码输入板)安装在客舱一侧门柱上,用于机组人员获取进入驾驶舱的许可。

(2) 飞行员远程器、电源单元、对讲话筒和压力传感器 1 集成为控制盒并安装在中央操作台上,控制盒还集成了控制系统,对压力传感器数据进行分析,对飞行员控制器和密码输入板指令进行分析,并控制电子锁的开关。

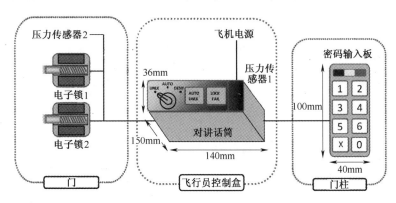

图 10-86　电子控制系统

10.6.3　泄压保护

与防劫机门相关的泄压包含:驾驶舱泄压和客舱泄压。驾驶舱泄压时,尤其是类似风挡玻璃碎裂的情况,泄压瞬间大量的空气从客舱进入驾驶舱,防劫机门及防劫机框需承受极大的气压载荷。客舱泄压时,防劫机门及防劫机框也承受了气压载荷,由于仅有少量空气从驾驶舱进入客舱,通过门与门框、门框与机身、门框与地板的缝隙,基本可满足泄压要求,无须增加额外的泄压通道。因此,一般情况下防劫机门上设置的泄压门基本上是向驾驶舱泄压。

控制系统通过对比两套压力传感器瞬间大的数值变化判断是否发生泄压,当发生驾驶舱泄压时,控制系统将打开电子锁,电子锁打开初始时间设计值为不超过 3ms,通过气压在 25ms 内打开泄压门,以迅速平衡驾驶舱和客舱压力,防止驾驶舱防护系统被气压破坏。

10.6.4　应急出口

当防劫机门被卡死或其他紧急情况防劫机门无法打开时,飞行员需要通过应急出口进行撤离。应急出口位于防劫机门下部,并通过快卸锁安装在防劫机门上,因此可从驾驶舱一侧快速打开。应急出口与防劫机门的缝隙通过型材形成的凸缘进行填补。其尺寸应满足 CCAR-25.807(f) 要求,并具有和防劫机门同样的防弹功能和防撞能力。

10.6.5　控制逻辑

飞行员对防劫机驾驶舱舱门控制系统具有完全的控制权,其控制逻辑如下:

(1) 当有人需进入驾驶舱时,应在密码输入板中输入密码(3~8 位)。

(2) 若密码正确,则黄灯亮;若密码错误,则红灯亮。

(3) 若密码正确,同时飞行员控制盒 AUTO UNLK 灯亮,并发出声音提醒飞行机组有人申请进入,飞行员需决定允许或拒绝进入。若 15~120s(可设置)飞行员没有做出选择,防劫机门将自动允许打开。

(4) 若飞行员选择 UNLK,密码输入板上绿灯亮,防劫机门允许打开。

(5) 若飞行员选择 DENY,密码输入板上红灯亮,密码输入板将锁定 5~30min(可选)。

(6) 若防劫机门处于允许打开状态 5s 内未打开,将再次被锁上。

LOCK FAIL 显示用于提醒电子锁故障。

10.7　新型舱门实例分析

10.7.1　铸造舱门

铸造是航空制造业的关键技术之一,由于铸件内部晶体结构的松弛和铸造上难以避免的某些缺陷,使其冲击韧性和抗疲劳强度不如锻件高,因此铸件的应用受到一定限制。但随着铸造技术的提高,航空用铸造材料和铸造工艺技术的突破性进展,整体铸造舱门已经在航空工业取得应用。

1. 铝合金铸造舱门的应用

B757 飞机的电子设备检修门作为飞机结构的关键部件,用 D357 铝合金整体铸造,代替原来 113 个零件的组合,消除了 940 个紧固件,制造成本降低 35%。A300 飞机货舱门、A320 主起落架舱门、B757 飞机电子设备检修、B777 飞机电子舱入口门均为铸件舱门。如图 10-87 所示。

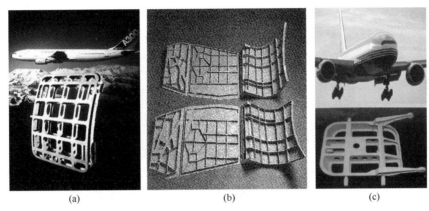

(a)　　　　　　　　　　(b)　　　　　　　　　　(c)

图 10-87　A300 飞机货舱门、A320 飞机主起落架舱门、B757 飞机电子设备检修门

(a)A300 飞机货舱门;(b)A320 飞机主起落架舱门;(c)B757 飞机电子设备检修门。

2. 波音公司铸造舱门研制

波音公司开展了 FAD、ASD 两种 B737 飞机舱门铸件研制,通过研制攻关,已研制出 FAD 舱门铸件,并在 FAD 舱门制造技术基础上进行了 ASD 舱门铸件的研制工作。完成课题"波音商用飞机铝合金舱门铸造技术开发"。FAD、ASD 两种舱门铸件(图 10-88、图 10-89)外形结构指标如下:

(1)FAD 舱门:外形尺寸 662mm×332mm×108mm;质量 4.26kg;整体壁厚 2mm;材质为国外 D357 铝合金材料。

(2)ASD 舱门:外形尺寸 1200mm×600mm×120mm;质量 8.9kg;整体壁厚 2mm;材质为国外 D357 铝合金材料。

技术指标包括:

(1)化学成分达到波音公司 BMS7-330C 标准要求。

(2)力学性能达到波音公司 BMS7-330C 标准要求,$R_m \geqslant 345MPa$,$R_{p0.2} \geqslant 276MPa$,$A \geqslant 5\%$。

(3)内部质量达到波音公司 BAC5652 标准要求。

（4）铸件尺寸精度达到波音图纸要求，尺寸公差达到±0.75mm。

（5）铸件表面粗糙度达到 C20～C40 要求。

图 10-88　B737 飞机 FAD 舱门铸件　　　图 10-89　B737 飞机 ASD 舱门铸件

3. 舱门铸件制造特点

舱门结构采用铸件形式，即是将原来由机械加工零件组合而成的部件改用一个铸件代替。这些铸件具有如下特点：

（1）复杂。轮廓结构复杂，存在厚薄断面过渡急剧、凹凸过渡突然等现象。

（2）薄壁。最小壁厚一般为 2 ～4mm，局部甚至 1mm 以下。这些薄壁部位往往是铸件的内腔部分，由复杂曲面构成，无法加工成型。

（3）精密。铸件内腔和外形一次成型，使其接近零件或部件的最终形状，实现加工或不加工。该方法称为近净形或近无余量铸造技术。

浇注时，由于铝合金铸件壁薄、充型面积大，因此导致散热面积大、冷却速度快、温度降低显著，使得液态金属黏度增大、黏滞力和表面张力增加，充填阻力增大，这就要求金属液在型腔中的平均充型速度比一般铸件要快。存在的问题：金属液的充型速度小会产生浇不足、冷隔等缺陷，从而无法得到完好的铸件；而充型速度过大将使充型过程不平稳、紊流加剧，甚至会产生金属液的飞溅裹气，形成氧化夹杂等缺陷。因此传统重力铸造难以满足要求，需采用特种铸造成型工艺。

4. 舱门铸造工艺方法

目前主要的铸造手段有重力铸造、反重力铸造、石膏型铸造和熔模制造等，如图 10-90 所示。重力铸造和反重力铸造都属于砂型铸造的范畴。对于复杂、薄壁、精密的整体铝合金铸件可采用砂型铸造、石膏型铸造、熔模精密铸造等。

1）重力铸造

重力铸造又分为一般砂型重力铸造和精密砂型重力铸造。砂型铸造成本极低，透气性好，铸件气孔、针孔少，不受铸件尺寸限制，可生产超大型铸件。对于复杂薄壁铝合金铸件，一般砂型重力铸造不具备优势，其不足之处如下：

（1）依赖于重力充型，充型速度低。

（2）砂型、砂芯尺寸精度低，组型、组芯过程易导致尺寸超差。

240

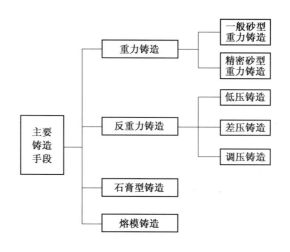

图 10-90　主要铸造手段

（3）表面粗糙度高。

2）反重力铸造

为提高铸件质量、扩大砂型铸件技术使用范围,近年来研究开发出了一些新的反重力砂型铸造技术,如差压铸造和调压铸造。

3）差压铸造

（1）差压铸造是在低压铸造基础上开发的一种铸造工艺,用于制造壁厚差异很大的薄壁零件。其优点如下：

① 充型速度可控。差压铸造既可调节铸型与坩埚内的压差值,又能控制铸型内反压力,故能避免重力及低压铸造时液流的冲击和紊流,获得平稳充型状态和最佳充型速度。

② 优质充型金属液。金属液从坩埚中心获得,由升液管输送到铸型,避免外来夹杂物和液面上方气体进入型内,从而保证最优质金属液充型。

③ 获得致密的铸件。差压铸造的补缩压力是低压铸造的4~5倍,金属液在较大压力作用下结晶和凝固,具有极强的补缩能力,凝固过程中形成的缩孔易被浇注系统、暗冒口内的金属液补缩;同时,可通过调节真空罩阀力增强铸型排气能力,大大减少侵入性、析出性气孔的数量,因此可明显减少大型复杂铸件的缩孔、缩松。

④ 加快凝固速度。压力下结晶可减少凝固时间20% ~ 25%,相应减少凝固期的变质衰退现象,晶粒也有所细化。

（2）调压铸造是在差压铸造基础上开发的一种铸造工艺,主要用于整体薄壁零件。不同的是,调压铸造不仅能实现正压的控制,还能实现负压的控制,对控制系统控制精度的要求更高。

3) 石膏型铸造

石膏型铸造可用以制成尺寸精度高、表面粗糙度及残留应力低的铸件。它具有许多其他铸型不具有的特点:

(1) 能精确复制模样,可使铝合金铸件的表面粗糙度值达 $0.8 \sim 3.2 \mu m$;

(2) 热导率低,薄壁部位易完整成型,最薄可铸出 0.5mm 的薄壁。

(3) 可用硅橡胶或硫化橡胶镶制作模样,制造形状复杂的铸件。

石膏型铸造缺点如下:

(1) 石膏型激冷作用差,当铸件壁厚差异大时,厚大处容易出现缩松、缩孔等缺陷。

(2) 石膏型透气性极差,铸件易形成气孔、呛火等缺陷。

4) 熔模铸造

熔模铸造是指用易熔材料(如蜡料或塑料)制成可熔性模型(简称熔模或模型),上方涂覆若干层接焙烧,铸型或型壳经焙烧后,向其中浇注熔融金属而得到铸件。熔模铸造具有如下优点:

(1) 熔模铸件有着很高的尺寸精度和表面粗糙度水平,尺寸精度一般可达 CT4~CT6(砂型铸造为 CT10~CT13,压铸为 CT5~CT7)。

(2) 设计灵活,为铸件结构设计提供了充分的自由度,可以通过泡沫塑料模片组合铸造出高度复杂的铸件。

(3) 清洁生产,型砂中无化学黏结剂,低温下模料对环境无害,旧砂回收率95% 以上。

熔模铸造存在以下缺点:

(1) 原材料价格昂贵,铸件成本较高。

(2) 工艺过程复杂,流程长,生产周期长(4~15 天)。

(3) 铸件性能一般不高。

5. 铸件舱门性能检测

以铝合金为例,对于铝合金铸件的性能测试,需要做的试验项目包括以下内容:

(1) 常规拉伸性能;

(2) 压缩性能;

(3) 疲劳性能;

(4) 断裂韧性;

(6) 应力腐蚀开裂;

6. 铸件舱门的优越性

（1）铸件成型工艺性好,适合制成各种复杂形状,不受加工方法限制,为设计提供了极大的灵活性,可以从满足使用性能和尽量减重的角度,设计出最理想的工件结构。

（2）可以利用铸件良好的成型工艺性,很方便地在工件应力低处减小壁厚,在应力高的部位增加壁厚,使应力分布得更均匀合理。尽管同种合金的铸造材料强度低于机加工件,却仍然可以减少零件的重量。

（3）用整体铸件代替多个机加工件的紧固连接组合,大幅减少零件数量,省去紧固件、垫片,减少机械加工工时并省掉组装工时,也减少了大量设计、制图工作量及紧固件采购和库存等,节省材料,减重、降低成本和缩短制造周期的效果非常明显。

7. 铸造舱门设计注意事项

（1）按第 25.621 条款"铸件系数（c）关键铸件"对于其损坏将妨碍飞机继续安全飞行和着陆或严重伤害乘员的每一铸件,采用下列规定:

①每一关键铸件必须满足下列要求:

a. 具有不小于 1.25 的铸件系数;

b. 100%接受目视、射线和磁粉（或渗透）检验,或经批准的等效的无损检验方法的检验。

②对于铸件系数小于 1.50 的每项关键铸件,必须用三个铸件样品进行静力试验并表明下列两点:

a. 在对应于铸件系数为 1.25 的极限载荷作用下满足第 25.305 条的强度要求;

b. 在 1.15 倍限制载荷的作用下满足第 25.305 条的变形要求。

（2）按第 25.605 条制造方法:

① 采用的制造方法必须能生产出一个始终完好的结构。如果某种制造工艺（如胶接、点焊或热处理）需要严格控制才能达到此目的,则该工艺必须按照批准的工艺规范执行。

② 飞机的每种新制造方法必须通过试验大纲予以验证。

（3）按第 25.571 条"结构的损伤容限和疲劳评定"对舱门蒙皮和骨架进行疲劳、损伤容限和破损-安全评定。

10.7.2　复合材料舱门

10.7.2.1　概述

复合材料在舱门结构上的应用开始主要限于起落架舱门等受载不大的简单

零部件,可减重 15%~20%。福克 50 飞机、福克 100 飞机主起落架舱门、Dornier 728 飞机前起落架舱门(图 10-91),C17 飞机的前、主起落架舱门以及 A400M 飞机的前起落架舱门(图 10-92)等均采用复合材料结构,以上舱门有的采用层合结构,有的采用层压结构。随着材料和制造工艺的发展,复合材料在大舱门特别是气密舱门上也开始得到应用。例如:An70 飞机非气密区三扇货舱大门采用复合材料;C17 飞机货舱后大门在更改设计中采用 ARALL 层板,减重 26.9%; A400M 货舱后大门上采用了复合材料壁板和隔框。另外,B787 飞机客、货门和 A350 飞机的客、货舱门也都也采用了复合材料结构。复合材料舱门的制造工艺也由最初的热压罐工艺发展到液体成型和隔膜成型等工艺。

下面选择两个具体的舱门实例进行分析。

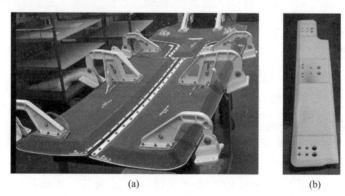

| (a) | (b) |

图 10-91　Dornier728 飞机前起落架舱门和泡沫芯

(a)舱门;(b)泡沫芯。

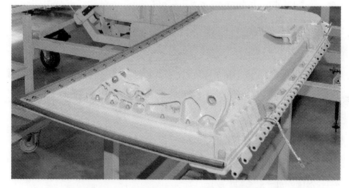

图 10-92　A400M 飞机前起落架舱门

10.7.2.2　某运输机复合材料前起舱门实例分析

1. 概述

正常飞行时,前起落架舱门用于封闭前起落架舱开口,提供良好的气动外形,减小飞行阻力;起飞着陆时,舱门关闭或打开,以便起落架收放;地面停放时,提供检查维护的通路。

某运输机前起落架舱门具有应急打开和地面打开的功能。某运输机可能在砂石跑道上降落,前起落架舱门设计应考虑砂石冲击。

2. 舱门结构

某运输机前起落架舱门位于机头下部 2 框至 15 框之间,舱门根据使用要求分为前后两段,每段分为左、右两扇。前起落架舱门结构如图 10-93 所示。

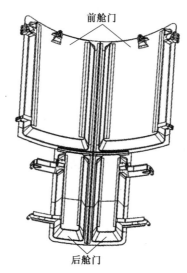

图 10-93 前起落架舱门结构

前舱门长为 1.551m,宽为 0.765m,位于 2 框和 9 框之间;后舱门长为 1.300m、宽为 0.377m,位于 9 框和 15 框之间;舱门结构高度约为 80mm。

前舱门结构主要是由内、外蒙皮和横向肋组成,肋间距 282.5mm,内、外蒙皮和横向肋均为复合材料结构,铰链接头、操纵接头选用铝合金。前舱门结构如图 10-94 所示。

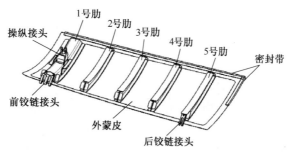

图 10-94 前舱门结构(内蒙皮未示出)

245

后舱门结构与前舱门基本相同,内、外蒙皮和横向肋也均为复合材料结构,横向共布置有 3 根肋,同样,铰链接头、操纵接头也选用铝合金材料。后舱门结构如图 10-95 所示。

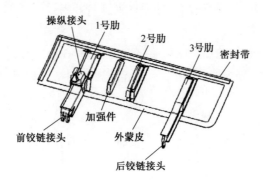

图 10-95　后舱门结构（内蒙皮未示出）

前起落架前、后舱门的连接基本相同,内蒙皮与肋均采用二次胶接,肋腹板两端和内蒙皮加强区域通过角片连接,紧固件采用高锁螺栓。外蒙皮与肋、内外蒙皮四周连接均采用抽芯铆钉,搭在口框上的部分用钛铌铆钉连接,钛铌铆钉要求双面埋头。

舱门为封闭结构,内部存在冷凝水,舱门内蒙皮上开排水孔,排水孔应布置在位置较低处便于排水,排水孔的直径为 10mm。

舱门要求防水防尘,为保证舱门的密封,前舱门在机身对称轴线附近及与后舱门相邻处安装密封带,前端及侧边边缘在机身口框上安装橡胶板来保证密封。后舱门在机身对称轴线附近安装密封带,在与前舱门相邻处安装钣弯槽形件,通过舱门关闭时槽形件压缩前舱门密封带来保证密封,前端及侧边边缘密封形式与前舱门相同。

舱门设计满足互换性要求,密封件用压板固定,便于更换,安装密封件的螺钉规格统一,个数尽量少,易于拆卸;操纵接头和铰链接头更换方便,更换时不用破坏分解舱门结构。

3. 舱门运动分析

前起落架前舱门在收起和放下状态均关闭,后舱门在收起状态关闭;前起落架放下时,先通过作动筒驱动前舱门放下,然后在前起落架放下同时后舱门随动打开,当后舱门完全打开,再通过作动筒收起前舱门。前起落架收起过程中,舱门运动与之相反。前舱门开启最大角度约为 105°,后舱门开启最大角度约为 150°。在应急状态下,前起落架前舱门在重力作用下打开,同时前起落架带动后舱门打开。

4. 结构设计分析

1）蒙皮设计

内、外蒙皮承受气动载荷,设计时考虑强度、刚度、稳定性、耐冲击、传力、连接等多种因素。在铺层设计时,根据纵向和环向的载荷的比例合理确定各种铺层的比例。为提高内、外蒙皮的抗冲击性能,在内外蒙皮外表面铺设一层±45°的玻璃布。内、外蒙皮0°铺层方向为航向,蒙皮非连接区域的厚度较薄,外蒙皮在四周连接区、与骨架连接部位加厚,在加厚区适当增加0°铺层提高拉伸强度;内蒙皮在左右两端局部增加铺层,增加舱门边缘刚度;内蒙皮在与接头连接部位均开有缺口以便于连接。

内外蒙皮材料体系选用CF3052碳纤维织物/3238A环氧树脂,材料形式为预浸料,蒙皮表面选用EW250F玻璃纤维织物/3238A环氧树脂预浸料;零件成型选用热压灌工艺。

在前、后舱门外蒙皮表面采用火焰喷涂铝层以防止雷击。

2）横向肋设计

横向肋主要作用是对内、外蒙皮提供支持,增加壁板的稳定性,在与铰链接头部位的肋,还承受一部分集中载荷。肋腹板主要承受气动载荷产生的剪力,肋外缘条受拉,内缘条受压。基于以上受力特点,肋腹板铺层应以±45°为主,上、下肋缘处可适当增加0°铺层（横向）。肋材料体系选用CF3052碳纤维织物/3238A环氧树脂预浸料,三角区用碳纤维选用CCF300/3238A环氧树脂单向带填充。

3）接头布置和配合要求

前起落架舱门上的接头包括铰链接头和操纵接头。铰链接头的作用是支撑舱门并承受肋及内、外蒙皮传来载荷,保证舱门可绕铰链轴线转动。操纵接头的作用是操纵舱门并承受舱门传来载荷。前、后舱门均布置前、后两个铰链接头和一个操纵接头。舱门前铰链接头耳片与机身接头耳片之间配合为H8/f7,便于传递航向载荷;后铰链接头耳片与机身接头耳片之间采用柔性连接,单耳和双耳之间每侧留有1mm的间隙,后铰链接头只承受肋平面内的载荷,不承受垂直肋平面的载荷,便于舱门的拆卸和安装。

5. 材料选择和制造工艺

蒙皮、肋、角片选用碳纤维复合材料,连接板选用钛合金板材,接头等零件选用铝合金预拉伸板。

舱门的复合材料零件均采用热压罐工艺制造,外蒙皮、内蒙皮和横向肋单独固化,然后在胶接工装上将内蒙皮及横向肋等零件定位,并在连接处加胶膜进行二次胶接;二次胶接完成后再上装配型架,安装外蒙皮和接头,然后进行蒙皮修边并安装密封带,最后在蒙皮表面涂清漆、底漆并在外蒙皮表面喷涂铝层,最后涂面漆。前起落架舱门制造工艺及装配方案简单,制造风险小。

6. 传力分析

前起落架舱门主要承受气动载荷,不承受总体载荷,横向普通肋主要维形,外蒙皮上的气动载荷通过与铰链接头连接的加强肋和内蒙皮的靠近铰链一侧的加强区域传给铰链接头和操纵接头,最后传递到机身结构上。

10.7.2.3　A400M飞机复合材料后大门实例分析

1. A400M飞机复合材料后大门概述

A400M飞机后货舱门采用两扇门形式,前一扇为货桥,后一扇为后大门。

后货舱门打开时后大门可向上、向内转动,货桥可向下、向外转动。关闭时两扇门可形成光滑的后机身腹部。

后大门后端铰接在靠近气密加强框处,主要用于封闭后部大开口、承受气密载荷,不要求承受太大的重载;打开时提供装卸和空投货物的通道,下面安装吊车滑轨,便于起吊货物。

2. 后大门结构

A400M飞机后大门结构是由整体壁板和纵横向构件组成盒形结构,最大外廓尺寸约为7m×4m;后大门两侧边缘线为两段折线组成。后大门结构布置如图10-96所示。

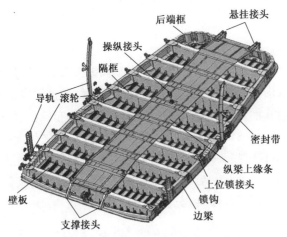

图 10-96　A400M飞机后大门结构布置

整体壁板采用纵向加筋,共16根筋条,间距约250mm,筋条剖面呈"J"形;横向构件由10个隔框组成,隔框间距约为672mm,第一个框距和最后一个框距比较大,最大可达850mm左右。隔框为全腹板式,剖面呈"[" 形,下框缘上开有长桁缺口。整体壁板和隔框均为复合材料制件。纵向布置左右两根边梁和一根

248

纵梁,纵梁布置在机身对称轴线上;纵梁上缘条为厚板机加工件,最大宽度为 800~900mm,与隔框连接处厚度较大,其他部位较薄,起局部增强刚性的作用。纵梁腹板在隔框处断开,纵梁下面装有吊车滑轨。纵梁前端安装支撑接头,后大门关闭时搭在货桥上,后端安装有悬挂接头铰接在机身后气密框上。每个边梁分为两段,在 4 框与 5 框之间通过带板和角盒连接。除后端框外每个隔框两端均安装锁钩,锁钩垂直于边梁腹板布置,侧边梁上共安装 18 个锁钩,前端两侧共 8 个锁钩不能承受纵向载荷,1 框与 2 框安装下位锁接头和导向滚轮,导向滚轮可承受纵向载荷;4 框两端安装上位锁接头。5 框与 6 框之间均安装有导向滚轮;6 框与纵梁连接处安装有操纵接头。

1)后大门载荷

后大门的载荷主要包括气密载荷、气动载荷、阵风载荷、自身的惯性载荷以及装卸货物时的集中载荷等。气动载荷、集中载荷及自身的惯性载荷都不大,后大门设计主要考虑关闭时的气密载荷,同时考虑舱门在打开和关闭过程中阵风载荷和机动载荷的影响。

2)后大门设计要求

后大门为运动部件,又要求气密,设计时要保证舱门运动灵活、密封可靠。因此,后大门设计应满足以下要求:

(1)足够的强度和刚度,同时考虑耐久性、疲劳和损伤容限。

(2)壁板、长桁、框腹板、梁腹板等要求满足稳定性要求。

(3)锁钩和锁环、滚轮与导轨之间在设计时留有一定间隙,后大门与机身结构之间允许一定的相对变形,从而降低锁钩和滚轮承受的载荷,减轻结构重量;同时,要求后大门在飞行状态以及严重阵风或机动载荷条件下能够打开或关闭,避免结构干涉。

(4)合理选择密封形式,保证舱门在关闭时有良好的密封性能。

(5)后大门的设置要适应地面装卸机械的要求,提高装备快速装卸能力。

(6)后大门下部可携带的吊车轨道便于快速装卸重物。

(7)合理布置、选择主要结构件,使传力直接,并尽可能使传力路线最短,不允许出现结构刚度的突然变化,尽量避免复材结构承受面外载荷。

(8)综合考虑使用部位、载荷类型、连接要求、工作环境、加工能力等因素,选择能有效提高复合材料结构损伤容限特性的结构形式和铺层。

(9)根据构件所受载荷的性质和大小,综合考虑强度、刚度、疲劳、损伤容限及稳定性等要求,合理确定应变水平和重量指标,保证结构的完整性、维修性和可靠性。

(10)锁钩和后铰链接头应采用破损安全设计。

3）结构总体布置分析

为保证传力直接、密封可靠,要求舱门四周有比较大的刚度,因此在后大门左右两侧布置边梁、前后两端布置端框。长桁和横向隔框布置时主要考虑壁板稳定性问题,隔框布置还需与机身大开口上的隔框位置协调一致。

根据后大门使用要求,在对称轴线处安装吊车滑轨以便于装卸货物,需在此布置纵梁以便承受装载时的集中载荷,并提高壁板的支持刚度。在对称轴线上布置一个作动筒,作动筒与舱门通过万向节连接,避免作动筒在舱门打开关闭过程中承受阵风载荷;相对两个作动筒而言,重量比较轻,系统相对简单;活塞杆运动比较灵活,卡滞的可能性小。舱门在运动过程中,不存在两个作动筒不同步或受阵风载荷时活塞杆变形引起卡滞,从而减少对结构可能的冲击。

在隔框两端布置锁钩和滚轮,便于传递舱门的载荷。锁钩要求按破损安全设计,要求当一个锁钩损坏时,其载荷可由附近多个锁钩承受。

锁钩垂直于边梁腹板布置,1~4框两端锁钩只可承受横向载荷和垂直于壁板表面的载荷,不能承受纵向载荷;边梁在4框和5框之间拐折,5~9框两端锁钩既可承受横向载荷和垂直于壁板表面的载荷,又可以承受纵向载荷。1框和2框之间布置导向滚轮,1~4框之间的纵向载荷可通过它来承受。悬挂接头仅承受少量纵向载荷和垂直于壁板表面的载荷。舱门刚度好,密封相对比较容易。锁钩与边梁均通过受剪螺栓连接,疲劳特性比较好。

A400M飞机与C-17飞机和Y8C飞机后大门形式类似,C-17飞机和Y8C飞机后大门锁钩均平行于横向隔框布置,锁钩仅承受横向载荷。舱门上的全部纵向载荷和一小部分剪力通过悬挂接头来承受,悬挂接头上载荷比较大,C-17飞机后大门悬挂接头设计很强,零件重量也较大。Y8C飞机后大门为了卸载,将悬挂接头上的螺栓孔设计成长圆孔,螺栓受力不好。A400M飞机后大门通过巧妙地布置锁钩,成功避免了上述问题。

综上所述,A400M飞机后大门结构总体布置合理,多点传力,传力路线短,结构重量较轻,密封形式简单可靠。

4）结构细节设计

（1）整体壁板设计。

后大门整体壁板有两种设计概念:一种是按单轴向受力设计,壁板上横向载荷较大,纵向载荷很小,C-17飞机和Y8C飞机后大门壁板均采用这种设计概念;另一种是按双轴向受力设计,壁板上横向载荷较大,有一定的纵向载荷,A400M飞机后大门壁板就采用这种设计概念。

A400M飞机后大门壁板受力形式为蒙皮环向、轴向均受拉。设计时考虑静强度、刚度和稳定性等问题,合理控制壁板变形,保证密封,减轻结构重量。

整体壁板选用各向异性的复合材料,碳纤维主要选用0°/90°/±45°取向铺设的多轴碳纤维增强体,局部加厚部位选用单轴向织物,提高耐久性和损伤容限,解决壁板受冲击后的分层问题。

整体壁板设计时,根据总体稳定性要求确定筋条间距和框间距;根据纵向和横向载荷的比例合理确定最佳铺层角度和顺序,同时考虑冲击时的剥离效应,选定合适的加筋形式;根据筋条的稳定性要求确定最佳的加筋尺寸,防止出现弯曲和扭转失稳;为了保证良好的工艺性,长桁筋条剖面形状选择J形。

J形加强筋三角区必须用单向织物填实;加筋条与壁板蒙皮铺层设计时,应考虑刚度、泊松比应匹配,减小固化内应力和翘曲变形;壁板蒙皮变厚度区域设计时,有铺层递增或递减的过渡区,避免厚度突变。

(2)纵梁上缘条设计。

中间纵梁上缘条设计采用先进的一体化设计概念,将纵梁缘条、内蒙皮和踏板的功能综合为一体,并对隔框上缘条进行了加强,结构得到综合利用,结构效率比较高。中间纵梁上缘条实际为整体机加工壁板,纵梁上缘条设计得很宽,提供人员到货舱后部的通道;代替内蒙皮部分功能;结构比较开敞,便于施工;便于和悬挂接头连接,传力直接。舱门在承受气密载荷和装卸货物时,便于纵向载荷的传递;在承受阵风载荷时,增加纵向刚度,有利于舱门承弯。纵梁上缘条与隔框上缘条连接处加厚,便于承受对称轴线附近比较大的横向压应力,减小隔框上缘条的压应力;上缘条设计比较精细,中间处压应力最大,板厚度最大,靠近两侧逐渐变薄,有利于减轻结构重量。

(3)悬挂接头设计。

悬挂接头设计按破损安全设计,每个接头分为三部分,各部分之间用高锁螺栓连接,接头分体设计的好处是一部分产生裂纹后只能在该部分扩展不至于扩展到整个接头,从而保证接头承载的安全。每个接头均设计成双耳,机身支座为四个耳片,悬挂接头每个耳片处螺栓承载均双剪,每个悬挂接头与支座连接均用一个螺栓,悬挂接头两耳片之间装有套筒,可有效防止螺栓受弯,并增加耳片承受侧向载荷引起的弯矩时的抗弯刚度。接头下部设计成槽形,便于和壁板后端框、壁板及纵梁相连,传力直接。

5)选材和制造工艺分析

A400M飞机后大门整体壁板和隔框(包括后端框)选用的碳纤维包括两种:SAEREX公司的0°/90°/±45°取向铺设的多轴碳纤维增强体;Hexcel公司提供的干态单轴向织物。树脂选用Hexcel公司的RTM6单组分环氧。后端框腹板局部加硬质泡沫以增加刚度。

纵梁上加强板、边梁、前端支撑接头及悬挂接头等零件均为铝合金整体机加工件。锁钩和滚轮均为钢机加工件。

A400M 飞机后大门整体壁板为双曲面的碳纤维/环氧层合板,采用欧洲航空及防务系统公司的专利真空辅助成型法(VAP)制造。该工艺采用真空方法使环氧树脂渗入干态的碳纤维增强体,然后放入加热炉中固化。

VAP 工艺是一种低成本制造技术,无需热压罐,设备投入及使用费用低廉,易实现整体成型、降低制造难度和连接工作量,从而大大降低成本。

树脂 RTM6 单组分环氧易于处理,可提供良好的 180℃ 湿热性能,熔渗处理需要大于 2h,可熔渗到整个零件。

为使零件受热均匀,减小残余应力,进一步降低成本,整体壁板成型时采用复合材料模具。将蒙皮及所有桁条等预成型体先在模具上准确定位,然后依次放上真空袋、标准的透气材料以及真空袋膜。进行树脂熔渗 VAP 时,在外向 GORE-TEX 真空袋上抽真空,只靠真空压力将树脂引入蒙皮和桁条,GORE-TEX 让空气从真空袋全部撤出而不让树脂通过,从而完成全部熔渗,然后将整体壁板在固化炉内,在 180℃ 温度下保持几小时进行固化,不需进行后固化。

VAP 的关键要素是增强外蒙皮和筋条整体性,便于共固化,以减少紧固件,降低模具成本、装配成本。

壁板采用纵向加筋,与桁条和隔框连接处局部加厚,结构整体性较好,树脂通道设计简单,浸润时间短,成型效率高,工艺性好,制造简单。

隔框与整体壁板采用的制造工艺相同。

A400M 飞机后大门各组件之间均通过钛合金高锁螺栓连接,结构开敞,施工方便。

6) 传力分析

在承受气密载荷时,绝大部分载荷通过蒙皮直接传递到边梁、纵梁和隔框,再通边梁、纵梁和隔框传递到四周的锁钩、滚轮和接头,最后通过锁钩、滚轮和接头传至机身。舱门打开关闭过程中承受阵风载荷时,侧向载荷通过两侧的导向滚轮直接传到连在机身上的导轨,扭矩则通过悬挂接头上的支反力来平衡。在装载时,货物的集中载荷主要通过纵梁隔框传至边梁,最后通过上位锁接头和悬挂接头传至机身。

10.7.2.4 B787 飞机登机门实例分析

1. 概述

B787 飞机登机门兼作 A 型应急出口,净开口尺寸为 42in×68in(1066.8×1727.2mm)。

该舱门为初始运动向内、向外开启的堵塞式舱门。

2. 舱门结构

B787 飞机登机门结构布置为波音系列飞机典型的舱门结构布置形式,由外蒙皮、纵梁、边框、隔框和止动接头等组成,该舱门结构形式如图 10-97 所示。

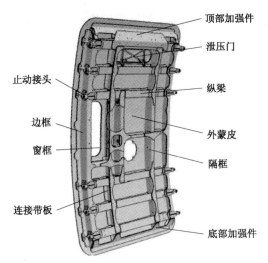

顶部加强件
泄压门
止动接头
纵梁
边框
外蒙皮
窗框
隔框
连接带板
底部加强件

图 10-97　B787 飞机登机门结构示意

外蒙皮、纵梁、边框和隔框组成的盒式结构承担气密载荷。止动接头将载荷以集中力的形式传到机身门框对应的挡块上,再通过门框结构将载荷扩散到机身上。舱门的主承力结构与上下的加强组件,以及其他的辅助结构件一起维持舱门结构的完整性,从而保证在止动接头、纵梁或边框的任一单一失效的情况下舱门结构不会发生破坏。其他较小的纵横结构件对主结构做进一步加强,同时为摇臂、闩轴、手柄等机构提供支撑。

该登机门结构与以往型号的舱门结构设计相比,其主承力结构件均选用了碳纤维增强复合材料(CFRP),从而使舱门的重量更轻,抗腐蚀、疲劳等性能明显提高。其中,外蒙皮、纵梁和边框采用规范为 BMS 8-276 的材料;隔框、底部和顶部加强件、纵横构件间的连接角片、连接带板和窗框采用规范为 BMS 8-353F 材料。在外蒙皮接近外表面的夹层内铺设金属网,用于闪电防护及静电释放。止动接头根据承载大小不同,分别选用 7050-T7451 或 Ti-6Al-4V 锻件机加工。泄压口盖、加强角盒等零件为 7050-T7451 预拉伸板机加工件。

纵横结构件与外蒙皮通过钛合金紧固件连接;止动接头与外蒙皮、边框和纵梁螺接,止动螺钉为自调整式且带有防磨涂层。在易积水区设置排水孔,从上至下形成通畅的排水路径,从而防止积液对舱门结构的腐蚀破坏。

3. 舱门机构系统

图 10-98 为 B787 飞机登机门机构示意。该机构包括铰链臂、提升及闩机构、泄压口机构、锁机构、内外手柄机构、预位机构、阵风锁机构、飞行锁、舱门姿态保持机构和应急动力辅助系统等。其中,飞行锁、舱门姿态保持机构和应急动力辅助系统布置于主铰链另一侧。

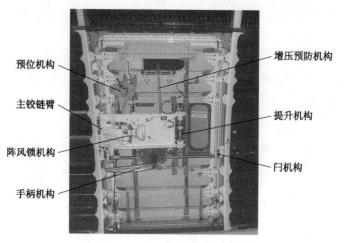

图 10-98　B787飞机登机门机构示意

　　闩机构将舱门闩定在完全关闭和上闩位置。此外,在开关舱门过程中,闩使舱门在关闭位和完全关闭位之间运动。在前侧闩槽的位置安装有传感器,用以判定闩的滚轮是否处于完全关闭和上闩的位置。该机构的设计原理能够保证舱门没有在完全关闭位时,闩不会处于上闩位。

　　锁机构用于监控闩是否处于上闩位。该机构被设计为:闩没有完全上闩时,锁不会上锁;锁处于上锁位时,闩不能向解闩方向转动。锁机构与增压预防机构共同作用,确保舱门未上锁时,飞机不能增压到不安全的水平。安装在锁舌位置的传感器用于监控锁的位置,并通过显示面板的状态显示和舱门观察窗位置的指示灯分别告知飞行员与操作人员舱门锁的状态。

　　在操作内手柄或外手柄时,凸轮盘首先驱动泄压口机构动作,开启泄压门;与此同时锁机构随动,完成舱门闩机构解锁。

　　提升及闩机构由机构转轴、驱动摇臂、拉杆、闩组成。舱门在关闭位置时,闩位于导向槽内,保持舱门处于关闭位。当通过手柄机构驱动转轴转动时,闩随转轴一起转动,闩的滚轮以导向槽为支撑将舱门抬起,实现舱门的提升。在提升轴中装配有助力弹簧,平衡舱门重力。

　　在舱门提升到位后,铰链臂支撑整个舱门的重量,同时可绕机身上的铰接支座转动,使舱门开启。在舱门开启过程中,安装在铰链臂上的姿态保持机构,使舱门相对机身平移。

　　主铰链臂一端与舱门提升轴铰接另一端与门框的支座铰接,在舱门开启后支撑舱门。同时,主铰链臂用于承担正常的操作载荷、随机载荷和风载。

　　当舱门开启到位后,阵风锁上锁,将舱门锁定在打开位置。阵风锁机构设有独立的操作手柄。在关闭舱门时,首先手动操作该手柄使阵风锁解锁,然后拉手

254

柄使舱门向关闭方向移动。

模式选择系统可针对应急撤离或舱门正常开启关闭的操作,将舱门机构置于预位或非预位状态。在非预位模式下,滑梯包或逃生阀的支撑杆未被释放,在舱门开启过程中随舱门运动。此时,应急动力辅助系统被保险,处于非待命状态。

在预位状态下,滑梯包或逃生阀的支撑杆被锁定在地板的支座上,舱门开启过程中,滑梯包或逃生阀被释放。此时,应急动力辅助系统解除保险并处于待命状态。当传感器监控到内手柄处于完全打开位时,输出信号从而触发应急动力辅助系统扳机,促使舱门自动打开到位。然而,在使用外手柄开门时,外手柄机构会驱使模式选择系统复位为非预位状态。

应急动力辅助系统是铰链臂机构必备的组成部件,包括带动力的作动器和缓冲器。作动器用于应急撤离时自动打开舱门。缓冲器用于控制舱门的开闭速度,防止过大的冲击。

飞行锁作为舱门机构的辅助装置,用以降低第 25.783(b) 条款提出的有意开启舱门的概率。当飞机空速达到预定值时,飞行锁接收上锁信号,并由电机驱动上锁。飞行锁的上锁和解锁状态由两个传感器分别监控。在飞机速度足够低,信号丧失或动力丧失的时候,该装置上的复位弹簧可驱使飞行锁处于解锁位。当弹簧失效时,在重力作用下仍可使其处于解锁状态。

4. 舱门与门框连接

B787 飞机登机门门框如图 10-99 所示,其布置形式也为波音飞机门框结构的典型布置形式。承力挡块与舱门的止动接头对应,并与短梁螺接。承力挡块和门槛处的防磨板均为钛合金零件。其他主结构件材料为碳纤维增强复合材料。前后门框与舱门导向轮对应的位置装有导向槽,与舱门提升机构协调作用

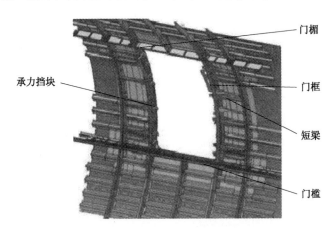

图 10-99 B787 登机门门框示意

控制舱门的提升姿态。

B787飞机登机门通过主铰链臂机构与机身门框连接,如图10-100所示。

图 10-100　B787飞机登机门安装示意

第11章 舱门适航性、可靠性、安全性设计与验证

11.1 概　　述

舱门是飞机的运动功能部件,它的安全性、可靠性直接关系飞机的飞行安全和出勤率。美国道格拉斯的 DC-10 飞机由于货舱门锁机构设计缺陷曾造成土耳其航空公司一个航班坠毁,300 余旅客及机组人员全部丧生。民航客机和货机,军用运输机的使用中出现的大量故障中有不少属于舱门故障或与舱门有关的故障。FAR25/CCAR25 适航条例中对舱门有专门的条款要求,这些条款要求都是从舱门使用、设计方面累积的经验和教训总结出来的。

从可靠性的角度,一个舱门及机构设计得越简单,就越可靠。但通过研究运输类飞机舱门,尤其是民用客机的舱门,发现舱门及机构越来越复杂。其主要原因是:舱门一般位于飞机机身增压区,要求舱门机构具备一定的破损安全特性、足够的自锁定特性,以及出于防止无意操作,甚至为了防劫机、防恶意开门安全隐患的目的,促使民航管理部门对民用适航条例中舱门的条款不断修订,要求在舱门设计时不仅要机构原理正确,还要防差错维护,防人为有意、无意空中开启。安全性在舱门设计中是第一位的。同时,大多数舱门兼具应急出口功能,应急撤离的相关要求也附加在舱门设计中,使舱门机构、机械系统功能多样,交联复杂,要求可靠性高。

舱门的安全性关注的是飞机上乘客和飞机的安全问题;可靠性关注的是在战术技术要求(对于军用运输机)或使用技术要求(对于民用运输机)所规定使用条件和环境下,在规定的使用期间内,舱门完成规定功能的能力;舱门的适航性则是舱门在设计中必须确保的最低的安全要求。

11.2 适　航　性

11.2.1 舱门适航性要求的概况

飞机适航性是在预期的使用环境中安全飞行(包括起飞和着陆)的固有品

257

质。这种品质是基于良好的设计特性，并通过合适的维修而得到持续保持。适航要求是对航空史上飞行事故分析总结而来的经验教训结晶，适航性是航空器必须具有的属性之一。随着对飞机使用运营中最新暴露的安全隐患和飞机设计研制采用的新技术、新工艺的研究进展，适航要求也在不断修订完善。

机体是飞机的躯干，是实现飞机完成预定功能的平台。舱门只是运输类飞机机体中的一小部分，但以往因相关舱门发生故障的教训表明，舱门的适航性是运输类飞机适航的重要组成部分。

过去曾有增压飞机，在增压和非增压飞行阶段舱门无意打开造成事故的例子，有些事故造成致命伤亡。在1974年一起事故后，FAA和工业界成立研究组对当时规章进行了评审。最终在1980年签署了25-54修正案，该修正案显著提高了安全水平。但是25-54修正案仍然存在安全性问题，尤其是货舱门，操纵货舱门的人员通常缺少正式培训，并且货舱门需要一系列有顺序的操作才能将门完全关闭或打开。在这些操作中稍有疏漏都将导致严重后果，历史上有多起事故均是由于外部舱门没有按顺序完全关闭、上闩和锁住引起的。当然还有一部分事故是由于门机构的错误调整或关键零件失效引起。一些飞机大的货舱门作为机体结构的一部分，除非舱门关闭、上闩和上锁后，否则不能承受气动载荷和惯性载荷。而且舱门打开后还可能成为气动面对飞机操纵带来很大影响，将导致灾难性事故。1989年，经历了两次因货舱门导致的事故后，美国相关部门开始了舱门设计和操作问题的研究，最终FAA在2004年3月3日发布了25-114修正案，使得舱门的安全标准有了跨越性地提高。

CCAR25部版本的修订基本上是紧随FAR25部的修订进行。CCAR25部自1985年12月31日发布以来，已先后于1990年7月18日、1995年12月18日、2001年5月14日和2011年11月7日进行了4次修订。现行有效的规章为CCAR25-R4。对于气密舱门，适航条例主要关注的是舱门意外（或恶意）打开的瞬时减压、应急出口的功能、舱门的使用功能等方面。舱门设计涉及的适航条款可参见表11-1，同时，表11-1还给出了针对每一条款需要开展的研制工作及推荐的适航符合性验证方法。

表11-1 运输类飞机舱门涉及的适航条款与设计工作内容及推荐的验证方法

CCAR25 条款	名 称	舱门研制过程中的工作内容	推荐的符合性验证方法
25.301	载荷	计算分析各工况下舱门的载荷	MOC2
25.303	安全系数	确定舱门设计采用的安全系数	MOC1
25.305ab	强度和变形	确定舱门的强度与变形控制要求	MOC2、MOC4

CCAR25 条款	名称	舱门研制过程中的工作内容	推荐的符合 性验证方法
25.307ad	结构符合性的证明	确定舱门强度试验项目与是否采用材料修正系数	MOC1
25.365ade	增压舱载荷	确定气密舱门需要承受的增压载荷	MOC2、MOC4
25.561ab	应急着陆情况 总则	确定舱门在应急着陆情况的过载	MOC2
25.563	水上迫降的结构要求	对于在水线以下的舱门，要考虑水压载荷	MOC1、MOC2
25.571ab	结构的损伤容限和疲劳评定	门主结构、锁、铰链等的疲劳、破损-安全和损伤容限设计与评定	MOC2
25.581	闪电防护	舱门与机身门框间电搭接设计、复合材料舱门闪电防护设计	MOC1
25.601	总则	确定对舱门新机构、结构细节的试验项目	MOC1、MOC4、MOC5
25.603	材料	材料的适用性和耐久性设计与评定，在飞机材料选用目录中选定材料与材料规范	MOC1、MOC4
25.605	制造方法	制造方法的质量稳定性、一致性评定，确定舱门制造工艺与工艺规范	MOC0、MOC1、MOC4、MOC9
25.607	紧固件	在飞机标准件选用目录中，选用合适的紧固件；满足双锁紧要求	MOC0、MOC3、MOC7
25.609	结构保护	分析确定防止舱门因气候、腐蚀、磨损等造成的性能降低或强度丧失的保护措施，设计舱门的防排水措施	MOC1、MOC4、MOC7
25.611a	可达性措施	确定舱门结构、机构的可达性设计措施	MOC1、MOC7
25.613	材料的强度性能和材料的设计值	确定所选材料的设计值	MOC1、MOC2、MOC4
25.619	特殊系数	确定舱门安全系数是否要考虑特殊系数	MOC1
25.621	铸件系数	对舱门采用的铸件，确定铸件系数	MOC1、MOC4
25.623	支承系数	对于舱门存在间隙并承受敲击与振动的零件，确定支承系数	MOC1
25.625ac	接头系数	确定舱门接头本体、连接处及被连接件的支承部位的接头系数	MOC1
25.771d	驾驶舱	对于机组应急出口，采取合理的防水措施，避免驾驶舱渗漏水	MOC1、MOC4
25.772	驾驶舱舱门	确定驾驶舱舱门安全性设计措施	MOC1、MOC4、MOC5

CCAR25 条款	名称	舱门研制过程中的工作内容	推荐的符合 性验证方法
25.783	机身舱门	确定舱门增压预防、锁闩与锁定、告警设计及安全性设计措施	MOC1、MOC3、MOC4 或 MOC5、MOC6、MOC7
25.795	保安事项	确定驾驶舱门防暴力入侵、防火力穿透的措施	MOC2、MOC4、MOC5、MOC9
25.801 abde	水上迫降	确定舱门布局和舱门结构、机构承受水载及防渗漏要求	MOC1、MOC2
25.803	应急撤离	用试验验证方法检查应急舱门应急撤离时间	MOC1、MOC4
25.807	应急出口	确定应急舱门大小、形式和数量要求	MOC1、MOC2、MOC4
25.809	应急出口布置	确定飞机应急出口布置、开启要求及分析轻度坠撞时被卡住的概率等	MOC1、MOC2、MOC4、MOC5、MOC7
25.810	应急撤离辅助设施与撤离路线	确定飞机应急撤离辅助设施与撤离路线	MOC2、MOC4、MOC7
25.811 abefg	应急出口的标记	确定应急出口标记要求	MOC1、MOC7
25.812	应急照明	确定与舱门相关的应急照明设计要求	MOC1、MOC4、MOC5、MOC7
25.813	应急出口通路	确定与应急舱门相关的应急出口通路要求	MOC1、MOC7
25.843	增压座舱的试验	对舱门进行增压试验，验证是否满足强度与功能要求	MOC4、MOC5、MOC6
25.853ad	座舱内部设施	舱门（含内饰）选用的材料应具有无毒、阻燃的要求，并通过相应试验验证	MOC1、MOC4、MOC9
25.1301a	功能和安装	确定舱门上机载设备的安装功能要求	MOC1、MOC7
25.1309 abd	设备、系统和安装	确定舱门上安装的机载设备的安全性设计等要求	MOC3
25.1316	系统闪电防护	用于舱门指示、监控的电路设计、安装要进行闪电防护安全性设计与分析	MOC1、MOC3
25.1317	高强辐射场（HIRF）防护	对于其功能失效会影响或妨碍飞机安全，用于舱门指示、监控的每个电气和电子系统的设计、安装要进行飞机高强度辐射场（HIRF）防护安全性设计与分析	MOC1、MOC3
25.1529	持续适航文件	编写舱门持续适航文件	MOC7

注：MOC0 表示符合性申明；MOC1 表示设计说明；MOC2 表示计算与分析；MOC3 表示安全性分析；MOC4 表示实验室试验；MOC5 表示机上地面试验；MOC6 表示飞行试验；MOC7 表示机上检查；MOC9 表示设备鉴定

在设计机身外部气密舱门时,要特别考虑满足第 25.783、25.801、25.803、25.807、25.809 条款,其余条款已在该型号的总体、气动、强度、材料标准、电气等相关专业的技术规范、设计要求中体现,在设计中贯彻即可。下面分别对上述 CCAR25-R4 主要条款予以解读。

11.2.2 舱门相关主要适航条款解读

1. 第 25.783 条解读

CCAR25-R4 中第 25.783 条相当于 FAR25 部 25-114 修正案的水平。

第 25.783(a)(1):

本款要求,每一门必须有措施防止由于机械失效或者任何单个结构元件失效导致的飞行中打开,这是多余度的设计理念。一般而言,可能造成飞行中舱门打开的机械失效或单个结构元件失效的因素包括:关闭位锁机构的磨损,舱门关闭时过度撞击,过大的摩擦,卡滞,装配调整不到位,紧固件松开,铰链断裂,舱门刚度过小、变形过大,从锁闩处脱开等。在舱门的方案、详细设计中要考虑这些因素,确保这些因素中单个或组合出现,不得使舱门在飞行中解锁或打开。

第 25.783(a)(2):

本款要求,如果未锁闩则可能有危险的每个门必须设计成,在增压和非增压飞行中从完全关闭的、锁闩的和锁定的状态解闩是极不可能的。这必须由安全性分析来表明。对应概率小于 10^{-9}/飞行小时。要求舱门的锁闭机构在飞机整个飞行包线内不能因为飞机振动、构件受载变形、舱门的正负压差载荷和正负过载、气动载荷而造成舱门从完全关闭位打开。

舱门安全性分析并不一定需要有数值的安全性分析,舱门设计通常包括的设计特征可根据影响安全性的失效模式很容易进行评定,安全性分析可以是详细的设计审查、定性分析或定量的概率分析。在评定舱门产生总体失效的或偶然打开的失效情况时,应该考虑所有起作用的事件,包括舱门和舱门支持结构的失效、结构和联动装置的柔度(变形太大)、操作系统的失效、警告系统的失效和舱门在使用和维修中可能出现的错误等。

第 25.783(a)(3):

本款要求,每一门的操纵系统的每一元件必须设计成或者(如不可行)采用突出和永久的标记,将可能导致故障的不正确装配和调整的概率降至最小,这是防差错设计的理念;为此舱门设计图样应对零部件有醒目标记,对存在出现安装、维护差错可能的零组件,必须进行防差错设计,并编制详细的可操作的安装调整技术条件。

经验表明,对细节设计给予特别的关注可显著提高对机械故障的预防水平。

因此，申请人应当考虑如下环节：

（1）装配不当将严重影响舱门功能的情况下，元件必须设计成能防止装配不当，以使装配与调节不当的可能性降至最低。"严重影响"是指妨碍舱门在应急情况下的打开、损坏舱门保持关闭的功能等情况。如果设计上无法保证而使用了标记，那么该标记必须在整个服役期间保持清晰可见。对此，可用永久性墨水等材料做标记，所用材料必须能够抵抗正常维护时所用到的典型溶剂、润滑剂及其他物料的腐蚀。

（2）为了将舱门在服役期间因调节不当造成的风险减至最低，对于仅计划在服役期间才使用的调节点，必须清晰地标记，并且在充分满足调节要求的前提下将其数量限制为最小值。对于仅用于初始调节之后而不再进行调节的任何一个调节点，应当设计成在初始调节之后不再可调，或者在维护手册中明显示出舱门机构不可调节的部分。

第25.783（a）（4）：

本款要求，所有启动任何门的解锁和解闩的动力源必须在飞行前自动与锁闩和锁定系统断开，并且在飞行中不能给门恢复动力。

（1）对于应用电气、液压、气压作为动力来启动解锁或脱闩动作的舱门，这些动力源必须在飞行前与上闩和上锁系统自动脱开，并且在飞行中不得重新给它们供能。

（2）对于装有助力上闩系统或助力上锁系统的舱门来说，尤其重要的是将所有符合以下条件的动力移除/断开：该动力可能对上闩或上锁系统供能，或当发生短路时该动力可能对上闩或上锁系统的控制电路供电。这些动力不包括舱门指示系统、辅助保险装置（如果有安装）或其他与舱门操作无关的系统所使用的动力，这些系统所使用的动力不允许达到足以引起解锁或脱闩的程度，除非可能激发上闩和上锁系统的任一故障状况发生的可能性极小。

第25.783（a）（5）：

每个可卸的螺栓、螺钉、螺母、销钉或者其他可卸紧固件还必须满足第25.607条的锁定要求。本款根据使用经验认为，仅具有单一锁定装置的紧固件满足不了飞机关键部位的使用可靠性要求。这些部位紧固件的丢失已多次造成飞机发生灾难性事故。本条款仅对其丢失可能危及飞机安全使用的可卸紧固件规定，必须具有两套独立的锁定装置并考虑与具体安装相关的环境条件。此外，对经受转动的螺栓不得采用自锁螺母。本条款不适用于永久性连接的紧固件。

咨询通报AC20-71认为：锁定装置是指紧固件具有保险功能的装置，这种装置通过适当的安装，保持紧固件间连接和防止紧固件的丢失。紧固件上的锁定装置可以是摩擦型或非摩擦型。常用的摩擦型锁定装置有弹簧垫圈、弹性垫圈(包括内齿弹性垫圈、外齿弹性垫圈和锥形弹性垫圈)以及实心的非金属摩擦垫片和自锁螺母等。常用的非摩擦型锁定装置有开口销、锁线(保险丝)、卡紧螺母、止动垫圈(包括单耳、双耳与外舌止动垫圈)、卡环等。

紧固件上要求的任何两套独立的锁定装置可以包括一套摩擦型和一套非摩擦型或各自组合。

对两套锁定装置的要求如下：

(1)在预期的最严重使用条件下(包括振动和热辐射)，应保证锁定装置能防止螺栓由于螺母的脱开而丢失或离位。

(2)紧固件上两套独立锁定装置中的每套,应能单独实现锁定作用。当其中一套由于任何原因不起作用或损坏时,不应引起另一套锁定装置失效。

(3)检查维护期间,对卸下的紧固件在重新安装之前,应对其锁定装置的功能进行检查。对虽然可以重新装上,但对于磨损和不适航的锁定装置(及紧固件)应予以更换。

如果一个螺栓成为与连接在它上面的一个或多个零件之间产生相对运动的旋转轴,包括产生转角的大变形连接,则认为它是经受转动的螺栓。经受转动的螺栓上不得采用自锁螺母,但带开口销或保险丝的槽形自锁螺母可以用于任何系统。或者另有一套非摩擦型锁定装置。经受转动并采用两套锁定装置的螺栓至少有一套非摩擦型的锁定装置,另一套可以是摩擦型的或非摩擦型的。

第25.783(a)(6)：

按第25.807条(h)规定的特定门还必须满足用于应急出口的第25.809条到第25.812条的适用要求。本款对客舱中超出应急出口最少数量要求的每一紧急出口,从客舱可进入的、大于或等于Ⅱ型出口但是小于1170mm(46in)宽的任何其他与地板齐平的门或出口,及任何其他机腹型或尾锥型的乘客出口,都要求按应急出口设计,满足第25.809到第25.812条要求。

第25.783(b)：

必须有措施防止每一门在飞行中被人无意中打开。而且,必须设计预防措施,将人在飞行中有意打开门的概率降至最小。本款提出了在空中有措施能够防止舱门被人无意、有意打开的要求,且要求在着陆后妨碍出口打开的失效是不可能的,对应概率小于10^{-5}/飞行小时。一般在舱门的手柄上设计有措施,被人无意触碰后,不会将门解锁。

对于初始开启向内运动的舱门,其上的载荷通常由固定的挡块承受,这种舱门的每个单独的挡块通常不需要提供锁闩和单独的锁定装置,但是完全依靠座舱压力来防止舱门在飞行中偶然打开。这种办法是不可接受的,因为已经出现过在不增压飞行时(例如着陆)舱门被打开的案例。所有舱门应提供可靠的措施,以防止舱门由于振动而打开,或者被旅客无意打开。这些措施在批准的飞机整个使用包线内都应该是有效的,所以所有的应急门都应该具有防止舱门在飞行中被人员无意打开的特征,如将门的手柄方向确定为只有有意操作才能开门(手柄设置只能向上提升或向上旋转才能开门,避免在飞行中如颠簸时很容易被作为一个把手使用导致无意开门)。

当飞机起飞或飞行时,曾经出现过有人出于恶意或好奇,有意开门的情况。因此,为了确保飞机和旅客的安全,应设计有预防措施,防止出现这种情况。但该措施不应牺牲在应急情况下舱门应急打开的能力。如果使用辅助装置,则应设计成:单个失效不会妨碍多个出口被打开;着陆后妨碍出口打开的失效是不可能的。这里的单个失效是指硬件故障,维护或逻辑上(如软件的)错误。某些维护或逻辑上错误对一个或多个舱门有潜在的影响。

适航认可的措施有:对于增压区的舱门,当座舱压差大于 2psi 时,要正常开启舱门是不可能的。舱门能否打开取决于舱门打开机构、手柄设计、位置和开门力。开门力超过 136lbf 就认为无法打开舱门。在飞机进场、起飞、着陆舱内压差很小时,是可以有意打开舱门的,但这些过程短暂,并且乘客都系紧安全带坐在座位上。一些现代民机采用与飞机速度、起落架轮载信息交联的飞行锁等类似装置阻止有意开门。该装置在断电或出故障时功能是失效的,不会影响地面应急开门动作。

对于非增压区的舱门或不增压飞机的舱门,采用的辅助措施可以是速度触发或气压触发的装置。是否需要这种辅助措施取决于舱门飞行中打开对飞机或乘员安全的影响程度。

第 25.783 (c)(1):

必须设计成在发生任何单个失效之后,或者在发生未表明是极不可能的失效组合之后仍然具有功能。机身舱门由于增压会出现不完全关闭、闩住和锁定的情况;一定要有措施来防止飞机增压到这种水平。这种设计措施必须满足在任何单个或组合件失效时仍能正常发挥作用。

(1)这些防止增压的设计措施必须能够监控飞机舱门的关闭、闩住和锁定状态。如果所用锁定系统不止一个,必须保证每个系统都要受到监控。这些设计措施的常用方式是增压抑制电器及其显示器。当舱内压差低于 0.5psi 时,认为防止了不安全的增压状态。一旦舱门处于完全关闭、闩住和锁定状态并且开始增压时,该措施不应再起作用。

(2)如果使用卸压门,其设计应满足如下要求:在正常操作或者有单一失效的一系列操作过程中,在飞机舱门闩住、锁定之后,泄压门才能关闭,泄压门连接能监控每个门锁的位置。

（3）如果使用自动控制系统作为防止增压的方式，该系统要能监视各个舱门锁。由于在空中失压将对旅客产生危害，因此该控制系统要满足增压系统适用的可靠性要求。通常情况下，只要事先没有监测到不安全状态，该控制系统应该在飞机起飞后与增压系统断开连接。

第 25.783(c)(2)：

满足本条(h)规定条件的门不需要有专门的增压预防措施，如果从该门的每个可能位置它都将保持一定程度的打开避免增压，或者在增压时都安全地关闭和锁闩。也必须表明在任何单个失效和故障的情况，除非：

（1）锁闩机构中的失效或故障，在关闭后它不需要锁闩；

（2）由于机械失效或闭塞碎片引起的卡阻，如果可以表明增压加载在被卡阻的门或机构上不会导致不安全的状况，则该门不需要关闭和锁闩。

对满足本条(d)(7)款规定条件的，即不上闩没有危险的舱门不要求有锁定机构，这些门也不要求有专门的增压预防措施。

然而，上述情况要经过实例论证，即舱门关闭过程中的各个位置都不会使增压到不安全的情况。包括可能受单个元件失效或阻塞影响的位置：

（1）排除锁闭系统中阻塞、失效和故障后，对于舱门的各个可能位置而言，当增压发生时它要么具有足够的敞开，要么能预防增压或可以安全地关闭和闩住。

（2）在锁闭系统中有单个元件失效或故障时，舱门不必闩住，但是当增压发生时它应该具有足够的敞开，而能预防增压或安全的移动到关闭位置。

（3）由于锁闭系统中机构失效产生的阻塞或阻塞碎片的作用，施加在舱门或机构上的增压载荷不会造成影响飞行的损伤舱门和飞机机身的行为（包括目前和将来的飞行）。在这一点上，应该考虑阻塞和非破碎性碎片的作用，这种作用使舱门敞开而允许增压，在飞行过程中压力达到峰值后舱门松弛的情况。

第 25.783 (d)(1)：

（1）锁闩是可移动的机构元件，当闩上时能防止舱门打开。锁是一个机构元件，监控闩的位置，当锁上时能防止闩解开。固定的止动块不能作为锁闩，将门保持在与固定的止动块对应位置上的活动元件才认为是闩，闩的作用是防止门打开并在某些飞行情况下，尤其是非增压情况下承受一定的载荷。

（2）对于开门初始向内运动的承压舱门，止动块不是锁闩，插销是锁闩，此时不需要锁住锁闩的锁；对于开门初始向外运动的承压舱门，锁钩等承载的构件是锁闩；每个锁闩必须设置有一个尽可能靠近的锁。

（3）过中心措施往往是保持锁闩锁闭的一种工程措施。此时要特别注意锁闩操纵机构的刚度，刚度过小就会失去过中心锁闭的功能。

第 25.783(d)(2)：

锁闩及其操纵机构必须设计成,在所有的飞机飞行和地面载荷条件下,舱门在闩上后,没有外力或者扭矩试图拔掉锁闩。另外,闩系统必须有一个手段来保证锁闩在闩定的位置。这意味着它独立于锁定系统。

(1) 对于初始运动向外的舱门,门闩通常会承受振动、结构载荷、挠曲变形、压差载荷和气动载荷等。而对于初始运动向内的舱门,门闩通常会和止动接头共同承受这些载荷。

(2) 门闩应该这样设计,在整个飞机包线内的所有增压和非增压飞行,对于从操作机构分离的门闩,所有反作用力合力不能具有解闩的趋势。作为阻力作用在门闩上摩擦力,在考虑解闩时应该被忽略。门闩和相应结构附件变形的影响应该考虑。在过载情况下,任何锁闩元件若可能产生解解锁闩的力时,应当将该力减至最小。

(3) 即便在设计时要消除反作用力,应该认识到,仍旧有可能产生联轴力,可能使得锁闩逐渐移向脱开位置。因此,每一个锁闩,都应该设计有独立的锁闩系统的保险措施,确保有效地保持在闩好的位置。

(4) 锁闩机构的过中心特性是一种可接受的保险措施,只要其能自动有效防止产生反向驱动力。如果锁闩的设计要承受可能试图解解锁闩的联轴力,则该保险措施应当足以承受该力。

(5) 在那些用锁闩去操纵电器开关的设计中,任何由于开关所引起的作用在锁闩上的反作用力都是允许的,只要开关的任何可能移动不足以解解锁闩,也不会使锁闩承受任何试图解解锁闩的力或者扭矩。

(6) 锁闩安全保障手段必须独立于锁定手段。然而,门闩和门锁功能可能通过一个简单的操作手段来实现,只要在舱门锁定时,锁闩机构不会试图去打解锁。

第 25.783(d)(3)：

(1) 为保护承受增压或者初始打开运动非向内的舱门,每一个锁闩必须配有一个单一的门锁。门锁应该直接锁上锁闩。在这点上,门锁应该直接安置在锁闩上,以确保在锁闩操纵系统出现单独失效时,门锁能继续使得锁闩处于拴住门的位置。甚至在那些锁无法直接安置在锁闩的案例中,也必须达到同样的目的。在一些案例中,考虑到门锁的需要,一对整体连接的锁闩可以看作是一个锁闩,只要:

① 门锁可靠地监控锁闩上至少一个传载单元。

② 任何一个锁闩失效时,飞机可以满足 25 部中关于可靠飞行的所有要求。

③ 两者之间脱开时,飞机可以实现安全飞行和着陆,并且满足第 25.571 条

(结构的损伤容限和疲劳评估)中损伤容限的要求。

（2）在一些设计中,可能提供了超过必要的最小数量的锁闩,此时锁定系统的单个失效也应确保锁紧舱门所必要的锁闩能继续被锁定系统所约束,而且只需要满足设计要求的最小数量的锁闩被锁定系统约束即可。

第 25.783(d)(4)：

任何初始打开时向内运动的舱门,锁闩脱开可能导致灾难,必须有一个锁定手段来保证锁闩不脱开。即便是锁闩机构出现个别失效,锁定手段必须确保充分的闩闭,阻止舱门打开。

（1）在这些舱门上,锁定手段应监控锁闩,但不必直接监控和锁定每一个锁闩。另外,锁定手段能够定位,就像所有的锁闩能通过锁定锁闩机构来锁定。

（2）对锁闩机构中的任何个别失效,该手段必须仍能通过锁定充分数量的锁闩来确保舱门被安全的闩住。

第 25.783(d)(5)：

如果锁闩或锁闩机构不在锁闩的正确位置,一定不能将锁闩置于锁定位置。

（1）门锁应该对锁闩位置有一个有效的监控,如果任何锁闩脱开,完整的锁定系统不能移至锁定的位置。

（2）虽然过中心的特性可以认定是锁闩机构的保险措施,但不能认为该保险措施是该锁闩的锁定措施。

第 25.783(d)(6)：

（1）虽然门锁并不是保持锁闩闩住的首要手段,但是,它们必须有足够的强度去承受任何可能在被认可的舱门操作模式中强加在舱门上的载荷。

（2）在手动操作的舱门上的手柄操纵载荷应该是合理的对人为因素的评估,通常认为手柄操纵载荷不必超过 136kgf。

（3）有动力驱动的锁闩作动器所产生的载荷通常可以预测;然而,其他的驱动系统所产生的载荷则难以预测。基于这个原因,门锁应该有足够的强度承受来自于锁闩驱动系统所产生的载荷。

（4）当采用其他锁闩驱动系统时,应当安装载荷限制装置,以保护锁闩与锁系统,防止超载。

（5）如果锁闩的设计使其可能产生让锁闩脱开的后牵引力,当锁闩操纵系统和锁闩脱开时,锁应能足以承受该载荷。

第 25.783(d)(7)：

在锁闩脱开时,不会导致灾难的舱门,不必要有锁定机构,但必须满足第25.783(d)(1)和第 25.783(d)(2)关于门锁的要求。

第 25.783 (e)(1)：

(1) 为将舱门不完全操作的可能性降至最低,应该尽可能在一个位置执行所有的操作。如果某一扇门有一个以上的操作者位置,则每个位置都要有适当的标示。

(2) 在每个舱门操作人员位置处,所有要求的关闭、锁闩和锁定门的操作已经完成的明确指示措施通常可为最终的手柄位置或指示灯等。

第 25.783 (e)(2)：

本款针对未锁闩可能有危险的舱门。

(1) 除非操作者可以直接目视到舱门已经完全关闭、闩住和锁定,否则需要设置一个单独的指示来直接监视舱门的关闭、闩住和锁定状态,而且这种指示对于操作者必须是明显、明确的。例如,一个泄压门,或者是一个在操作者位置上能监控门锁的指示灯是可接受的。

(2) 对于遥控操作的舱门,在舱门设计时也要满足这种要求。比如,由于舱门位置的缘故,在操作者位置上很难确定舱门的位置,也不清楚舱门是在关闭位置或是仅仅靠近关闭的位置。这种情况下,可能需要提供一个措施,来防止舱门在锁闩位置时就关上,或者能防止锁闩被移开,除非舱门已经位于关闭位置。对于手动操作的舱门,或者其未关闭是明显的舱门(例如,被锁闩卡在上锁的位置上),上述措施可能是不必要的。

第 25.783 (e)(3)：

(1) 对于承受压力且最初的开门动作不是向内的每个舱门,以及未锁上会造成危险的每个舱门,指示信号必须可靠,并确保持续可信,要求任何失效或失效组合导致错误的关闭、锁闩和锁定指示是不可能的,其错误率不大于 10^{-5}/飞行小时。

(2) 为了保证不出现该错误指示,AC25.783-1A 中说明可以在舱门上安装两套独立的指示系统。然而,一套系统应具有必要的安全水平。而且该指示系统应设计成,在地面与飞行中指示系统与飞机结构之间的相对偏差不会导致错误的指示。

(3) 目视装置可以是一个普通的琥珀色提示灯,或是一个与主警告系统关联的红色告警灯,采用何种颜色的指示灯,取决于舱门的关键程度及飞行中打开造成的危险程度。指示灯的颜色如下:

① 对于承受压力且最初的开门动作不是向内的每个舱门,以及未锁上会造成危险的每个舱门,该指示灯的颜色应为红色,作为告警使用(指示危险情况,可能要求立即采取处置措施);

② 对于其他舱门,该指示灯的颜色应该是琥珀色,作为提示使用(指示后续可能视情需要采取处置措施)。

第 25. 783（e）（4）：

（1）如果某些位置上的舱门没闩住（可以打开），返将影响安全起飞和返航，那么对这些舱门除设置目视指示信号以外，还需要增加一个明显的声学告警。该声学告警的功能类似于 25.703 条中要求的起飞告警系统是非常重要的。这些门的目视显示可以是一个红色的灯，或者显示在主告警系统上。

（2）需要这些声学告警的包括下述舱门：

① 如果该舱门没有完全关闭、闩住和锁上，机身结构完整性将降低；

② 如果该舱门打开，将影响飞机的操纵性到一个不可接受的水平。

第 25. 783（f）：

（1）舱门关闭位置及闩、锁状态的直接目视检查措施很有必要，因为在某些情况下飞机有可能在驾驶舱或其他远程指令显示舱门存在不安全的状态，而此时所有舱门的关闭、闩住和锁定操作已经完成。此时要利用目视检查确定是否允许飞行，在这种情况下目视检查就应该独立于其他指示并有更高的真实度。

（2）该目视措施应满足以下要求：

① 允许直接观察锁的状态并能确切显示每个门闩是否闩住、每把门锁是否锁定。对于有闩没锁的舱门，直接观察闩的位置及其约束机构从而确定门闩的闩住状态。在不会导致错误的锁闩和锁紧指示的情况下，利用光学设施或指示标记的间接目视检查也是可以接受的；

② 应防止由于观察角度变化对闩、锁状态产生的错误显示。闩、锁状态应该非常明显，无需添加任何判断人的推断过程；

③ 应当能防止不正确舱门机构装配与调整从而导致的错误指示。排除误装配产生的错误闩住、锁紧状态。

（3）如果使用辅助标识帮助识别闩、锁状态，这些标识必须具有永久性物理特征以确保它们可以准确定位。

（4）尽管目视措施是清晰的，然而也有必要设置标牌与指示以解释闩、锁状态。

（5）如果使用光源或窗户观察闩、锁状态，光源、窗户应能提供清晰的视场，不能因雾、反光材料影响而显示各闩、锁状态的错误信息。此类光源和窗户的材料要能抗擦伤、裂纹及其他任何在飞机清洗操作时常用材料和液体带来的损伤。

第 25. 783（g）：

本款说明某些舱门只需满足规定的部分要求。APU 检查口盖（舱门）是典型的能满足本款中多个准则的舱门。它位于机身的非增压部位，通常在维修、维护时才敞开，如果在飞行中打开也不会造成危险。通常 APU 口盖（舱门）都有明显的关闭状态指示，因此一般情况下 APU 口盖（舱门）只需采取防止飞行中被无意打开的措施。

第 25.783（h）：

本款提供了判断危险舱门的准则，该准则包括考虑由于失压、气动干涉、与系统或结构（如舱门脱离飞机撞击在发动机或活动面上）的相互作用等产生的危险。可以将舱门分为如下4类：

（1）舱门的初始开启运动非向内，如果未锁闩，认为是危险的；

（2）舱门的初始开启运动向内，如果未锁闩，认为是危险的；

（3）舱门的初始运动向内，如果未锁闩，认为是没有危险的；

（4）打开时会对飞机安全有极小或没有影响的增压区外的一些小尺寸维修口盖，认为是没有危险的。

对于第25.783上述条款有关安全性设计的总体解读为：

（1）为了防止舱门在飞行中打开并造成危险，必须提供多层次的保护避免发生失效故障和人为错误。这些多层次的保护措施有闩系统、锁系统、指示系统和增压预防措施。

（2）舱门需要有闩系统，并且尽可能消除脱闩的力，为防止脱闩，对于脱闩可能会有危险的舱门，必须有独立的锁系统；尽管如此，关门操作者仍然会在关门时犯错误，需要有一套指示系统，如果门没有关闭、上闩和上锁，将给驾驶舱发信号；然而，指示系统仍然可能失效或者没有被注意到，为此需要一套独立的系统在门没有完全关闭、闩上和锁定时防止增压到不安全水平（增压预防措施）。

（3）当门关闭、上闩和上锁后，驾驶舱指示系统仍然提醒舱门处于不安全状态，这时需要目视检查措施以确定飞机是否可以派遣。

（4）虽然第25.783条没有对预防舱内过压打开舱门提出明确要求，但FAA在AC 25.783—1A中提到：因为约束打开舱门或者影响增压系统的装置在一些失效情况下会使舱内产生过压，因此应当在设计中考虑这个问题，并且在必要时提供警告，建议每个应急出口具有压力释放系统，只有在地面上达到安全压差时才能打开出口。

2. 第25.801条解读

该条中只有（e）款与舱门有关。飞机水上迫降时，外部舱门在着水或滑水过程中由于不稳定运动，在这些部位常常有相当大的局部水压力，可能导致舱门结构损坏，而对飞机的水上漂浮特性产生影响，甚至造成人员受伤。因此，需要对飞机外部舱门进行强度分析，确定是否因合理的水压载荷出现破坏，若破坏是可能的话，应在运动姿态与漂浮特性分析与试验中考虑这些影响。

用模型水池试验的方法，确定飞机外部舱门是否遭受水载荷作用，若受其作用，则给出在最大浪高情况下，波长等于机身长度的1~2倍时的压力值。

3. 第 25.803 条解读

第 25.803(a):

该款要求当飞机在起落架放下和收上的撞损着陆时,并考虑到飞机着火时具有的应急措施。对于应急舱门而言,在设计过程中,要考虑着陆时不同的起落架状态(如:全部或某个或几个起落架放不下,或一根或几根起落架支柱折断)和飞机着火对应急舱门的开启、应急撤离效率的影响,必要时应通过试验验证。

第 25.803(c):

针对客座量大于 44 座的飞机,"最大乘座量"是指提交合格审定的飞机构型中最大客座量的乘员人数并加上申请合格审定的营运规则所要求的机组成员人数,该机组成员人数是指飞机飞行手册中列出的最少飞行机组人员和 CCAR 121.391 条中根据载客能力所要求的最少飞行乘务员人数。

若分析与试验的结合足以提供与实际演示所能获得的数据等同的数据资料,并经局方批准,则不需要进行全尺寸应急撤离演示试验。"分析与试验相结合"是指不做全尺寸应急撤离试验,在大量可用数据(必须是同类的,经过以前演示的)支持下进行类比分析,但并不排除局部的对某一型别舱门的撤离率试验等。

CCAR25 附录 J 给出了应急撤离演示试验的程序及方法,以表明对第 25.803 条的符合性。

4. 第 25.807 条解读

本条款规定了旅客应急出口的形式和位置,共有Ⅰ型、Ⅱ型、Ⅲ型、Ⅳ型、机腹型、尾锥型、A、B、C 型等多种形式。规定的内容主要有尺寸、形状、位置、数量、跨上跨下距离等。

第 25.807(a):

Ⅲ型出口可位于机翼上方,也可不在机翼上方,但Ⅳ型出口必须位于机翼上方。

第 25.807(e):

为保持应急情况下旅客有效撤离,应同时考虑应急出口与客舱内部座椅布置关系、应急出口在机身上的相对位置,以保证出口的布置尽可能均匀分布。AC25.807-1 中定义了旅客分区、最大乘客座椅数、客舱长度、应急出口系数、机身长度因子和应急出口偏差等参数,给出了一种分析应急出口是否均匀分布的计算方法。

第 25.807(f):

要求旅客应急出口必须是易于接近的,其位置要能提供有效的旅客撤离措施。易于接近是指该应急出口的通路满足第 25.813 条相关要求,必须考虑该出口是否接近螺旋桨平面、发动机进气口或尾喷口、潜在的火源、潜在的机身坠撞损伤等因素,以保证能提供有效的旅客撤离措施。

对只有一个与地板齐平的应急出口的飞机,其必须位于客舱后部的原因是通常客舱后部的座位布置比较密集,且在迫降的情况下飞机尾部的存活率比较高。

第25.807(g):

应急出口尺寸大小直接影响到乘员的撤离速度。本条对 A、B、C、Ⅰ、Ⅱ、Ⅲ、Ⅳ型应急出口给出了对应的最大许可乘客座椅数。机身两侧的应急出口尽可能对称布置,具备的撤离能力要相当。

第25.807(i):

考虑到每个飞机在应急情况下都可能需要水上迫降,因此无论是否申请水上迫降合格审定,必须设置水上迫降应急出口。如果旅客应急出口在飞机侧面水线以上,该出口也可同时作为水上迫降应急出口,飞机侧面水线依据第25.801条来确定。

第25.807(j):

比如在驾驶舱内设置有阻挡飞行机组接近旅客应急出口的观察员座椅,或者旅客应急出口设置在客舱中部或后部,飞行机组必须通过客舱才能接近旅客应急出口,从而导致旅客应急出口与飞行机组区的靠近程度不能为飞行机组撤离提供方便的易于接近措施的飞机,必须在飞行机组区设置飞行机组应急出口。对于客座量大于20座的飞机,都必须在飞行机组区设置飞行机组应急出口。飞行机组应急出口的设置应考虑飞行机组易于接近,方便撤离的可能性,设置在飞行机组座椅和出口之间的障碍不能妨碍有效撤离或者降低撤离速度。还必须保证在从出口撤离至地面的过程中,不能有机身外部天线等凸出物伤害飞行机组,在评估时还必须考虑一根或几根起落架支柱折断导致飞机倾斜或俯仰后的各种不利姿态。必要时通过典型的机组成员演示出口的实用性。

5. 第25.809条解读

第25.809(a):

应急出口是旅客及机组成员在应急情况下,从机内撤离到地面的必要出口,因此必须是活动的舱门或带盖舱口,以便在应急情况下可被迅速打开,使机上所有乘员能在规定的时间内撤离飞机。

另外,应急情况下,在撤离者打开某出口之前能够观察到机外是否有火情等状况,以决定是否应该开启此出口,能保护撤离者免受意外的伤害,因此在每个应急出口上或其附近有能够观察外部状况的设施是非常必要的。这样的外部观察设施应能被准备打开出口的人员使用,可以是位于出口上或者出口邻近框间距内的窗户,倘若在该出口和观察设施之间无障碍,比如没有设置分隔板。某些出口为了提供足够的观察范围,在每个出口上安装了两个外部观察窗户也是可接受的。

外部观察设施是为了使人在对外部状况评估的基础上确定是否打开出口并且从该出口撤离是安全的,然而此时对于某些出口(如翼上出口),基于所能观察到的范围还不能对撤离者接地的区域做出评估,为此增加一个目视设施是必要的。利用该设施,在所有照明条件下,在起落架放下和起落架折断的所有条件下能够观察撤离人员接地的可能区域,该观察设施可能会离出口远一点。另外,也有事故表明:机外除可能有火情外,还可能有水或其他障碍,如果出口底部在水线下,打开出口将使客舱进水影响撤离,如果出口靠近其他障碍,打开出口可能导致滑梯在舱内展开,影响撤离。在该目视设施使用时的照明条件方面,没有专门的最低照明水平的要求,可以使用应急照明系统,也可以使用应急情况下可用的任何内部和外部灯光来提供接地区域的可见性。

外部观察设施可同时满足以上双重目的。

第 25.809(b):

本条款是对应急出口开启方式和开启时间的要求。

由于某些原因,如机内烟雾或机组人员的伤亡,造成应急出口无法从内部开启,为了应急撤离的需要,出口必须能从外部打开。

由于增强的驾驶舱门妨碍了从飞行机组区域方便迅速地接近其他经批准的出口,为此可采用:一是在飞行机组区域提供出口或舱盖,可以从外侧打开。二是飞行机组区域的出口或舱盖不能从外侧打开时,必须同时满足下列两条要求:

(1)其他经批准的出口可供飞行机组使用,该出口需要能从外侧打开,而且其位置不应妨碍方便迅速地接近,比如该出口不应位于客舱中部或后部致使穿过客舱才能接近。

(2)表明驾驶舱门在关闭和锁定位置时,营救人员可正常使用无动力手持工具(如铁锹、斧头等)打开或破坏驾驶舱门从而进入驾驶舱。FAA 说明从营救人员开始接触驾驶舱门到进入驾驶舱,所允许的最大时间不超过 10min。这必须通过演示试验表明符合性,在演示中注意的是:营救人员应当是经受培训过的救援人员,但其对驾驶舱门设计是陌生的。

在机身无变形时,当飞机处于正常地面姿态,和起落架支柱折断而造成的每一种姿态下,即使在飞机内侧有人拥挤在门上时,每个应急出口必须能在 10s 内完全打开。由于起落架支柱折断会导致飞机俯仰或倾斜,因此需要确定飞机的这些不利姿态,并验证当飞机处在正常地面姿态和各种最不利状态下,出口能在 10s 内完全打开。出口完全打开是指出口打开后处于最终位置的状态,比如出口打开装置已经将出口保持在打开位置,或者打开舱盖后已经将舱盖放置在合适的存放位置(针对可卸舱盖)等。

为防止飞机内侧有人拥挤在门上影响开门,可使打开出口时舱门向内的运动及有人干涉内侧手柄操纵的可能性降至最低。

第25.809(c):

为使开启应急出口的措施简单明了,对于旅客应急出口,为解锁和打开出口,所要求的简单的手动手柄操作动作不得多于一个。对于仅被飞行机组使用的出口,可以使用按顺序多次操作来打开出口的方法,只要能合理制定出这样的顺序操作方法,而且对于受过使用训练的飞行机组来说是简单明了的。出口的开启措施也必须具有满足第25.811和第25.812相关条款要求的标记,即使在黑暗中,也能易于定位和操作。

为使开启应急出口不得特别费力,AC25-17A中说明在机身增压到起飞和降落时允许的最大压差下(通常为0.125psi,1psi=6.894kPa),出口可被打开,如果具有自动放气等设计措施使此压差不可能出现,那么出口应当在滑行、中断起飞或轻微坠撞后合理可能出现的压差下能打开出口。AC25.783-1A中说明:打开应急出口的操作应当在不使用主操纵系统下,不要求操作者有特别技能或特别费力情况下表明,操作力应当包括最大允许的地面客舱压差的影响。作为指导,这个操作力应当不大于50lbf。

对于门梯合一的整体式舱门,它的舱门、整体式梯子和操作机构必须设计得具有足够的强度和刚度,以免由于变形过大或起落架支柱折断引起飞机姿态变化而影响它的作用。门梯合一的整体式舱门必须能够承受25.561(b)(3)规定的周围结构分别作用的惯性力,在这些力的作用下不会产生过大的变形,以致影响旅客撤离的有效性。在非正常停机而使飞机倾斜的情况下,一样能把梯子放好,使旅客迅速撤离。

第25.809(d):

如果在应急情况下操作一个以上出口的主系统是单个的助力或单个动力操作系统,则在主系统失效的情况下每个出口必须能满足本条(b)的要求,从开门装置启动到出口完全打开不超过10s。FAA客舱安全培训教材中说明:如果对出口进行人力操作,需要有两个或两个以上人员操作时,则必须有合适的培训程序。

需要通过演示表明在不使用助力或动力操作系统时,出口操作人员不必具有额外的技能或力气就能打开出口。

第25.809(e):

该款要求所有应急出口必须通过试验,或分析结合试验,表明满足上述

（b）、（c）两款的要求。对于新设计的应急舱门，一般应通过地面试验来验证，对于有继承的应急舱门，若在以前的型号上成功使用，可以通过分析结合补充试验来验证。

第 25.809(f)：

是从安全角度出发对应急出口的布置提出要求。对于使用螺旋桨发动机的飞机来说，在螺旋桨旋转平面内不要设置出口，以避免机组成员和旅客在上下飞机时受到螺旋桨的伤害，特别是在应急情况下打开出口撤离时。

第 25.809(g)：

该款要求应急轻度撞损着陆中机身变形不会导致应急舱门被卡住。在应急出口机身口框设计中必须要求口框有足够的刚度，以便与舱门的刚度匹配。良好的刚度匹配既能防止机身口框在撞地时变形过大卡住舱门，也能更好实现舱门的气密要求。舱门与机身口框的间隙要参照同类成熟飞机应急出口的结构间隙。

第 25.809(h)：

该款对大型涡轮喷气客机，每个机腹型出口和尾锥型出口，提出了通过设计和构造使飞机在飞行中不能打开的要求。

第 25.809(i)：

该款要求每个应急出口舱必须有打开到位锁，将舱门保持在打开位，舱门打开到位后自动上锁，不需要另外的动作进行上锁，其目的是一方面节省应急门在应急打开时的操纵时间，另一方面避免应急门打开后又自动关闭，影响应急撤离；要关门时，则必须先有明确的动作解锁，使应急门脱离打解锁闭的位置。

11.3　可靠性与安全性

11.3.1　故障状态影响等级、概率及功能研制保证级别

舱门的故障状态影响等级、概率及功能研制保证级别的定义见表 11-2。

表 11-2　故障状态影响等级、概率及功能研制保证级别

故障状态影响等级	故障状态对飞机的影响	定性描述	定量概率	功能研制保证级别
灾难性故障（Ⅰ级）	①引起人员死亡 ②系统（如飞机）毁坏 ③阻止飞机继续安全飞行和安全着陆	极不可能的	$\leqslant 10^{-9}$／飞行小时	A

故障状态 影响等级	故障状态对飞机的影响	定性描述	定量概率	功能研制 保证级别
危险的故障 （Ⅱ级）	①引起人员严重伤害； ②系统严重损坏，大幅度降低安全裕度或功能能力； ③飞行机组工作负担更高或者身体不适，以至于不能依靠飞行机组准确执行或者完成任务	极稀少的	$\leqslant 10^{-7}$/飞行小时	B
重大的故障 （Ⅲ级）	①引起人员轻度伤害； ②系统轻度损坏，显著降低安全裕度或功能能力； ③显著增加飞行机组的工作负担或者健康状况，削弱飞行机组的工作效率，导致任务延误或降级	稀少的	$\leqslant 10^{-5}$/飞行小时	C
轻微的故障 （Ⅳ级）	①不足以导致人员伤害； ②轻微降低安全裕度； ③导致非计划性维护或修理，轻微加重飞行机组工作负担	合理可能的	$\leqslant 10^{-3}$/飞行小时	D

11.3.2　舱门故障模式与统计分析

1. 主要故障模式

舱门的主要故障模式包括偶然打开、密封失效、不能打开或不能关闭、指示系统误示、人为操作失误、偶然关闭等。

（1）舱门偶然打开：指飞机飞行过程中，舱门由完全关闭上闩锁定状态受机械故障等因素影响所导致的意外开启。舱门偶然打开对飞机的飞行安全有着很严重的影响，从事故统计来看：舱门若在高空偶然打开，则会导致灾难性事故发生；若在起飞或着陆过程中发生偶然打开并发现较早，则可能会避免灾难性事故发生，但仍会发生重大的事故。可见，舱门偶然打开这一故障模式的危害性很大。

（2）舱门密封失效：指舱门结构受损或者密封元件老化导致舱门的漏气故障，是飞机舱门的一种主要的故障模式，一般会导致Ⅲ级飞行事故，严重时也可能导致舱门偶然打开引起灾难性事故。

（3）舱门不能关闭或不能打开：指舱门由于运动机构（包括解锁机构、提升机构、锁定机构等)卡住或门体、门框变形过大引起卡住,以及助力装置失效等导致舱门不能正常开关或者不能正常开关到位的故障。这类故障一般发生在地面,较多的会导致Ⅲ级或Ⅳ级事故,但在紧急撤离情况时,也可能导致Ⅱ级事故。

(4)指示系统误示:指示系统显示舱门关闭、锁闩和锁定但舱门实际未关闭锁定,或者舱门已关闭、锁闩和锁定但指示系统未显示。这类故障会导致机舱无法加压,或影响工作人员操作。一般会导致Ⅱ或Ⅲ级飞行事故。

(5)人为操作失误:指由于工作人员自身原因导致的飞行事故,加强对工作人员的培训可以避免此类故障。一般会导致Ⅲ级飞行事故。

(6)舱门偶然关闭:指未在人为操作下,舱门自动关闭。该故障可能由于机械或电气故障导致,因为发生在飞机处于地面的状态,一般会导致Ⅲ级飞行事故。

根据适航条例,将舱门主要故障模式的可靠性指标要求列入表11-3。

表11-3 民机舱门主要故障模式的可靠性指标要求

功能	故障模式	指标要求	备注
锁定	偶然打开	10^{-9}/飞行小时	源于 CCAR25 § 25.783(a)
告警	告警装置误示	10^{-5}/飞行小时	源于 CCAR25 § 25.783(e)
开启	不能打开	10^{-5}/飞行小时	源于 CCAR25 § 25.783(b)

2. 统计分析

已收集到的53起舱门故障导致的飞行事故,其中,偶然打开31起、密封失效8起、不能打开或关闭3起、人为操作失误5起、指示系统误示5起、偶然关闭1起,按照故障模式发生比例统计如表11-4所示。

表11-4 故障模式统计(次数/百分比)

故障模式 / 事故等级	偶然打开	密封失效	人为操作失误	指示系统误示	不能打开或关闭	偶然关闭
Ⅰ	13/24.53%	—	—	—	—	—
Ⅱ	9/16.98%	—	—	—	—	—
Ⅲ	9/16.98%	8/15.09%	5/9.43%	5/9.43%	3/5.66%	1/1.89%
合计	31/58.49%	8/15.09%	5/9.43%	5/9.43%	3/5.66%	1/1.89%

由表11-4可知,舱门偶然打开导致的飞行事故最多,而且危险性等级也最高,包括13次Ⅰ级事故、9次Ⅱ级事故和9次Ⅲ级事故,需特别重视。另外,其他故障模式主要会导致危险性等级为Ⅲ级的飞行事故。舱门导致飞行事故按故障模式分类如图11-1所示。

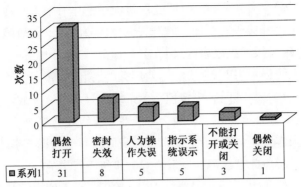

图 11-1 舱门导致飞行事故按故障模式分类

	偶然打开	密封失效	人为操作失误	指示系统误示	不能打开或关闭	偶然关闭
系列1	31	8	5	5	3	1

1）"偶然打开"事故统计分析

根据所收集的飞行事故,将其中由"偶然打开"引起的事故按发生的时间顺序,将事故机型、事故表现模式、失效原因及对应的事故等级整理列入表11-5。

表 11-5 由"偶然打开"引起的飞行事故统计分析

序号	时间	机型	故障表现模式	失效原因	事故等级	备注
1	1952-07-27	B737	客舱门打开	锁定装置失效	I 级	1 人死亡
2	1966-04-15	Lockheed CC-130B	前货舱门打开	锁定装置失效	II 级	
3	1972	DC-10	后货舱门打开	门闩锁机械故障	II 级	
4	1974	DC-10	后货舱门脱落	门闩锁机械故障	I 级	346 人死亡
5	1975-04-04	Lockheed C-5A Galaxy	货舱门打开	门闩锁机械故障	I 级	不详
6	1981-06-26	Hawker Siddeley	货舱门脱落	锁定装置失效	I 级	3 人死亡
7	1988-04-28	B737-297	驾驶舱舱门脱落	门闩锁机械故障	I 级	1 人死亡
8	1989-02-24	B747-122	前货舱门打开	电动控制门锁设计失误	I 级	9 人死亡
9	1989-03-18	DC-9	货舱门打开	锁定装置失效	I 级	不详
10	1989-07-14	DC-8	货舱门打开	门闩锁失效	III 级	
11	1992-09-13	Antonov 124	货舱门打开	鸟撞击到货舱门	I 级	不详
12	1999-07-28	Hawker Siddeley	货舱门打开	锁定装置失效	II 级	—
13	2001-08-28	Dassault Falcon 20	货舱门打开	锁定装置失效	II 级	—
14	2002-03-6	FD328-100	前客舱门打开	门闩锁机械故障	II 级	
15	2003-08-24	Let 410	货舱门打开	锁定装置失效	I 级	不详
16	2004-05-08	伊尔 76	货舱门打开	锁定装置失效	I 级	129 人死亡
17	2004-08	CRJ-CL65	舱门打开		III 级	—
18	2004-10	B737-800	1R 舱门警告灯亮		III 级	—

278

序号	时间	机型	故障表现模式	失效原因	事故等级	备注
19	2004-11-15	A330	飞行途中货舱门发生了故障	锁定装置失效	Ⅲ级	—
20	2005-04-13	阿兹特克	舱门被湍流冲开	舱门门闩锁机械故障	Ⅲ级	—
21	2005-11-05	Cessna 500	登机门打开	锁定装置失效	Ⅰ级	不详
22	2006-08-08	福克 100	登机门脱落	舱门门闩锁机械故障	Ⅱ级	—
23	2007-01-12	Cessna 525	货舱门打开	人为因素没有检查货舱门	Ⅰ级	不详
24	2008-08-26	B737	舱门打开	锁定装置失效	Ⅰ级	65人死亡
25	2009-09-02	B767-300	货舱门打开	锁定装置失效	Ⅲ级	—
26	2010-06-17	B737-800	飞机舱门打开	门闩锁机械故障	Ⅲ级	—
27	2011-06-20	A320-200	前货舱门打开	鸟撞击	Ⅲ级	—
28	2011-11-30	A320-200	发动机检修门脱落	—	Ⅲ级	—
29	2013-10-10	比奇国王	舱门脱落	—	Ⅱ级	—
30	2014-01-14	湾流 200	维修门打开	锁定装置失效	Ⅱ级	—
31	2014-01-17	An-148	货舱门打开	过载	Ⅱ级	—

值得注意的是,在舱门偶然打开导致的31起飞行事故中,货舱门偶然打开有18次(9次Ⅰ级事故、5次Ⅱ级事故、4次Ⅲ级事故),占到58%;客舱门偶然打开有11次(4次Ⅰ级事故、3次Ⅱ级事故、4次Ⅲ级事故),占到35%;还有2次其他舱门的偶然打开事故(1次Ⅱ级事故、1次Ⅲ级事故),占到7%。由统计数据可见,货舱门最易发生偶然打开事故。主要原因如下:

(1)货舱门中有的采用向外开启的非堵塞式舱门,会增加飞行中偶然打开的概率。

(2)货舱门一般都比其他舱门尺寸大、表面积、体积、重量大,货舱门的门闩和锁定装置所承受的增压压力和本身重量也会相应大一些,以及舱门结构各个部分之间的相对变形较大,锁的可靠度就可能受到影响。

(3)货舱门一般是由地勤人员来操作的,在装卸完毕货物之后,可能对货舱门的关闭上闩锁定检查不够仔细而导致舱门偶然打开。

这些特点都是货舱门所独有的,在设计时需要注意。

2)"不能打开或关闭"事故统计分析

根据所收集的飞行事故,将其中由"不能打开或关闭"引起的事故按发生的时间顺序,将事故机型、事故表现模式、失效原因及对应的事故等级整理列入表11-6。

表 11-6　由"不能打开或关闭"引起的飞行事故统计分析

序号	时间	机型	故障表现模式	失效原因	事故等级
1	2002-03	J-41	舱门无法打开	舱门右锁定滚轮卡滞	Ⅲ级
2	2007-06-13	CRJ CL65	舱门无法打开	机构元件损坏引起卡住	Ⅲ级
3	2007-10-26	福克100	舱门无法关闭	舱门电动机故障	Ⅲ级

通过表 11-6 可以看出,由"不能打开或关闭"引起的事故等级一般为Ⅲ级。

3)"密封失效"事故统计分析

根据所收集的飞行事故,将其中由"密封失效"引起的事故按发生的时间顺序,将事故机型、事故表现模式、失效原因及对应的事故等级整理列入表 11-7。

表 11-7　由"密封失效"引起的飞行事故统计分析

序号	时间	机型	故障表现模式	失效原因	事故等级
1	2002-10-22	B777-200	无法保证舱门密封	外力导致飞机舱门故障	Ⅲ级
2	2004-06	B737-800	1L 舱门出现声响	1L 舱门铰链杆上出现凹痕	Ⅲ级
3	2004-08	CRJ-200	舱门 1L 发出振动噪声	机身裂纹扩展至舱门处	Ⅲ级
4	2006-07-25	未知	舱门密闭性遭破坏	舱门轻微损坏	Ⅲ级
5	2007-12-22	B747-400	舱门锁突然弹开,舱内响起"嗞嗞"的风啸声	插销卡榫易位	Ⅲ级
6	2008-04-09	A320	客舱前舱门有声响	—	Ⅲ级
7	2010-12-03	B737-800	舱门密封条泄漏	密封条老化	Ⅲ级
8	2011-2-7	CRJ-200	舱门漏气使客舱失压	舱门轻微故障	Ⅲ级

通过表 11-7 可以看出,由"密封失效"引起的事故等级一般为Ⅲ级。

4)"指示系统误示"事故统计分析

根据所收集的飞行事故,将其中由"指示系统误示"引起的事故按发生的时间顺序,将事故机型、事故表现模式、失效原因及对应的事故等级整理列入表11-8。

表 11-8　由"指示系统误示"引起的飞行事故统计分析

序号	时间	机型	故障表现模式	失效原因	事故等级
1	2004-03	B737-700	飞机无法加压	舱门"假锁"	Ⅲ级
2	2009-08-19	B737-800	一个应急出口的门显示打开	舱门指示系统故障	Ⅲ级
3	2009-08-24	A320	误示舱门打开	舱门指示系统故障	Ⅲ级
4	2009-10-03	CRJ-200	仪表指示货舱门没关	舱门指示系统故障	Ⅲ级
5	2010-12-05	DHC-8-400	客舱压力不正常,驾驶舱指示正常	舱门指示系统故障	Ⅲ级

通过表 11-8 可以看出,由"指示系统误示"引起的事故等级一般为Ⅲ级。

5)"偶然关闭"事故统计分析

根据所收集的飞行事故,将其中由"偶然关闭"引起的事故按发生的时间顺序,将事故机型、事故表现模式、失效原因及对应的事故等级整理列入表 11-9。

表 11-9　由"偶然关闭"引起的飞行事故统计分析

序号	时间	机型	故障表现模式	失效原因	事故等级
1	2003-08	A330-200	舱门突然关闭,廊桥收回	—	Ⅲ级

通过表 11-9 可以看出,由"偶然关闭"引起的事故等级一般为Ⅲ级。

6)"人为操作失误"事故统计分析

根据所收集的飞行事故,将其中由"人为操作失误"引起的事故按发生的时间顺序,将事故机型、事故表现模式、失效原因及对应的事故等级整理列入表11-10。

表 11-10　由"人为操纵失误"引起的飞行事故统计分析

序号	时间	机型	故障表现模式	失效原因	事故等级
1	2004-05	B757-200	机组人员在开启舱门时受伤	操作失误	Ⅲ级
2	2004-07	CRJ-CL65	一名机务人员在开动舱门门闩锁时被高速气流吹出机舱	操作失误	Ⅲ级
3	2005-06-06	B777	开启的舱门擦撞到空桥,导致舱门拉扯断裂卡在空桥上	人为因素	Ⅲ级
4	2010-10-14	A310-300	货舱门没关闭	人为因素没有检查货舱门	Ⅲ级
5	2011-03-22	B737	飞机舱门无法关上	廊桥刮擦飞机舱门	Ⅲ级

通过表 11-10 可以看出,由"人为操作失误"引起的事故等级一般为Ⅲ级。

11.3.3　舱门安全性分析

11.3.3.1　概述

舱门可靠性、安全性是舱门设计赋予的固有属性,是从不同的角度对舱门提出的性能要求。舱门可靠性主要着眼于舱门的各种故障概率及其影响分析,舱门可靠性的高低影响飞机的派遣率、舱门的维修频度甚至飞机的安全性。舱门的安全性主要着眼于个各种故障和人为因素可能造成的飞机安全隐患与事故等级。

舱门安全性分析是对舱门进行系统的综合评价,以表明舱门满足相关的安全性要求。舱门是一个以结构、机构为主,以液压和电控系统为辅的综合系统,因此,在进行舱门安全性分析时,需要对舱门的各个分系统进行安全性分析。安全性分析应贯穿于舱门的整个设计阶段以及使用、维修整个阶段,同时必须将舱门系统视为由各种分系统组成的综合系统,运用所规定的方法对各分系统进行分析,给出舱门的安全性分析结论。若满足舱门的安全性指标要求,分析完成。若不满足,则要进行各分系统的改进设计,直至满足要求。

对舱门系统进行安全性分析,可以确定系统在工作模式中的潜在危险,预计这些危险对人员伤害或对设备损坏的严重性和可能性,并确定消除或减少危险的方法,以便能够在事故发生之前消除或尽量减少事故发生的可能性或降低事故有害影响的程度。

舱门安全性分析的常用方法有功能危险性分析(FHA)、初步系统安全性评估(PSSA)、系统安全性评估(SSA)、故障模式及影响分析(FMEA)、故障树分析(FTA)、共因分析(CCA)等。

11.3.3.2　安全性分析与评估工作目标

通过舱门安全性分析与评估,表明舱门满足民用航空规章 CCAR25.1309 条款和型号研制目标规定的安全性要求,工作目标有:

(1)确定以 CCAR25.1309(b)、(c)、(d)条款作为舱门审定基础,以 AC25.1309-1A 咨询通报和 SAE ARP 4761 作为评估技术指导的安全性评估标准。

(2)按照飞机的适航审定计划确定各系统适用的条款和方法,开展系统和设备的安全性评估,确保安全性符合验证报告能够支持适航条款的验证。

(3)提交给适航审查代表的安全性符合验证报告主要有系统功能危险评估分析报告以及支持符合性结论的所有安全性分析报告等,以支持飞机的安全性评估验证。

11.3.3.3　安全性分析流程

首先在整机级 FHA 的基础上,即飞机分配给舱门的功能要求,对舱门进行系统级 FHA,接下来进行偏定性分析舱门初步系统安全性分析,然后进行偏定量分析的舱门安全性分析,最后给出安全性分析结论。

1. 舱门功能危险性分析

舱门功能危险性分析是系统地、综合地按约定层次检查舱门的各种功能,以确定故障或正常工作可能产生或促使诱发产生的潜在危险及其后果。

1)评估目的

(1)通过分析来全面识别各种危险状态及危险因素,确定它们可能产生的潜在影响,以便通过设计来消除或尽量减少这些危险状态及危险因素。

(2)对各种危险状态及危险因素进行初始风险评价,以便在方案选择中考虑安全性问题,并根据相似系统或设备的数据及经验,对与设计方案有关的各种危险的严重性、可能性及使用约束进行评价。

（3）通过分析，提出为消除危险或将其风险减少到使用方可接受的水平所需的安全措施和替换方案。

（4）提出进一步分析的方法，在舱门的研制过程中要不断地更新分析结果，提供能够满足这些安全性和可靠性要求的预先分析信息。

2）评估要求

FHA 分析对象是舱门的功能故障，而不是具体结构和硬件故障。它的分析范围应包括：

（1）在各种可能的工作方式下舱门系统完成的全部功能，包括测试、维护和应急工作。

（2）所有功能失效模式的故障状态产生的影响等级。

（3）所有潜在的危险因素。如舱门预定功能的故障对整个飞机或舱门以及有关人员（包括操作者、用户和维修人员）的影响，其他系统的故障对舱门的影响，舱门各种不同组件之间有关安全的交界面等。

（4）环境的影响。所有最不利情况的外部因素对舱门的影响。

（5）可能的共因失效源。

（6）人为失误。操作和维修中的人为差错等。

（7）拟采用的纠正措施和合格审定方法。

舱门功能危险评估见表 11-11。

通过系统级功能危险分析，舱门系统功能研制保证级别为 A 级。

2. 初步系统安全性评估

为确定舱门系统的安全性需求，根据舱门 FHA 故障状态影响等级对建议的舱门系统构架及其实施情况进行系统性的评估。如果舱门故障状态影响等级是灾难性（Ⅰ类）或危险性（Ⅱ类），还必须通过分析评估，确定舱门系统设计早期阶段的系统构架，推导出舱门系统安全性需求。

1）分析过程

PSSA 是整个研制过程中的一个反复迭代分析过程。对于舱门来讲，它从分配飞机功能和系统级的要求开始，将飞机功能分配给舱门系统，再将舱门系统级要求分配给舱门的各分系统或设备，并最终被分配给硬件和软件。给分系统或设备分配的风险将用来确定硬件的可靠性和硬件、软件的研制担保要求。

2）分析目的

PSSA 应该识别出导致舱门系统 FHA 中故障情况的故障原因，故障原因分析采用 FTA 分析方法。硬件故障、可能的硬件/软件错误及共因故障，应包含在 PSSA 中说明它们的影响，并推导出所需的舱门系统及其分系统和设备的安全性要求。

表 11-11 舱门功能危险性分析

系统名称:舱门

功能	危险说明 A. 功能丧失 B. 故障和不希望的动作 C. 其他系统的故障 D. 错用或共因事件	工作状态或飞行阶段	危险对其他系统的影响	危险对飞机或人员的影响	影响等级	分析方法	合格审定/验证方法
开启	A. 舱门不能开启	G	无	无	IV		设计预防
锁定	A. 舱门偶然打开	F,T,L	增压舱意外外泄压或造成机身结构破坏	飞机结构破坏,危及人员生命安全	I	FMEA,FTA,CCA	设计预防,概率分析
告警	A. 门已关闭,传感器误示舱门不到位	F,T,L	无	轻微加重机组负担	IV	FMEA	设计预防
告警	B. 舱门关闭不到位,传感器误示舱门关闭到位	F,T,L	无	可能造成舱门偶然打开	III	FMEA,FTA,CCA	设计预防,概率分析
密封	A. 舱门密封功能完全丧失	F,T,L	飞机局部泄压	气密舱噪声加大	III	FMEA	设计预防,试验验证

飞行阶段:①地面 G:G1 地面滑行;G2 飞机静止—系统工作;G3 维修。 ②起飞 T:T1 起飞滑跑(抬前轮之前);T2 起飞(抬前轮之后);T3 中断起飞。
③飞行中 F:F1 爬升;F5 下降;F2 收起落架;F6 进场;F3 放起落架;F7 复飞;F4 巡航;F8 其他。
④着陆 L:L1 着陆滑跑;L2 反桨减速。
影响等级:I 灾难性的;II 危险的;III 重大的;IV 轻微的

表 11-12　飞机舱门故障模式影响分析

分系统:门闩机构　　　　　　　　　　　　　　　　　系统:舱门

产品名称和型号/件号	产品功能描述	故障模式编号	故障模式	故障原因	飞行阶段	系统/分系统影响	影响等级	a. 故障指示； b. 具有相同指示的其他故障； 故障 c. 机组如何检测故障； d. 机组可以采取的补偿措施； e. 可能不正确的措施的影响； f. 维修人员如何检测故障。	对飞机影响	影响等级	能否出勤或继续飞行(Y/N)	附加故障(潜在故障)影响
门闩机构	对舱门进行锁定	—	锁定失效	制造公差、操作误差	F、T、L	不能对舱门进行锁定	Ⅲ	a. 指示灯燃亮 b. 锁定失效 c. 无 d. 无 e. 无 f. 地面检测	可能引起舱门偶然打开，无法飞行	Ⅲ	N	—

飞行阶段：
①地面 G：G1 地面滑行；G2 飞机静止—系统工作；G3 维修。
②起飞 T：
T1 起飞滑跑(抬前轮之前)；T2 起飞(抬前轮之后)；T3 中断起飞。
③飞行中 F：F1 爬升；F2 收起落架；F3 放起落架；F4 巡航；F5 下降；F6 进场；F7 复飞；F8 其他。
④着陆 L：L1 着陆滑跑；L2 反桨减速。
影响等级：
Ⅰ灾难性的；Ⅱ危险的；Ⅲ重大的；Ⅳ轻微的

285

通过 PSSA 分析过程,可减少合格审定计划后期向适航当局提供特定系统构架原理时出现的不必要的争论和抵触。

3. 系统安全性评估

通过定性或定量的方法分析检验舱门系统设计的安全性要求和目标是否满足,评估过程包括以下内容:

(1)检验在舱门系统 FHA 中确定的安全性设计要求是否满足。

(2)确认为整机级影响建立的故障状态影响等级是否合理。

4. 安全性深度分析

确定舱门深度分析方法的原则:一般对于影响等级为Ⅳ的,根据实际需要确定是否需要做进一步的分析工作;对于影响等级为Ⅲ的,一般采用 FMEA 或 FTA 方法;对于影响等级为Ⅰ、Ⅱ的,需要采用 FMEA、FTA 和 CCA。

1)舱门故障模式影响分析

故障模式及影响分析是一种系统的分析方法,用来明确系统、设备、功能或零部件的故障模式对更高设计层次的影响及故障的检测方法。舱门 FMEA 可采用“自下向上”的方法,分析各零组件在不同故障原因的作用下可能导致的故障模式及其对舱门、飞机和人员的影响程度,并在此基础上尽可能给出机组和维修人员应采取的措施。进而确定任何单一零组件故障是否符合所规定的安全性等级或指标要求。合理的 FMEA 分析尽可能要保证所有零组件的各种故障模式及影响都经过周密考虑,这样才能帮助设计者得到初步的最佳方案,为进一步的定量安全性分析提供基础。

(1)分析目的:

① 帮助设计者选择满足可靠性要求的最佳舱门设计方案。

② 找到对舱门故障有重大影响的零部件和故障模式并分析其影响程度。

③ 有助于在设计审议中对有关措施、检测设备做出客观评价。

④ 为进一步舱门定量分析(如 FTA)提供基础。

(2)分析要求:

① 列举舱门每个外场可更换单元在各个阶段有可能发生的每一种故障模式,确定与被分析单元有关的所有可能和潜在的故障模式和人为差错。

② 分析各零组件故障模式对舱门、飞机和乘员的影响程度和严重性。

③ 分析故障警告的方式以及机组人员对故障的处理方法或纠正措施,从而确定任何单一故障是否符合适航条例所规定的安全性要求或功能危险分析所确定的安全性设计指标。

一般情况下,舱门 FMEA 应主要针对影响舱门主要故障模式的分机构和系统开展进行,主要包括开启关闭机构、锁定机构、门闩机构、舱门结构、指示系统等。舱门门闩机构 FMEA 见表 11-12。

2）舱门故障树分析

舱门 FTA 通过"自上而下"的方法，将主要故障模式（顶事件）和各零组件及其故障原因（底事件）联系起来，并建立合理的逻辑关系。运用合理的定性和定量故障树分析方法，通过各底事件的故障率得到顶事件的发生概率。故障树的底事件全部来源于前期的 FMEA 工作。舱门故障树底事件的故障率需要建立专有的可靠性分析模型，采用特定的可靠性计算方法才能得到。若各个底事件的概率全部能精确给出，则构成故障树定量分析的基础；若有某些底事件的概率不能精确给出，则顶事件发生概率不能精确给出，给出的为近似解。利用以往型号设计积累的经验数据得到近似解是经常使用的方法。根据飞机级、舱门级的 FHA 结果，对于影响飞机安全及系统安全的灾难性的、危险的故障状态原因进行 FTA，并将分析结果形成故障树分析报告。

（1）故障树定性分析。

故障树定性分析的任务就是要寻找故障树的全部最小割集，并对最小割集进行分析找出薄弱环节，制定改进措施。

① 割集和最小割集。由于最小割集是导致顶事件发生的"最少"的底事件组合，如果设计能做到使每个最小割集中至少有一个底事发生概率极低，则顶事件发生概率极低。

② 求最小割集的方法。求最小割集的方法一般常用下行法和上行法两种方法。

下行法是沿故障树从上往下进行，即从顶事件开始，顺次将上排事件置换为下排事件。要点是"与门"直接增加割集的容量，"或门"直接增加割集的数目这一性质。遇到"与门"将门的输入横向并列写出，遇到"或门"将门的输入竖向串列写出，直到全部门都置换为底事件为止。但这样得到的底事件集合只是割集，还必须用集合运算法则加以简化、吸收，方能得到全部最小割集。

上行法是从底事件开始，自下而上逐步地进行事件集合运算，将"或门"输出事件表示为输入事件的并（布尔和），将"与门"输出事件表示为输入事件的交（布尔积）。这样向上层层代入，在逐步代入过程中或者最后，按照布尔代数吸收律和等幂律来化简，将顶事件表示成底事件积之和的最简式。其中每一积项对应于故障树的一个最小割集，全部积项即是故障树的所有最小割集。

（2）故障树定量分析。

故障树定量化的任务就是要计算或估计顶事件发生的概率。

故障树定量分析假设:底事件之间相互独立；

底事件和顶事件都只考虑两种状态，即发生或不发生，也就是说部件和系统都只有两种状态,即正常或故障。

②顶事件发生概率计算。在许多实际工程中,为简化计算,顶事件发生概率计算一般多采用近似算法。顶事件发生概率的近似算法,既可用于最小割集之间有重复出现的底事件的情况,也可用于最小割集之间没有重复出现的底事件的情况。其数学表达式为:

$$P(T) = F_S(t) = \sum_{j=1}^{N_k} (\prod_{i \in K_j} F_i(t)) \tag{11-1}$$

式中 $P(T)$——即 $F_S(t)$,顶事件发生的概率;

$F_i(t)$——在时刻 t 时第 j 个最小割集中第 i 个底事件的发生概率;

K_j——第 j 个最小割集;

N_k——最小割集数。

3)舱门共因故障分析

舱门共因故障分析包括区域安全性分析(ZSA)、特定风险分析(PRA)和共模故障分析(CMA)。舱门区域安全性分析是在设计的一定阶段根据飞机的总体布局有关图纸或样机按划定的区域进行综合分析,并结合舱门各分系统的FMEA分析结果,针对关键故障模式进行分析检查。舱门特定风险分析主要是分析外部的特定事件或因素对舱门的影响,典型特定风险如火、高能设备爆裂、鸟撞、冰雹、冰、雪、轮胎爆裂、液体泄漏、雷电、高强辐射场等。舱门共模故障分析主要用于确认故障树分析中“与门”下的“假定是相互独立的那些故障”事件是否确实是相互独立的,对于影响独立性的设计和相同设备、零组件故障的影响因素都要进行 CMA,CMA 可以结合 FTA 报告加以分析论述。最终通过分析验证舱门功能故障导致的Ⅰ、Ⅱ类事故满足安全性指标要求。

11.3.4　舱门可靠性设计

11.3.4.1　概述

现代飞机设计过程中一般会对整机或系统给定合理的可靠性设计目标,若在运营中该型号飞机出现可靠性问题,则会对飞机制造商,甚至机上乘员造成严重影响,进而导致用户订单减少甚至取消。因此,飞机可靠性问题既是涉及制造商生存、发展的根本性问题,又是决定型号设计成败的关键技术指标之一。

民机舱门是一个由结构、机构、电子及液压等系统组成的综合部件,每个组成部分的功能可靠性对舱门甚至飞机的安全性都有直接影响。目前,飞机舱门设计主要考虑功能设计或局部的结构机构可靠性设计。具体进行舱门可靠性设计时,可从舱门设计要求、事故统计和适航条款分析等方面,确定舱门主要故障模式及其可靠性指标,即可靠性量化要求;同时,结合常用的结构、机构及系统可靠性分析设计方法,归纳出一套舱门可靠性实用分析设计方法,并且该方法在使用时需要贯穿型号设计、试验、试飞、运行整个过程,是一个反复进行、多方考核,考虑对象由小到大逐渐深化的综合优化设计与分析过程。

11.3.4.2　舱门可靠性设计流程

在确定舱门主要故障模式、故障等级及对应的可靠性指标要求的基础上,开展舱门可靠性设计。舱门可靠性设计的内容包括:故障模式影响分析与定性故障树分析,建立舱门主要故障模式的可靠性模型,选择合适的可靠性计算方法对故障树底事件进行可靠性分析计算,运用定量故障树分析方法,得到舱门故障模式失效概率;共因故障分析主要指区域安全性分析、特定风险分析及共模故障分析;可靠性指标对比分析,若不满足指标要求,则开展舱门参数灵敏度分析,确定对故障模式失效概率影响较大的参数并对其进行优化设计调整,直至满足可靠性指标要求。

舱门可靠性设计分析流程如图 11-2 所示。

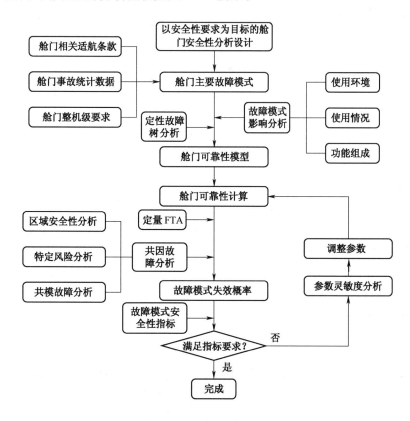

图 11-2　舱门可靠性设计分析流程

11.3.4.3　舱门可靠性指标分配

1. 分配目的与原则

舱门可靠性指标分配是为了把舱门的可靠性定量要求按照一定的准则分配给舱门各组成单元而进行的工作。其目的是将整个舱门的可靠性要求转换为每一个分系统或单元的可靠性要求，使之协调一致。它是一个由整体到局部、由上到下的分解过程。通过可靠性指标分配，把设计目标落实到相应层次的设计人员。

通过舱门可靠性指标分配，还可以暴露舱门设计中的薄弱环节及关键单元和部位，为指标监控和改进措施提供依据，为管理提供所需的人力、时间和资源等信息。因而，可靠性指标分配是可靠性设计中不可缺少的工作项目，也是可靠性工程决策点。可靠性指标分配应在舱门研制的早期进行，可按可靠性结构模型进行分配，使各分系统、单元的可靠性指标分配值随着研制任务同时下达，在获得较充分的信息后进行再分配。随着舱门研制的进展和设计的更改，可靠性分配要逐步完善和进行再分配。

2. 分配方法

可靠性分配方法与设计目标、系统下属各级定义的清晰程度及有关类似产品的可靠性数据的多少有关，根据具体情况的不同，所采用的方法也不同。有的是在设计的早期阶段，舱门设计方案并不十分清晰的情况下进行初步的可靠性分配，有的则是在类似舱门可靠性数据不足的情况下凭以往的经验进行分配。适用于舱门的可靠性指标分配方法很多，在这里仅介绍几种工程实用、科学合理的分配方法。

1）等分配法

等分配法是在舱门设计初期，当设计方案并不十分清楚时所采用的最简单的分配方法。

假设该舱门由 n 个分系统串联组成，若给定舱门可靠度指标为 R_S^*，则按等分配法分配给各下属系统的可靠度指标 R_i^* 为

$$R_i^* = \sqrt[n]{R_S^*} \tag{11-2}$$

2）评分分配法

当缺乏有关舱门的可靠性数据时，可以按照几种因素进行评分，这种评分可以由有经验的工程技术人员用打分的方式给出，并根据评分情况给每个下属系统分配可靠性指标。评分分配法主要考虑下述四种因素：

（1）复杂程度：根据组成舱门的各机构或分系统的元、部件数量以及它们组装的难易程度来评定。最简单的评 1 分，最复杂的评 10 分。

（2）技术水平:根据舱门下属各机构或分系统的技术水平和成熟程度来评定。水平最低的评 10 分,水平最高的评 1 分。

（3）重要程度:根据组成舱门的各机构或分系统的重要程度来评定。最重要的评 10 分,重要度最低的评 1 分。

（4）环境条件:根据组成舱门的各机构或分系统所处的环境来评定。在工作过程中会经受极其严酷的环境条件的评 10 分,环境条件最好的评 1 分。

根据评分,其分配公式如下:

$$R_S^* = \prod_{i=1}^{n} R_i \qquad (11-3)$$

$$R_i = R_S^{*\,C_i} \qquad (11-4)$$

$$C_i = \omega_i / \omega \qquad (11-5)$$

$$\omega_i = \prod_{j=1}^{4} r_{ij} \qquad (11-6)$$

$$\omega = \prod_{i=1}^{n} \omega_i \qquad (11-7)$$

式中: R_S^* ——规定的可靠度;

R_i ——舱门下属第 i 个分机构或分系统的可靠度;

C_i ——舱门下属第 i 个分机构或分系统的评分系数;

ω_i ——舱门下属第 i 个分机构或分系统的评分系数的乘积;

r_{ij} ——第 i 个分机构或分系统的评分数;

ω ——舱门的总评分数;

i ——第 i 个分机构或分系统 $(i=1,2,\cdots,n)$;

j ——第 j 个因素 $(j=1,2,3,4)$。

3）比例组合法

如果一个新设计的舱门与以往的舱门类似,对这个新的舱门只是根据新的需求提出新的可靠性指标要求,则可采用比例组合法进行可靠性分配:

$$R_{iX}^* = R_{i1} \cdot \frac{R_{iX}}{R_{S1}} \qquad (11-8)$$

式中 R_{iX}^* ——分配给新舱门中第 i 个分机构或分系统的可靠度;

R_{iX} ——新舱门规定的可靠度指标;

R_{S1} ——以往舱门的可靠度;

R_{i1} ——以往舱门中第 i 个分机构或分系统的可靠度。

这种方法只适用于新研舱门与以往舱门结构、性能、环境条件、工艺方法等相似,而且有统计数据的情况。

11.3.4.4 舱门可靠性建模

1. 舱门可靠性模型的建立

根据舱门各故障模式建立相应的可靠性模型,包括安全边界方程的建立、基本参数的确定以及可靠性计算方法的选择等。建立舱门可靠性模型的思路与过程如图11-3、图11-4所示。

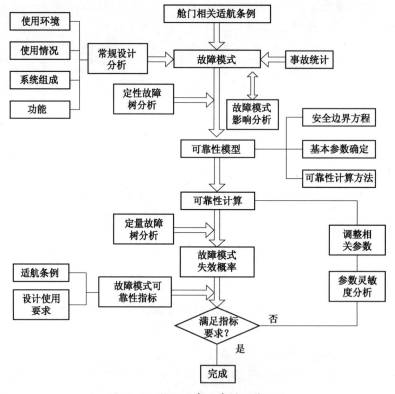

图 11-3 舱门可靠性建模工作思路

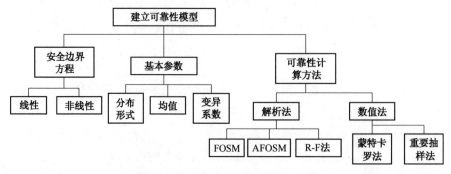

图 11-4 可靠性计算模型建立过程

2. 可靠性模型所采用的可靠性分析方法

在分类建立的舱门可靠性分析模型基础上，按故障模式类型开展不同故障模式类型的具体可靠性分析与计算，见表 11-13～表 11-15。

表 11-13　舱门偶然打开可靠性模型

序号	故障模式	可靠性分析方法
1	闩系统不到位	机构运动精度可靠性分析
2	挡销失效	结构强度可靠性分析
3	挡块失效	结构强度可靠性分析
4	人为原因	意外因素分析
5	过载过大	过载导致舱门偶然打开可靠性分析
6	弹簧失效	弹簧静/疲劳可靠性分析

表 11-14　舱门指示系统误示可靠性模型

序号	故障模式	可靠性分析方法
1	触点回弹失效	电传装置可靠性分析
2	导热率差	电传装置可靠性分析
3	电弧放电	电传装置可靠性分析
4	分断力小	电传装置可靠性分析

表 11-15　舱门不能打开可靠性模型

序号	故障模式	可靠性分析方法
1	结构静强度破坏	结构静强度可靠性分析
2	结构疲劳强度破坏	结构疲劳强度可靠性分析
3	机构连杆螺栓强度破坏	螺栓强度可靠性分析
4	机构连杆摇臂强度破坏	机构强度可靠性分析
5	舱门变形卡住	变形卡阻可靠性分析
6	助力装置失效	电传/液压装置可靠性分析

11.3.4.5　舱门余度技术与容错技术

1. 舱门余度技术

堵塞式舱门的止动块应采用破损安全设计准则，即一个舱门止动块失效，其余止动块仍能承受所规定的破损安全载荷。同样，门框对应的止动块挡销也应该按照破损安全准则设计。

锁定功能必须同时通过锁机构和闩机构来实现，闩机构对门上锁，锁机构对闩上锁。另外，目前主要民机型号飞行过程中的舱门手柄还设计成被飞行锁锁定,起到了防止飞行中舱门偶然打开的作用。从舱门完全关闭上闩锁定状态发生偶然打开时,必须先是飞行锁失效,再是锁机构失效,最后闩机构失效,构成了舱门的多重锁定保护。

舱门关闭上闩锁定的指示装置,应布置观察孔或目视装置能让操作人员实时了解舱门的关闭上闩锁定状态,同时还必须在舱门关闭位置、闩机构和锁机构的锁定位置布置传感器以便驾驶员能实时了解舱门状态。

2. 舱门容错技术

舱门的运动功能是由众多组合机构实现的,机构构件的尺寸公差等级对其运动精度有着显著的影响,舱门机构设计时应根据运动精度和工艺要求,合理选择机构构件的公差等级。比如:对于锁机构、闩机构这类可靠性安全性要求很高的组合机构,其运动精度要求很高,则公差等级必须选用高等级;而对于可靠性安全性要求一般的组合机构,机构公差等级则要求一般,盲目给定较高的公差等级会给加工工艺带来不必要的过高要求。

11.3.4.6 舱门可靠性设计方法

飞机舱门以结构、机构件为主,其可靠性设计分析方法也以结构、机构可靠性设计方法为主,局部用到的电、液元件可按照较成熟的机电可靠性方法(寿命服从指数分布,故障率为常数)进行设计。结构、机构可靠性设计分析基本理论是实际随机变量与容许随机变量的干涉理论,即确定两个随机变量之间一个超过或小于另一个的概率值,结构静强度可靠性的应力强度干涉模型便是其最典型的应用。此外,舱门机构的运动精度、磨损及弹簧等构件的可靠性设计分析也可采用应力强度干涉模型。

1. 应力强度干涉模型

结构设计的基本目标是在一定的可靠度下保证其危险断面上的最小强度不低于最大的应力。可靠性设计中应力和强度都不是确定量,而是由若干具有一定分布规律的随机变量组成的综合随机变量。通常结构的应力分布与强度分布会发生干涉,如图11-5所示,这时结构将可能产生失效。通常把这种干涉模型称为应力—强度干涉模型。强度 R、应力 S 为随机变量,均可用多元函数表示,而强度与应力差 $Z=R-S$,也是随机变量,也可用一个多元函数来描述,即

$$Z = f(x_1, x_2, \cdots, x_n) \tag{11-9}$$

式中:随机变量 X_i 表示影响结构功能的各种因素,如载荷、材料强度、结构尺寸、表面粗糙度、应力集中等。这种多元函数也称为功能函数,它表示了结构所处的状态:$Z>0$,结构处于安全状态;$Z<0$,结构处于失效状态;$Z=0$,结构处于临界状态。

应力 S 通常为一连续随机变量,有概率密度函数为 $f_S(S)$;强度 R 也为一连

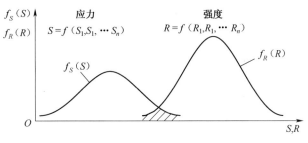

图 11-5　应力-强度干涉模型

续随机变量,并有概率密度函数为 $f_R(R)$。那么,根据定义,结构可靠度的表达式为

$$P_r = P(Z > 0) = P(R - S > 0) \tag{11-10}$$

为了讨论方便,将干涉区放大如图 11-6 所示。设有某一定值应力 S_0 施于结构,在该应力的邻域内,取一个宽度为 dS 的小区间,在此小区间上,应力值出现的概率等于该小区间的面积,即

$$P\left(S_0 - \frac{1}{2}dS \leqslant S \leqslant S_0 + \frac{1}{2}dS\right) = f_S(S_0)\,dS \tag{11-11}$$

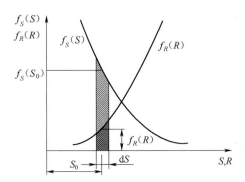

图 11-6　概率密度函数联合积分法原理

强度 R 大于定值应力 S_0 的概率为

$$P(R > S_0) = \int_{S_0}^{\infty} f_R(R)\,dR \tag{11-12}$$

由于假设应力和强度相互独立,所以 $f_S(S_0)\,dS$ 和 $\int_{S_0}^{\infty} f_R(R)\,dR$ 是两个独立的随机事件。根据概率乘法定理可知,它们同时发生的概率等于两个事件单独发生的概率的乘积,即

$$f_S(S_0)\,dS \cdot \int_{S_0}^{\infty} f_R(R)\,dR \tag{11-13}$$

该概率即为应力处在 dS 区间内由于干涉所引起的可靠概率。显然,对于式

中 S_0 的任意取值均应成立,故对于应力的所有可能值,给出强度大于应力的概率如下:

$$P_r = P(R > S) = \int_0^\infty f_S(S)\left[\int_S^\infty f_R(R)\,\mathrm{d}R\right]\mathrm{d}S \qquad (11\text{-}14\text{a})$$

式(11-14a)可以写成如下的等价形式:

$$P_r = P(R > S) = \int_0^\infty f_S(S)\left[1 - F_R(S)\right]\mathrm{d}S \qquad (11\text{-}14\text{b})$$

式中:$F_R(\cdot)$ 为强度 R 的分布函数。

同时,也可以得到结构的失效概率计算公式:

$$\begin{aligned}
P_f &= P(R \leqslant S) \\
&= 1 - P_r = 1 - \int_0^\infty f_S(S)\left[\int_S^\infty f_R(R)\,\mathrm{d}R\right]\mathrm{d}S \\
&= \int_0^\infty f_S(S)\left[\int_0^S f_R(R)\,\mathrm{d}R\right]\mathrm{d}S \\
&= \int_0^\infty f_S(S)F_R(S)\,\mathrm{d}S \qquad (11\text{-}15)
\end{aligned}$$

另外,可以把结构可靠度看成是应力 S 小于强度 R 的概率,得出

$$\begin{aligned}
P_f &= P(S < R) = \int_0^\infty f_R(R)\left[\int_0^R f_S(S)\,\mathrm{d}S\right]\mathrm{d}R \\
&= \int^\infty f_R(R) \cdot F_S(R)\,\mathrm{d}R \qquad (11\text{-}16)
\end{aligned}$$

式中:$F_S(\cdot)$ 为应力 S 的分布函数。

同理可知,结构失效概率的表达式为

$$P_f = P(S \geqslant R) = \int_0^\infty f_R(R)\left[\int_R^\infty f_S(S)\,\mathrm{d}S\right]\mathrm{d}R = \int_0^\infty f_R(R)\left[1 - F_S(R)\right]\mathrm{d}R$$

$$(11\text{-}17)$$

2. 舱门机构运动精度可靠性设计分析

制造、装配等误差会对舱门机构的运动精度产生影响。

机构运动精度功能函数为

$$L_0 = L - L^* \qquad (11\text{-}18)$$

式中:L^* 为舱门机构要求的运动距离或角度;L 为舱门机构运动过程中实际运动距离或角度。

$L_0 > 0$ 时,表示舱门机构满足运动精度要求;$L_0 < 0$ 时,表示舱门机构不能满足运动精度要求。

舱门机构运动精度不够的概率为

$$P_{f,\mathrm{lf}} = P\{L_0 = L - L^* < 0\} \qquad (11\text{-}19)$$

296

下面以舱门常采用的典型平面四连杆机构为例构建机构运动精度可靠性设计分析模型。

图 11-7 为平面四连杆机构,杆 1 为主动杆,当杆 1 与 X 轴的夹角为 θ_1 时,杆 2 和杆 3 相对 X 轴的转角分别为 θ_2 和 θ_3。若以 $\boldsymbol{R}_i$ $(i=1,2,3,4)$ 代表四杆所形成的矢量图中的矢量,则有

$$\boldsymbol{R}_1 + \boldsymbol{R}_2 = \boldsymbol{R}_3 + \boldsymbol{R}_4 \tag{11-20}$$

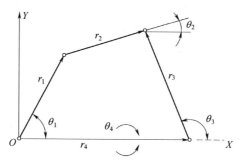

图 11-7　平面四连杆机构

若以 r_i、θ_i $(i=1,2,3,4)$ 分别表示各边矢量 $\boldsymbol{R}_i$ 的模和各矢量对坐标轴 X 的夹角,并将式(11-20)分别向笛卡儿坐标系的 X 和 Y 轴方向上投影,注意 $\theta_4 = 0°$,可得在笛卡儿坐标系下有如下关系式成立:

$$r_3\cos\theta_3 + r_4 - r_1\cos\theta_1 = r_2\cos\theta_2 \tag{11-21}$$

$$r_3\sin\theta_3 - r_1\sin\theta_1 = r_2\sin\theta_2 \tag{11-22}$$

令

$$a = r_1\cos\theta_1 - r_4, b = r_1\sin\theta_1$$

并将上两式平方后相加,则有

$$\frac{a^2 + b^2 - r_2^2 + r_3^2}{2ar_3} - \cos\theta_3 - \frac{b}{a}\sin\theta_3 = 0 \tag{11-22}$$

再令

$$A = \frac{a^2 + b^2 - r_2^2 + r_3^2}{2ar_3}, B = \frac{b}{a} \tag{11-23}$$

将式(12-23)代入式(12-22),化解后从中解得机构输出角为

$$\theta_3 = \arcsin\frac{AB \pm \sqrt{B^2 - A^2 + 1}}{B^2 + 1} \tag{11-24}$$

式(11-24)给出了机构输出角与输入角及各杆长之间的关系,即为平面四连杆机构的运动传递函数。

考虑任意平面四连杆机构的杆长尺寸公差、铰链初始间隙和磨损量时,各项

输入参数均为随机变量,假设各随机变量服从正态分布。

杆 1 的随机长度除取决于杆长自身公差外,还需要考虑两端铰链初始间隙 J 和磨损量 K 的影响。假设,单个铰接点的铰链初始间隙 $J \sim N(\mu_J, \sigma_J)$,磨损量 $K \sim N(\mu_K, \sigma_K)$。

r_1^{**} 表示 r_1^* 受 J 和 K 影响后的随机长度,则 r_1^{**} 可描述为

$$r_1^{**} = r_1^* \pm 2(J^* + K^*) \tag{11-25}$$

式中

$$r_1^{**} \sim N\left(\mu_{r1} \pm 2(\mu_J + \mu_K), \sqrt{\sigma_{r1}^2 + 4\sigma_J^2 + 4\sigma_K^2}\right)$$

当杆 1 受拉时取正号,受压时取负号。同理,可得

$$r_3^{**} = r_3^* \pm 2(J^* + K^*) \tag{11-26}$$

式中

$$r_3^{**} \sim N\left(\mu_3 \pm 2(\mu_J + \mu_K), \sqrt{\sigma_{r3}^2 + 4\sigma_J^2 + 4\sigma_K^2}\right)$$

当杆 3 受拉时取正号,受压时取负号。结合式(12-24)~式(12-26),则平面四连杆机构输出角度可描述为

$$\theta_3^* = f(r_1^{**}, r_2^*, r_3^{**}, r_4^*, J^*, K^*) \tag{11-27}$$

然后根据其输出角度与所要求的角度之间的关系建立干涉模型,进行求解可得到平面四连杆机构的运动精度可靠度或失效概率。

3. 舱门机构磨损可靠性设计分析

机构运动副磨损失效的功能函数为

$$M_W = W^* - W \tag{11-28}$$

式中:W^* 为运动副在某一时刻 t 时的许用磨损量;W 为运动副在某一时刻 t 时的实际磨损量,与多个基本参数有关(如接触应力 P、摩擦距离 L、材料硬度 H 或屈服极限 σ_S 等),并且服从正态分布。

当 $M_W > 0$ 时,表示运动副处于磨损安全情况;当 $M_W < 0$ 时,表示运动副处于失效情况。因此,失效概率为:

$$P_f = P\{W^* - W < 0\} \tag{11-29}$$

下面以舱门机构常用的凸轮机构为例进行磨损可靠性分析。

凸轮在运动过程中极易发生黏着磨损,根据 Archard 黏着磨损定律,实际磨损量为

$$W = K_W \frac{PL}{H} = K_W \frac{PL}{3\sigma_S} \tag{11-30}$$

式中:P 为凸轮主从动件之间接触应力;K_W 为磨损系数;L 为磨损距离;H 为材料硬度;σ_S 为材料屈服强度。

通常,上述各随机变量可视作服从正态分布,其变量参数的取值与机构构型和零件材料选择密切相关。

对于具有均值$\overline{X}$和标准差σ_X的随机变量X,其变异系数为

$$C_X = \frac{\sigma_X}{\overline{X}} \tag{11-31}$$

则实际磨损量W的均值$\overline{W}$和标准差σ_W分别为

$$\overline{W} = \overline{K}_W \frac{\overline{PL}}{3\overline{\sigma}_S}$$

$$\sigma_W = \sqrt{\overline{W}^2 \cdot (C_{K_W}^2 + C_P^2 + C_L^2 + C_{\sigma_S}^2)} \tag{11-32}$$

式中:$\overline{P}$、$\overline{K}_W$、$\overline{L}$、$\overline{\sigma}_S$分别为P、K_W、L、σ_S的均值;C_P、C_{K_W}、C_L、C_{σ_S}分别为P、K_W、L、σ_S的变异系数。

凸轮主、从动件之间接触关系如图11-8所示,对于相互接触曲率半径为R_1和R_2的圆柱体,最大接触应力为

$$P_{\max} = \sqrt{\frac{F}{\pi l} \times \frac{\dfrac{1}{R_1} + \dfrac{1}{R_2}}{\dfrac{1 - \mu_1^2}{E_1} + \dfrac{1 - \mu_2^2}{E_2}}} \tag{11-33}$$

式中:F为作用在凸轮接触的最大载荷;l为接触线宽度,可视为正态分布的随机变量;E_1、E_2分别为两接触元件的弹性模量,μ_1、μ_2为二者的泊松比。

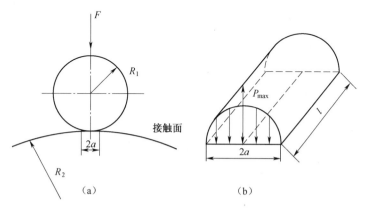

图 11-8　凸轮主、从动件之间接触关系

在工程应用中常取容许磨损量W^*服从正态分布。给定容许磨损量,在确定实际磨损量均值及其方差之后,建立干涉模型,进行求解可得到凸轮机构的磨

损可靠度或失效概率。

4. 舱门机构中弹簧可靠性设计分析

舱门机构中弹簧的失效可分为静强度失效和疲劳失效两种情况进行阐明,它们具有相同的功能函数,即

$$\tau_0 = \tau_{\lim} - \tau_{\max} \qquad (11-34)$$

在两种情况下符号所表示的含义不同:静强度失效中,$\tau_{\lim}$ 为弹簧簧丝的强度极限,$\tau_{\max}$ 为弹簧簧丝的最大应力。疲劳失效中,$\tau_{\lim}$ 为弹簧簧丝的疲劳强度极限,$\tau_{\max}$ 为弹簧簧丝的最大应力。当 $\tau_0 > 0$ 时,表示弹簧安全;当 $\tau_0 < 0$ 时,表示弹簧静强度/疲劳失效。则在舱门机构中的弹簧失效概率为

$$P_f = P\{\tau_0 = \tau_{\lim} - \tau_{\max} < 0\} \qquad (11-35)$$

弹簧按结构形状可以分为圆柱螺旋弹簧、非圆柱螺旋弹簧和其他弹簧,每种类型弹簧具有不同的性能和用途,应力的求解也需根据不同的弹簧类型来进行具体的分析。

下面以圆柱螺旋弹簧为例,进行具体的静强度和疲劳强度可靠性设计分析。

1)圆柱螺旋弹簧静强度可靠性分析

(1)最大剪应力分布的确定。

由常规设计可知,当弹簧受最大轴向载荷 $F_{\max}$ 时,其簧丝剪应力为

$$\tau_{\max} = \frac{8KF_{\max}D_2}{\pi d^3} = \frac{8KF_{\max}C}{\pi d^2} \qquad (11-36)$$

式中　d——簧丝直径;

　　D_2——弹簧中径;

　　C——弹簧指数, $C = \dfrac{D_2}{d}$;

　　K——弹簧的曲度系数, $K = \dfrac{4C-1}{4C-4} + \dfrac{0.615}{C}$;

　　$F_{\max}$——作用在弹簧上的最大轴向载荷。

弹簧簧丝最大剪应力服从正态分布,其标准差也可通过各相关变量的标准差推导得到,从而得到弹簧簧丝最大剪应力的均值和标准差分别为:

$$\overline{\tau}_{\max} = \frac{8\overline{K}\overline{F}_{\max}\overline{D}_2}{\pi \overline{d}^3}$$

$$\sigma_{\tau_{\max}} = \sqrt{\overline{\tau}_{\max}^2(C_K^2 + C_{F_{\max}}^2 + C_{D_2}^2 + 9C_d^2)} \qquad (11-37)$$

式中:$\overline{K}$、$\overline{F}_{\max}$、$\overline{D}_2$、$\overline{d}$ 为 K、$F_{\max}$、D_2、d 的均值; C_K、$C_{F_{\max}}$、C_{D_2}、C_d 为 K、$F_{\max}$、D_2、d 的变异系数。

（2）静强度分布的确定。

弹簧常用的材料有冷拔碳素弹簧钢丝和冷拔合金弹簧钢丝、不锈钢丝以及磷青铜弹簧丝等,在螺旋弹簧的静强度设计中,抗剪切强度极限 $\tau_{\lim}$ 就是扭转屈服极限 τ_S,扭转屈服极限 τ_S 一般通过与拉伸强度极限 σ_B 的近似关系进行换算:

$$\tau_S \approx 0.432\sigma_B \tag{11-38}$$

因此,可以得到抗剪切强度极限的均值和标准差分别为

$$\overline{\tau}_{\lim} = \overline{\tau}_S = 0.432\overline{\sigma}_B$$

$$\sigma_{\tau_{\lim}} = \overline{\tau}_{\lim} \cdot C_{\tau_{\lim}}$$

$$C_{\tau_{\lim}} = \overline{C}_{\tau_S} \approx C_{\sigma_B} \tag{11-39}$$

式中：$\overline{\tau}_S$、$\overline{\sigma}_B$ 分别为 τ_S、σ_B 的均值；C_{τ_S}、C_{σ_B} 分别为 τ_S、σ_B 的变异系数。

在确定弹簧的抗剪切强度极限和最大剪应力之后,建立干涉模型,进行求解可得到圆柱螺旋弹簧的静强度可靠度或失效概率。

2）圆柱螺旋弹簧疲劳可靠性分析

实际应用中,多数弹簧是在多次循环载荷条件下工作的,如舱门的锁弹簧和闩弹簧在每次舱门开关中都要使用。对于载荷作用次数大于 10^3 的弹簧,除了进行静强度及变形设计以外,还必须进行疲劳强度可靠性计算,以避免可能出现的疲劳失效。

（1）最大剪应力和最小剪应力分布的确定。

弹簧在装配时,一般需加上一个预加的安装载荷,以保证弹簧可靠地处于预定的安装位置,这个安装载荷就是弹簧所受的最小载荷 $F_{\min}$。因此,对于承受变载荷的弹簧,其载荷一般是从 $F_{\min}$ 到 $F_{\max}$ 做周期性变化。

仿照弹簧静强度可靠性分析中最大剪应力的计算公式,得到最大剪切应力和最小剪应力分别为

$$\tau_{\max} = \frac{8KF_{\max}D_2}{\pi d^3}$$

$$\tau_{\min} = \frac{8KF_{\min}D_2}{\pi d^3} \tag{11-40}$$

式中：$F_{\min}$ 为作用在弹簧上的最小轴向载荷值。

弹簧最大剪应力的均值和标准差在弹簧静强度可靠性设计分析中已经详细阐明,弹簧最小剪应力 $\tau_{\min}$ 均值 $\overline{\tau}_{\min}$ 和标准差 $\sigma_{\tau_{\min}}$ 为

$$\overline{\tau}_{\min} = \frac{8\overline{K}\overline{F}_{\min}\overline{D}_2}{\pi \overline{d}^3}$$

$$\sigma_{\tau_{\min}} = \sqrt{\overline{\tau}_{\min}^2 (C_K^2 + C_{F_{\min}}^2 + C_{D_2}^2 + 9C_d^2)} \tag{11-41}$$

式中：$\overline{F}_{\min}$、$C_{F_{\min}}$ 分别为 $F_{\min}$ 的均值和变异系数。

（2）疲劳强度分布的确定。

弹簧簧丝疲劳极限为

$$\tau_{\lim} = \tau_1 + 0.75\tau_{\min} \tag{11-42}$$

式中：τ_1 为弹簧材料的疲劳极限，与弹簧的载荷循环次数有关，可以通过相关表进行插值得到。

弹簧簧丝疲劳极限的均值和标准差为

$$\overline{\tau}_{\lim} = \overline{\tau}_1 + 0.75\overline{\tau}_{\min}$$

$$\sigma_{\tau_{\lim}} = \sqrt{\sigma_{\tau_1}^2 + (0.75\sigma_{\tau_{\min}})^2} \tag{11-43}$$

式中：$\overline{\tau}_1$、σ_{τ_1} 分别为 τ_1 的均值和标准差。

在确定弹簧的疲劳极限和最大剪应力之后，建立干涉模型，进行求解可得到弹簧的疲劳可靠度或失效概率。

11.3.4.7 舱门常用可靠性计算方法

舱门的可靠性计算方法可根据其安全边界方程特点来选取，当安全边界方程为线性，且各随机变量服从正态分布时可采用一次二阶矩法，计算结果为精确解；当安全边界方程非线性程度不太高，且随机变量为正态分布时可采用改进的一次二阶矩法；当安全边界方程非线性程度较高，可采用蒙特卡罗法；若失效概率较小时，蒙特卡罗法计算效率太低甚至不能实现，可考虑采用重要抽样法及其他方法。上述方法中，一次二阶矩法和改进的一次二阶矩法为解析方法，蒙特卡罗法和重要抽样法为数值模拟仿真法。此外，可靠性计算方法也不局限于以上几种方法，其他方法可参考相关文献。

1. 一次二阶矩法

一次二阶矩法是针对结构功能函数是变量的一次（线性）函数，以变量的一阶矩（均值）和二阶矩（方差）为概率特征进行可靠度计算的一种方法。

由概率论基本原理可知，当变量为线性方程时，若各变量为正态分布，则其线性加减的广义变量仍为正态分布，考虑只有两个随机变量的功能函数 $M = X_1 - X_2$，由于正态分布包含均值 μ_M 与标准差 σ_M 两个参数，对进一步计算不方便，故需将各变量转化成标准正态变量，则 M 也为标准正态分布。标准正态分布为正态分布中的一个特殊形式分布，通常变量用 Z 表示，其均值为 0、标准差为 1，即

$$f(Z) = \frac{1}{\sqrt{2\pi}} e^{-\frac{1}{2}Z^2}, \quad -\infty < Z < +\infty \tag{11-44}$$

采用下述变量变换以易于计算：

$$Z = \frac{M - \mu_M}{\sigma_M} \tag{11-45}$$

式(11-45)两边取微分，可得

$$\sigma_M \mathrm{d}z = \mathrm{d}m \tag{11-46}$$

则根据结构失效概率的定义可得

$$P_f = \int_{-\infty}^{0} \frac{1}{\sqrt{2\pi}\sigma_M} \mathrm{e}^{-\frac{1}{2}\left(\frac{m-\mu_M}{\sigma_M}\right)^2} \mathrm{d}m$$

即

$$P_f = \int_{-\infty}^{z_0} \frac{1}{\sqrt{2\pi}} \mathrm{e}^{-\frac{1}{2}z^2} \mathrm{d}z \tag{11-47}$$

式中：$z_0 = \dfrac{\mu_M}{\sigma_M}$。

用标准正态分布函数符号 $\Phi(z_0)$ 表示式(11-47)右边的计算结果，则有

$$P_f = \Phi(z_0) = \Phi\left(-\frac{\mu_M}{\sigma_M}\right) \tag{11-48}$$

由于 z_0 通常为负值，常取

$$\beta = -z_0 = \frac{\mu_M}{\sigma_M} \tag{11-49}$$

式中：β 为可靠性系数，通常为正值。因此 $P_f = \Phi(-\beta)$。

而据概率论知识，有

$$\mu_M = \mu_{x_1} - \mu_{x_2} \tag{11-50a}$$

$$\sigma_M = \sqrt{\sigma_{x_1}^2 + \sigma_{x_2}^2} \quad (X_1 与 X_2 无关) \tag{11-50b}$$

2. 改进的一次二阶矩法

改进的一次二阶矩法基本概念：从标准正态空间的原点，做一系列半径在逐渐增大的超球面，它们与失效面首先接触的点即为设计点 A，从 A 点做失效面的切超平面，则原点到此超平面的距离即为可靠性系数 β（图11-9）。

（1）对基本随机变量 X_i 进行线性变换转换成标准正态随机变量 Z_i，此时有

$$Z_i = \frac{X_i - \mu_{X_i}}{\sigma_{X_i}}, \qquad i = 1, 2, \cdots, n$$

$$\mu_{Z_i} = 0, \qquad \sigma_{Z_i} = 1 \tag{11-51}$$

（2）用迭代法逐步求得真正的 β 值，当失效超平面的曲率不大时，则不管此

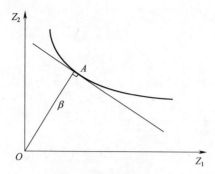

图 11-9　破坏面在设计点的线性化示意图

超平面(用 S_Z 表示)位于切超平面(用 P_Z 表示)的左下侧还是右上侧,从原点到 P_Z 的距离(β)恒小于从原点到超平面 S_Z 上任何其他点的连线(射线)长度(图 11-10),故有

$$\beta = \min_{\bar{x} \in S_Z} (\sum_{i=1}^{n} Z_i^2)^{1/2}$$

$$\sum \alpha_i^2 = 1$$

$$\alpha_i = -\frac{\partial f(\overline{Z})}{\partial Z_i} \frac{1}{K}$$

$$K = (\sum_{i=1}^{n} (\frac{\partial f(\overline{Z})}{\partial Z_i})^2)^{1/2} \tag{11-52}$$

式中,$f(\overline{Z})$ 可由 $f_0(X)$ 通过变量代换求得,且令

$$f(\overline{Z}) = f_1(Z_1, Z_2, \cdots, Z_n) + Z_0 \tag{11-53}$$

式中:Z_0 为常数项。

根据 n 维向量代数与解析几何可得

$$\beta = -\frac{Z_0}{f_1(\alpha_i)} \tag{11-54}$$

此时,$f_1(\alpha_i)$ 代表在 $f_1(Z)$ 中用 α_i 代替 Z_i,用 $\beta_{\alpha_i \alpha_j}$ 代替 $Z_i Z_j$(注意 $Z_i = \beta_{\alpha_i}$)。具体解题时,建议原始数据 $\beta(0)$ 及 $\alpha(0)$ 用下述方法选取:

$$\beta^{(0)} = 3 \sim 4$$

$$|\alpha_1^{(0)}| = |\alpha_2^{(0)}| = \cdots = |\alpha_n^{(0)}| = \frac{1}{\sqrt{n}} \tag{11-55}$$

α_i 正、负选择的一般原则:对于载荷变量取正,对于强度与几何变量取负。

由 $\beta(0)$ 及 $\alpha(0)$ 算得 $\frac{\partial f(Z)}{\partial Z_i}$,即可算得 $\alpha_i^{(1)}$,再由 β 表达式计算出 $\beta^{(1)}$,

以此类推。

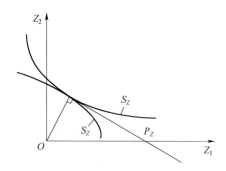

图 11-10　安全余量方程为超曲面时的可靠度指标示意图

3. 蒙特卡罗模拟法

蒙特卡罗模拟法是通过随机模拟和统计试验来求解可靠度的数值仿真方法。蒙特卡罗模拟法求可靠度的步骤如下：

（1）输入原始资料，例如实际量 S 及许用量 δ 的函数表达式，确定计算可靠度的公式 $R=P(\delta-S>0)$，令 $k=0$。

（2）用蒙特卡罗模拟法确定实际量分布和许用量分布，得出实际量和许用量的概率密度函数 $f(S)$、$g(\delta)$，实际量和许用量的累积分布函数 $F_S(S)$、$G_g(S)$。

（3）生成实际量和许用量在 0 与 1 之间的服从均匀分布的伪随机数 RNS_j 和 RN_{δ_j}，计算出成对的 S_j、δ_j，（j 为模拟次数的标号）。

（4）将得出的 S_j 与 $\delta_j(j=1,2,\cdots,N)$ 进行比较：$\delta_j-S_j>0$，若满足上式，则记入 1，即 $k=k+1$；否则，记为 0。

（5）重复步骤（3）和（4），直至 $j=N$（N 为总的模拟次数）。

（6）得出满足 $\delta-S>0$ 的总次数 $k=N_{(\delta-S)>0}$。

（7）计算可靠度 $R=\dfrac{N_{(\delta-S)>0}}{N}$。

也可以省去步骤（2），即不必确定实际量和许用量的分布，而直接对各随机变量进行抽样得到实际量和许用量，计算实际量和许用量并比较它们的大小。

蒙特卡罗法原理简单，概念清晰，适用性广；但当失效概率很小时，要想得到较理想的失效概率，就要进行大量的投点计算，计算量大，且计算速度慢。对于高可靠性产品，一般需要选用改进的数值仿真法。

4. 重要抽样法

针对蒙特卡罗法投点过多、计算效率太低的缺点，重要抽样法通过选取合适的重要抽样密度函数来代替原来的抽样密度函数，使落入失效域的点数增加，从而提高抽样效率,加快模拟过程的收敛速度。

重要抽样密度函数选择的基本原则:使得对失效概率贡献大的样本点以较大的概率出现,从而减小估计值方差。

具体选取方法:将重要抽样密度函数中心放在设计点上,扩大原抽样密度函数的方差,使得按重要抽样密度函数抽取的样本点有较大的比率落在对失效概率贡献较大的区域。

计算步骤如下:

(1)用改进一次二阶矩方法或其他算法计算出功能函数的设计点。

(2)产生重要抽样密度函数 $h(x)$ 的随机样本 $x_i(i=1,2,\cdots,N)$。

(3)将随机样本代入功能函数,根据指示函数对落入失效域的投点进行累加。

(4)求得失效概率的估计值。

11.3.5 舱门可靠性试验评估

舱门可靠性试验完成后,应根据试验样本规模及试验结果参数分布形式,采用合理的评估方法对试验结果进行评估,验证舱门设计是否符合相关可靠性要求。舱门可靠性试验在元件及某些成本较低的组合机构级别可以采用样本量稍大一些的试验,但在舱门及某些成本较高的组合机构级别只能采用小样本试验。大样本可靠性试验可以采用常规的统计试验评估方法,小样本可靠性试验必须借助特定的试验评估方法进行评估。

1. 舱门大样本可靠性试验评估方法

由于舱门以结构机构为主,其可靠性试验参数大多服从正态分布,具体可通过 GB4882—2001《数据的统计处理和解释正态性检验》对试验样本数据进行正态性检验,验证其是否服从正态分布。大样本情况下正态分布的参数估计方法如下:

设投试的 n 个样本的试验结果分别是 $X_1,X_2,\cdots,X_n$,则该试验参数的样本均值与标准差分别为

$$\overline{X} = \frac{1}{n}\sum_{i=1}^{n}X_i \tag{11-56}$$

$$S_n = \sqrt{\frac{1}{n-1}\sum_{i=1}^{n}(X_i - \overline{X})^2} \tag{11-57}$$

显然,这里的 n 个样本的试验条件应相同。

给定置信水平 $1-\alpha$,该试验样本的参数估计结果见表 11-16。

表 11-16　正态分布样本的参数估计结果

估计对象	置信区间	单侧置信上限	单侧置信下限
均值 μ（σ^2 已知）	$\left(\overline{X} - u_{\frac{\alpha}{2}}\dfrac{\sigma}{\sqrt{n}},\ \overline{X} + u_{\frac{\alpha}{2}}\dfrac{\sigma}{\sqrt{n}}\right)$	$\left(-\infty,\ \overline{X} + u_{\alpha}\dfrac{\sigma}{\sqrt{n}}\right)$	$\left(\overline{X} + u_{\alpha}\dfrac{\sigma}{\sqrt{n}},\ +\infty\right)$
均值 μ（σ^2 未知）	$\left(\overline{X} - t_{\frac{\alpha}{2}}(n-1)\dfrac{S_n}{\sqrt{n}},\ \overline{X} + t_{\frac{\alpha}{2}}(n-1)\dfrac{S_n}{\sqrt{n}}\right)$	$\left(-\infty,\ \overline{X} + t_{\alpha}(n-1)\dfrac{S_n}{\sqrt{n}}\right)$	$\left(\overline{X} - t_{\alpha}(n-1)\dfrac{S_n}{\sqrt{n}},\ +\infty\right)$
方差 σ^2	$\left(\dfrac{(n-1)S_n^2}{\chi_{\frac{\alpha}{2}}^2(n-1)},\ \dfrac{(n-1)S_n^2}{\chi_{1-\frac{\alpha}{2}}^2(n-1)}\right)$	$\left(0,\ \dfrac{(n-1)S_n^2}{\chi_{1-\alpha}^2(n-1)}\right)$	$\left(\dfrac{(n-1)S_n^2}{\chi_{\alpha}^2(n-1)},\ +\infty\right)$

注：$u_{\frac{\alpha}{2}}$ 为标准正态分布的 $\frac{\alpha}{2}$ 上侧分位数；u_{α} 为标准正态分布的 α 上侧分位数；$t_{\frac{\alpha}{2}}(n-1)$ 为自由度是 $n-1$ 的 t 分布关于 $\frac{\alpha}{2}$ 的上侧分位数；$t_{\alpha}(n-1)$ 为自由度是 $n-1$ 的 t 分布关于 α 的上侧分位数；$\chi_{\frac{\alpha}{2}}^2(n-1)$ 为自由度是 $n-1$ 的 χ^2 分布关于 $\frac{\alpha}{2}$ 的上侧分位数；$\chi_{\alpha}^2(n-1)$ 为自由度是 $n-1$ 的 χ^2 分布关于 α 的上侧分位数；$\chi_{1-\frac{\alpha}{2}}^2(n-1)$ 为自由度是 $n-1$ 的 χ^2 分布关于 $1-\frac{\alpha}{2}$ 的上侧分位数；$\chi_{1-\alpha}^2(n-1)$ 为自由度是 $n-1$ 的 χ^2 分布关于 $1-\alpha$ 的上侧分位数

得到一定置信水平下舱门可靠性试验结果的估计值后，可根据结构机构可靠性中的干涉理论和试验对象的失效原理，建立安全边界方程进行可靠性求解：

$$M = \overline{Y}^* - \overline{Y} = 0 \qquad (11-58)$$

式中：$\overline{Y}^*$ 为一定置信水平下试验参数许用值均值的估计值；$\overline{Y}$ 为试验参数实际值均值。若当该试验参数的许用值大于实际值时表示安全状态，则有

$$\beta = \frac{\overline{Y}^* - \overline{Y}}{\sqrt{S_{Y^*}^2 + S_Y^2}} \qquad (11-59)$$

2. 舱门小样本可靠性试验的虚拟增广评估方法

当舱门可靠性试验的样本量较小甚至只有 1 件时，则前述大样本评估方法就不能继续使用，必须采用专有的小样本评估方法。Bootstrap 方法是一种只依赖于给定的观测信息，而不需要其他假设和增加新的观测的统计推断方法。主要用于样本量 $n \geqslant 9$ 的试验评估问题，但对于样本量 $n = 1 \sim 3$ 的小样本舱门可靠性试验评估，Bootstrap 方法也无能为力。因此，可以通过虚拟增广样本评估方法把试验样本量先虚拟增广至 $n=9$，然后应用 Bootstrap 方法对增广样本进行试验评估，得到未知参数在给定置信度下的估计。虚拟增广小样本评估流程如图11-11所示。

为了使得虚拟增广后的新样本所蕴含的随机特性与原样本的随机特性的差

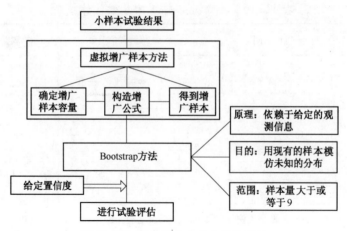

图 11-11　虚拟增广小样本评估流程

别在工程允许范围内,虚拟增广过程必须满足以下两个基本条件:

(1) 虚拟增广后的样本均值应与原来的样本均值相等。

(2) 虚拟增广后的样本标准差应与类似件的样本标准差相等。

虚拟增广试验评估过程如下:

(1) 将样本数 n 为 1、2、3 的原始样本虚拟增广至 $n=9$ 以上得到虚拟增广样本。

(2) 使用 Bootstrap 方法对虚拟增广样本进行抽样来仿真模拟逼近真实分布;

(3) 得到未知参数的估计,最终得到试验值下限的估计。

下面以 $n=2$ 增广到 $n=9$ 为例阐明基于正态分布的虚拟增广评估方法的步骤。

假定原始样本试验值为 T_{01}、T_{02},类似件试验得到的分布形式为正态分布,为使虚拟增广得到的样本更合理,建议使用以下经验公式虚拟增广原始样本:

$$T = T_0 \pm [a \times (i-1)^b + c]\sigma, \quad i = 1,2,\cdots,m/2 \qquad (11-60)$$

式中: T_0 为原始样本的均值, $T_0 = \dfrac{T_{01}+T_{02}}{2}$; T 为虚拟增广后得到的样本值; σ 为类似件的标准差; a、b、c 为描述虚拟增广点分散特性的控制系数; m 为需要增广的样本数目。

根据经验公式,9 个样本点的虚拟增广取点方法如下:

$$T_1 = T_0 - (2^b a + c)\sigma, T_2 = T_0 - (a+c)\sigma, T_3 = T_0 - -c\sigma$$
$$T_4 = T_{01}, T_5 = (T_{01} + T_{02})/2, T_6 = T_{02}$$
$$T_7 = T_0 + (2^b a + c)\sigma, T_8 = T_0 + (a+c)\sigma, T_9 = T_0 + c\sigma$$

308

则根据虚拟增广的立论依据,应有如下方程:

$$\frac{1}{9}\sum_{i=1}^{9} T_i = T_0 \qquad (11-61a)$$

$$\frac{1}{9-1}\sum_{i=1}^{9} (T_i - T_0)^2 = \sigma^2 \qquad (11-61b)$$

将虚拟增广后的样本$(T_1, T_2, \cdots, T_9)$代入方程组(11-61)求出待定系数c值,同时考虑虚拟增广的样本必须服从正态分布的条件,然后利用 Bootstrap 方法对虚拟增广后的样本进行评估。

11.3.6 舱门可靠性、安全性设计与分析案例

偶然打开是民机舱门对飞行安全影响最为严重的故障模式,一旦在飞行过程中发生,可能会造成机毁人亡的灾难性事故。下面以某型飞机登机门偶然打开故障模式为例,对该舱门开展可靠性、安全性分析设计研究。

1. 登机门锁定功能 FHA

登机门锁定功能故障可能会引起飞行中偶然打开故障模式,该模式对飞机危害性最严重,可能造成 I 类飞行事故,安全性指标要求为不大于 10^{-9}/飞行小时。因此,登机门的研制保证级别为 A 级,针对偶然打开应采用的后续分析方法包括 FMEA、FTA 及 CCA,并需通过建立可靠性模型定量验证该登机门偶然打开的发生概率是否符合指标要求。

2. 登机门 FMEA

为了实现整机对舱门的功能要求,某型民机登机门由锁机构、闩机构、飞行锁、手柄机构、增压预防机构、滑梯系统、指示装置及结构本体等分系统或部件组成,与偶然打开有关的登机门分系统如图 11-12 所示。限于篇幅,本章主要将

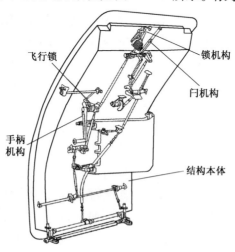

图 11-12 某型登机门与偶然打开有关的分机构

与偶然打开有关的构件及其 FMEA 结果汇总见表 11-17。在此基础上,进行偶然打开故障树分析,确定其与各零组件故障之间的逻辑关系。

表 11-17　与偶然打开有关的登机门零组件 FMEA 结果

序号	名称	功能	故障状态	故障原因	故障影响	影响等级
1	锁机构	锁定闩机构	锁定不到位	锁机构损耗、加工误差	舱门锁定能力减弱	Ⅲ
2	锁弹簧	为锁机构提供锁定力	弹簧失效	疲劳	舱门锁定能力减弱	Ⅲ
3	闩机构	锁定舱门	上闩不到位	闩机构损耗、加工误差	舱门锁定能力减弱	Ⅲ
4	闩弹簧	为闩机构提供锁定力	弹簧失效	疲劳	舱门锁定能力减弱	Ⅲ
5	止动块	与门框挡块配合将舱门限制在关闭位置	止动块结构破坏	结构承载能力下降	舱门结构局部受载过大	Ⅲ
6	门框挡块	与止动块配合将舱门限制在关闭位置	门框挡块结构破坏	结构承载能力下降	舱门结构局部受载过大	Ⅲ
7	飞行锁	飞行过程中锁定手柄	飞行锁解锁	飞行锁失效	舱门手柄失去保护	Ⅵ
8	手柄机构	机组通过手柄操纵舱门	手柄自发转动	过载过大	可能导致舱门偶然打开	Ⅲ

3. 登机门定性 FTA

CCAR 关于舱门偶然打开是这样描述的:"如果未锁闩,则可能有危险的每个门必须设计成,在增压和非增压飞行中从完全关闭的、闭锁的和锁定的状态打开是极不可能的。"即登机门偶然打开主要与锁定上闩措施有关,因此,登机门偶然打开故障原因归结为锁定失效、结构破坏、过载太大耦合飞行锁失效。根据 FMEA 结果及登机门防止偶然打开措施工作原理,假设各底事件之间相互独立,可以得到登机门偶然打开故障树,如图 11-13 所示。该登机门为向外打开的舱门,锁定措施采用锁和闩的双重保护措施,并且在飞行过程中飞行锁对手柄进行锁定再增加一个保护措施。锁和闩的工作原理基本相同,都是采用锁钩或插销位置限动和弹簧提供锁定力的锁定方式,从保守角度考虑,可以认为位置限动或弹簧单个失效即导致锁或闩失效。登机门止动块采用破损安全设计准则,即至少同时两个止动块发生破坏才能导致偶然打开,门框挡块与止动块设计原理相同。飞行中剧烈的颠簸也可能导致登机门偶然打开,但该登机门有飞行锁对手柄机构上锁,所以只有在飞行锁失效后,同时过载过大才能使得手柄运动,最终导致登机门偶然打开。

310

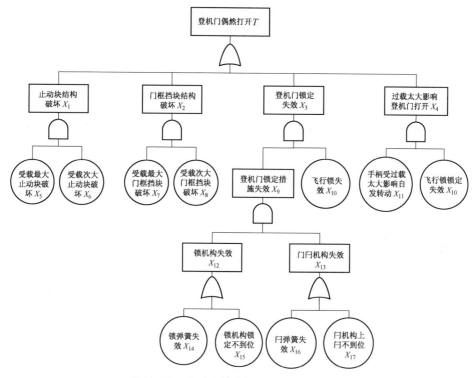

图 11-13　某型民机登机门偶然打开故障树

对上面故障树进行定性分析,可以得到全部最小割集:

$K_1 = \{X_5, X_6\}, K_2 = \{X_7, X_8\}, K_3 = \{X_{14}, X_{16}, X_{10}\}, K_4 = \{X_{14}, X_{17}, X_{10}\}, K_5 = \{X_{15}, X_{16}, X_{10}\}, K_6 = \{X_{15}, X_{17}, X_{10}\}, K_7 = \{X_{11}, X_{10}\}$

4. 登机门定量 FTA

各底事件、中间事件和最小割集发生概率分别定义为 PXi 和 PKi,则有

$$P_{K_1} = P_{x_5} \times P_{x_6}, P_{K_2} = P_{x_7} \times P_{x_8}, P_{K_3} = P_{x_{14}} \times P_{x_{16}} \times P_{x_{10}}; P_{K_4} = P_{x_{14}} \times P_{x_{17}} \times P_{x_{10}}$$

$$P_{K_5} = P_{x_{15}} \times P_{x_{16}} \times P_{x_{10}}, P_{K_6} = P_{x_{15}} \times P_{x_{17}} \times P_{x_{10}}, P_{K_7} = P_{x_{11}} \times P_{x_{10}}$$

登机门偶然打开顶事件发生概率 $P_T = \sum\limits_{i=1}^{7} P_{Ki}$。在所有底事件中,飞行锁作为成品件,其故障率 $PX10$ 可以由供应商提供,但其他由设计部门所研制的分系统,如锁结构、闩机构及舱门结构等部件的失效概率只能通过合理的可靠性建模求解得到。具体建模过程、模型参数(均值、方差、分布形式)根据登机门设计方案、规范或前期积累的数据来确定,可靠性求解方法可选用一次二阶矩法或数值方法。该登机门偶然打开故障树底事件可靠性建模简况及发生概率列入表11-18。

表 11-18 偶然打开故障树底事件典型可靠性模型说明

底事件	可靠性模型	功能函数	求解方法	发生概率 PXi
受载最大止动块破坏	结构强度可靠性模型	$M = S - R$ 式中：S-强度；R-应力	一次二阶矩法	$P_{X5} = 2.31 \times 10^{-6}$
锁机构锁定不到位	机构运动精度可靠性模型	$0 = - *$； 式中：-代表实际位移；*代表锁定位移	数值解法	$P_{X15} = 1.43 \times 10^{-5}$
锁弹簧失效	弹簧疲劳可靠性模型	$\tau = \tau_{\lim} - \tau_{\max}$ $\tau_{\lim}$为弹簧疲劳强度； $\tau_{\max}$为弹簧最大疲劳应力	一次二阶矩法	$P_{X14} = 7.11 \times 10^{-5}$
手柄受过载太大影响自发转动	机构启动可靠性模型	$F_0 = F^* - F$ 式中：F^*为允许操纵力；F为意外操纵力	数值解法	$P_{X11} = 5.51 \times 10^{-10}$

同样，其他类似底事件的发生概率也可通过表 11-18 中推荐的方法结合相关数据计算得到，如下所示：

$$P_{X_6} = 1.53 \times 10^{-6}, P_{X_7} = 3.16 \times 10^{-6}, P_{X_8} = 5.68 \times 10^{-6}, P_{X_{11}} = 5.51 \times 10^{-10}$$

$$P_{X_{14}} = 7.11 \times 10^{-5}, P_{X_{15}} = 1.43 \times 10^{-5}, P_{X_{16}} = 5.62 \times 10^{-5}, P_{X_{17}} = 8.15 \times 10^{-5}$$

上述所有概率值已经转换为单位小时的概率值。另外，飞行锁平均故障间隔时间（MTBF）为 200000h，即 $PX10 = 5 \times 10^{-6}$。

代入以上数据，可得登机门偶然打开发生概率为

$$P_T = \sum_{i=1}^{7} P_{Ki} = 2.15 \times 10^{-11}$$

4. 登机门 CCA

登机门可能导致的 I 类事故为舱门偶然打开，下面对该登机门进行 CCA 分析，以验证登机门防止偶然打开设计符合要求。

在 ZSA 方面，主要考虑登机门所在区域内各系统之间的影响、登机门的安装安全性及维修安全性等因素的影响。经分析，登机门所在区域内无影响登机门工作的相关危险源，可确保飞机飞行过程中登机门不会发生偶然打开。

在 PRA 方面，应针对主要特定风险因素展开分析，以高强辐射场为例，高强辐射场主要影响电子元件或系统的工作，最严重情况就是无法通过电子指示装置观察登机门状态。但只要登机门关闭上闩锁定到位，是不会发生偶然打开的；同时登机门锁机构和闩机构还有目视装置，机组人员可以通过目视装置观察登机门的状态。因此，高强辐射场对登机门偶然打开没有影响。

在 CMA 方面,该登机门偶然打开故障树有五个与门,现以其中一个与门——"登机门锁定措施失效和飞行锁失效"为例进行说明。这两个事件的共模故障来源:是否存在共同的操纵力和同时操作。分析过程:登机门锁定措施依靠手柄操作,飞行锁通过电磁装置和传感器操作,两者不是同一个操纵力。另外,飞行锁在飞行速度大于一定值时起作用,而登机门锁定措施只在地面状态时才进行操作,两者也不是同时操纵。

因此,通过以上三方面分析,该登机门防止发生偶然打开的设计符合要求。

综合上述分析过程,该登机门偶然打开故障模式发生概率满足不大于 10^{-9}/飞行小时的要求。进一步还可以采用可靠性参数灵敏度分析方法对登机门各设计参数进行影响程度大小分析。经过灵敏度分析可知,该登机门锁机构和闩机构的设计参数对偶然打开概率影响较大,在设计过程中应着重关注。

11.4　舱门符合性验证方法

舱门符合性验证是指采用各种验证手段,以验证的结果证明舱门是否满足相关的安全性条款要求,检查所验证舱门与相关设计要求的符合程度,舱门符合性验证应贯穿飞机舱门研制的全过程。在飞机型号审查过程中,为了获得所需的证据资料以向审查方表明产品对于相关设计要求的符合性,需要采用不同的方法进行说明和验证,这些方法统称为符合性验证方法。

常用的符合性验证方法可根据实施的符合性工作的形式分为工程评审、试验、检查和设备鉴定四大类。根据这四大类方法再具体进行细化,最终形成了常用的、经实践检验的及审定部门认可的 10 种符合性验证方法。为了便于编制计划和文件,每种符合性方法赋予相应的代码。常用的符合性验证方法见表11-19。

表 11-19　符合性方法

符合性工作	代码	名称	使用说明
工程评审	MOC0	符合性声明	通常在符合性记录文件中直接给出
	MOC1	说明性文件	如技术说明、安装图纸、计算方法、技术方案、航空器飞行手册等
	MOC2	分析/计算	如载荷、静强度和疲劳强度,性能,统计数据分析,与以往型号的相似性等
	MOC3	安全评估	如功能危害性分析、系统安全性分析等用于规定安全目标和演示已经达到这些安全目标的文件

符合性工作	代码	名称	使用说明
试验	MOC4	试验室试验	如静力和疲劳试验，环境试验……试验可能在零部件、分组件和完整组件上进行
	MOC5	地面试验	在飞机上进行的系统功能检查等试验等
	MOC6	飞行试验	规章明确要求时，或用其他方法无法完全演示符合性时采用
	MOC8	模拟器试验	如评估潜在危险的失效情况，驾驶舱评估等
检查	MOC7	航空器检查	如系统的隔离检查，维修规定的检查等
设备鉴定	MOC9	设备合格性	设备的鉴定是一种过程，它可能包含上述所有的符合性方法

　　申请人在向适航当局申请适航审定后，应向适航当局提交整个飞机的适航符合性审定基础与符合性方法表，适航当局审定后提出修改要求，经与申请人反复讨论后定稿作为该飞机适航审查的基础。

　　舱门符合性方法的选用，要根据条款的复杂程度和飞机的研制情况，由适航审查组与研制方共同协商确定。只要能说明满足条款的要求，选择任何一种或几种叠加的符合性验证方法都可以，主要是要有足够的理由和证据表明符合性。一般而言，涉及面广的比较重要的条款往往需要使用多种符合性方法来验证。

　　舱门适航符合性方法选用的一般原则是省时、省力、省经费。具体包括：

　　（1）通过说明性文件和试验都可以进行符合性验证时，优选说明性文件。

　　（2）通过试验室试验、地面试验、飞行试验都可以进行符合性验证时，优选试验室试验或地面试验。

　　（3）通过试验和检查都可以进行符合性验证时，优选检查。

　　（4）通过试验进行符合性验证时，优选能包容验证尽可能多的适航性要求的试验方法。

　　表11-20为某民机舱门的符合性方法表示例。

表 11-20　某民机舱门适航符合性方法

某民机舱门适用的条款	ATA 章节	符合性方法代码									
		0	1	2	3	4	5	6	7	8	9
25. 301	520		1								
25. 303	520		1								
25. 305ab	520		1	2		4					
25. 307ad	520		1			4					

某民机舱门适用的条款	ATA 章节	符合性方法代码									
		0	1	2	3	4	5	6	7	8	9
25.365ade	520		1	2							
25.365g	525		1	2							
25.571ab	520		1	2							
25.581	520		1								
25.601	520		1								
25.603	520		1								
25.605	520		1								
25.607	520		1						7		
25.609	520		1								
25.611a	520		1						7		
25.613	520		1								
25.619	520		1								
25.623	520		1								
25.625ac	520		1								
25.772	525		1			4			7		
25.783	520		1		3	4	5		7		
25.795	525		1	2	3	4			7		
25.801e	520		1	2							
25.809	520		1		3		5		7		
25.810e	520		1	2		4					
25.811abefg	520		1						7		
25.812b	520		1						7		
25.813cf	520		1						7		
25.843b	520						5				
25.1301a	520		1				5		7		
25.1309abd	520		1		3		5				
25.1529	520		1						7		

第 12 章 舱 门 试 验

12.1 概　　述

运输类飞机舱门设计复杂,其设计结果是否合理,是否满足设计要求,需要经过试验研究和试验验证,试验结果同时也为舱门的设计和改进提供依据。对于满足使用要求的飞机舱门来说,舱门设计和舱门试验相辅相成,缺一不可。舱门试验一般分选型试验、人机功效试验、功能试验、可靠性试验和机上验证试验。

由于运输类飞机舱门与飞机安全性直接相关,且与机组、乘客的使用密切相关,因此,在满足强度、刚度、密封、可维修等基本要求的前提下,舱门的各项功能要满足预定要求,应具有很高的可靠性与安全性,以及具有较好的人机功效特性。而舱门这些性能、功能应通过试验来检验。另外,现代飞机舱门设计愈加复杂,设计参数的确定是一个复杂的过程,难以完全依赖运动学与动力学仿真分析,也需要开展舱门机构选型、气密形式选型等试验。所以,运输类飞机舱门的试验项目繁多,由于不同飞机舱门设计的要求不尽相同,且舱门设计技术的共用性与设计经验的传承情况不同,不同飞机舱门的试验项目会存在较大的差别。表 12-1 列出了某运输机登机门试验项目规划,该登机门将在完成所列出的前31 项选型、人机功效与功能试验后,装机使用的舱门才能投产。舱门试验一般需要设计制造专门的试验舱段(安装有舱门),模拟飞机正常与非正常状态(如起落架折断)对舱门的功能进行考验。

表 12-1　某运输机登机门试验项目规划

序号	试验名称	试验类别	试验内容	检测要求
1	平行杆选型试验	选型	不同平行杆、不同安装位置及连接支架选型。重点考察平行杆相关刚度对舱门运动轨迹的影响。与有限元模型进行对比	
2	阵风锁选型试验	选型	不同阵风锁选型,在不同铰链臂上进行对比。对舱门进行加载模拟地面风速带来的载荷	是否脱锁与破坏

序号	试验名称	试验类别	试验内容	检测要求
3	扭力杆参数试验	选型	不同扭力杆值（安装角度）对舱门位置及手柄力的影响试验	不同扭力的手柄力曲线，手柄力过程最大15kgf
4	滑梯预位手柄、阵风锁手柄、开关手柄选型试验	选型/人机功效	不同手柄方式的选型试验	外观、舒适度及心理影响评价（10人，其中女性至少5人）
5	提升臂长度选型试验	选型	考虑舱门支撑结构柔性变形，提升过程中提升臂的不同长度对运动轨迹的影响试验，长度自身可调，在舱门上下、左右及转角中心各取1点，共8点进行测量	舱门蒙皮距离门框数值
6	增压预防门打开角度选型试验	选型	不同打开角度下空气释放速度和内饰流阻数据，内饰采用假件，增压预防门测试角度范围为30°～70°，每个5°进行试验。模拟飞机极限增压速度测量动态平衡压力	动态平衡压力不超过0.5psi
7	导向槽间隙选型试验	选型	导向槽不同运动间隙选型，用于测试导向槽与导向轮间隙对门体实际加工误差的包容性。重点测量4个导向槽运动过程中和关闭位置间隙。关闭位置要求增压至$1\Delta P$	运动过程导向轮与导向槽的间隙；关闭后$1\Delta P$下导向轮与导向槽的间隙。① 单侧4个触点接触，另一侧为1~2mm；② 间隙大于0.5mm
8	接近传感器标靶选型试验	选型	不同接近方案和接近参数选型试验，考察覆盖面积及接近距离。在侧向接近和轴向接近两个方案间对比。在充压下（$1\Delta P$）检查间隙变化情况	接近传感器信号：在充压下测量覆盖面积和距离。① 信号是否正常；② 覆盖面积和距离是否符合供应商GA和GB区间数据
9	弹簧选型试验	选型	对于增压预防门、闩等安装的多组弹簧进行对比选型，测试开门手柄力	手柄力曲线：手柄力过程最大15kgf，手柄力是否连续，是否能固定在开关两个位置

（续）

序号	试验名称	试验类别	试验内容	检测要求
10	密封性能试验	功能	最大增压至 $1\Delta P$，以 0.5psi 为增量检查泄漏量	泄漏量与压差曲线
11	手柄力试验	功能/人机功效	测量舱门正常操作下开启和关闭的手柄力	手柄力曲线： ①符合 ADAMS 动力学模拟曲线； ②双向最大不超过 22kgf； ③随机抽取 10 人（其中女性不少于 5 人）评价开门手柄力感受
12	内侧正常开启、关闭功能试验	功能	运动顺畅，无明显卡滞、干涉、异响或晃动	运动检查： ①是否顺畅且无卡滞、干涉； ②是否有异响； ③是否存在不正常晃动
13	外侧正常开启、关闭功能试验	功能	运动顺畅，无明显卡滞、干涉、异响或晃动	运动检查： ①是否顺畅且无卡滞、干涉； ②是否有异响； ③是否存在不正常晃动
14	内侧应急开启功能试验	功能	运动顺畅，无明显卡滞、干涉、异响或晃动。要求在应急作动器发挥作用和不发挥作用下试验，通过偏转台架模拟最严重倾斜角度，并且模拟卡阻载荷，对于应急作动器不发挥作用下要求测试向外推出的手柄力	运动检查、打开时间、手柄力： ①是否顺畅且无卡滞、干涉； ②是否有异响； ③是否存在不正常晃动； ④应急作动器工作开启时间不超过 10s； ⑤手动应急推门力不超过 22kgf

序号	试验名称	试验类别	试验内容	检测要求
15	外侧应急开启功能试验	功能	运动顺畅，无明显卡滞、干涉、异响或晃动。要求在应急作动器功能正常下试验，测试是否作动器不工作	运动检查： ①是否顺畅且无卡滞、干涉； ②是否有异响； ③是否存在不正常晃动
16	应急作动器功能试验	功能	本试验仅对应急作动器的阻尼功能进行试验。作动器发挥作用和不发挥作用两种情况对向外推门力的影响	10s 内开启
17	指示灯系统人机功效试验	人机功效	舱门客舱压力指示灯位置及显示效果是否满足人机功效	外观、舒适度及心理影响评价（10个人，其中女性至少5人）
18	液晶指示系统人机功效试验	人机功效	与舱门传感器关联的指示系统是否工作正常，位置及显示效果是否满足人机功效	外观、舒适度及心量影响评价（10个人，其中女性至少5人）
19	飞行锁系统功能试验	功能	在输入模拟信号（如飞行速度、轮载信号）后是否能正常上锁，上锁过程是否卡滞、干涉，是否顺畅。信号结束后是否能够顺畅、无卡滞、无干涉解锁	通信号及通电后测试上锁与解锁： ①是否顺畅且无卡滞、干涉； ②是否有异响
20	增压变形试验	功能	最大增压至$1\Delta P$，以 2psi 为增量检查舱门外部变形，主要为阶差和间隙，舱门周圈均匀分布测量点，共40个点	变形与压差曲线
21	密封件变形检查试验	功能	密封件挤压变形过程检查试验，用于对比运动过程和关闭后变形形状。在实测结果和理论数模间对比。实测采用立体高速摄影测量技术对密封件的变形过程进行三维立体检查	密封件变形值
22	止动块破损安全试验	功能	拆除任何一个止动块，最大增压至$1\Delta P$，检查舱门变形与气密情况	检查变形与泄漏
23	结冰开门试验	功能	满足适航条款结冰要求和飞机极限使用环境要求，进行结冰试验，试验通过控制局部温度和湿度结冰，在达到结冰状态后开门，要求在打开后能够关闭。手柄力不超过极限上限值	手柄力曲线 提升和推门手柄过程最大 22kgf

序号	试验名称	试验类别	试验内容	检测要求
24	内手柄驱动上部机构卡阻试验	功能	通过夹具固定闩机构、增压预防机构、锁机构、飞行锁机构模拟机构卡阻,手柄转轴分别每隔10°进行一次手柄加载,加载至3001b,机构、结构不发生永久变形和破坏	检查是否永久变形和破坏
25	外手柄驱动上部机构卡阻试验	功能	通过夹具固定闩机构、增压预防机构、锁机构、飞行锁机构模拟机构卡阻,手柄转轴分别每隔10°进行一次手柄加载,加载至3001b,机构、结构不发生永久变形和破坏	检查是否永久变形和破坏
26	内手柄驱动下部机构卡阻试验	功能	通过夹具固定扭力杆,滑梯预拉杆模拟机构卡阻,手柄转轴分别每隔10°进行一次手柄加载,加载至3001b,机构、结构不发生永久变形和破坏	检查是否永久变形和破坏
27	外手柄驱动下部机构卡阻试验	功能	通过夹具固定扭力杆模拟机构卡阻,手柄转轴分别每隔10°进行一次手柄加载,加载至3001b,机构、结构不发生永久变形和破坏	检查是否永久变形和破坏
28	应急手柄机构卡阻试验	功能	通过夹具固定滑梯预位杆模拟机构卡阻,手柄转轴分别每隔10°进行一次手柄加载,加载至3001b,机构、结构不发生永久变形和破坏	检查是否永久变形和破坏
29	非正常着陆状态开门试验	功能	分别模拟前起放不下或折断、主起一侧放不下或折断、主起两侧都放不下或折断时的机身姿态,实施正常与应急开门	检查能否进行正常或应急开门
30	开门状态淋雨试验	功能	安装内装饰假件,在打开状态模拟降雨,检查登机门内部是否排水顺畅,无积水存在	测量积水深度不超过2mm
31	关门状态淋雨试验	功能	安装内装饰假件,在关闭状态模拟降雨,检查登机门水密性能是否良好	检查是否渗漏水
32	舱门极限载荷试验	验证试验	随全机静力试验机身增压试验一起进行,增压到2ΔP,检查舱门是否破坏	检查舱门结构、机构是否破坏
33	舱门主操纵机构可靠性试验	研发或验证	采用自动控制完全模拟正常开关过程,完成24万次开关循环,其中每1万次模拟一次应急开启,应急开启要求使用应急作动器在最不利姿态下开启	24万次循环的失效次数
34	舱门安全性检查模拟试验	验证试验	在飞机上,由适航当局监控,进行舱门开、关门试验,检查安全性措施	检查是否满足增压预防、指示、打开时间等安全性要求

12.2　舱门选型试验

舱门选型试验一般在初步方案设计阶段进行,对舱门设计方案提供依据和支持,降低设计风险。舱门选型试验的内容相当丰富,对不能完全把握的多个设计方案、不确定的设计参数、难易精确理论分析的结构性能等,均应规划选型试验。选型试验根据试验选型的对象可分为舱门方案选型试验、零组件级选型试验、密封选型试验等。根据试验选型的内容分为结构形式选型(主要指机构选型)、参数选型,或两种的综合选型。

需要说明的是,上述各种选型试验一般很少单独进行,而是规划设计一个综合选型试验,既节约成本也便于从各个方面综合考虑代选对象的性能。比如,舱门密封结构选型,不仅考虑不同密封结构和其参数的密封性能对比,而且考虑该密封结构对舱门开关、手柄操作力的影响。

12.2.1　试验目的

舱门选型试验是在经过初步分析、优化和筛选后,对少数几个方案通过研发试验进行比较,并为进一步的分析提供试验数据。试验目的主要有:

(1)舱门方案,尤其是复杂舱门的不同设计方案,如果不能在理论分析上,从方案原理、设计技术、制造工艺、使用性能、经济性等方面综合做出决定,就需要通过选型试验,实际测试、对比出多种方案的优劣,做出合理正确的方案选择。

(2)针对完成相同功能的不同结构形式(主要是子机构零、组件),或者针对结构/机构设计参数,通过选型试验,决定出有效的结构/机构形式、合理的设计参数。

(3)针对具体舱门不同的密封结构形式、密封结构设计参数、密封件材料参数,通过选型试验,决定合理有效的舱门密封结构形式和参数。

12.2.2　试验内容

选型试验不能盲目进行,必须是在对设计对象有了足够熟悉的基础上,有选择、有目的地进行。因此,首先应该进行详细的试验任务书编写和试验方案设计。

零、组件级选型试验多为某一确定舱门设计方案下的参数选型试验,包括材料选择、几何参数、强度和刚度指标、结构间隙等选择。如表12.1中的1~9项,试验具体内容需要根据具体选型目的来制定。

321

密封结构选型包括密封件安装形式、密封原理、密封件材料性能参数、几何参数、压缩量等的选型,根据以往的设计经验和理论分析制定若干组试验对其密封性能(包括气密和水密)和对舱门运动的影响进行对比。其中,密封件材料性能参数选型试验多为试片级试验,由成品厂商负责进行。

12.2.3　试验件设计

选型试验的试验件一般包括舱门、盒段(或台架)、必要的成品,机械化操作的舱门还需必要的电气、液压系统。试验选型的对象,需要根据试验方案,制造全部试验件。试验件设计要求如下:

(1) 舱门试验件结构与机构布置、运动交点设定应该完全真实,但结构、机构细节设计可做一定简化,以节省制造成本。

(2) 盒段是为满足气密性试验内容而设计的,因此盒段应根据试验的压差要求,具备足够的强度,保证气密试验的安全。盒段安装舱门的门框应该尽量与真实飞机机身结构一致,尤其保持与机身壁板相同的外形和相近的刚度。盒段的大小也由此来确定,一般是舱门前后各延1~3个机身框距。没有气密试验内容的试验可设计台架,降低试验成本,台架设计应该便于试验的实施和加载。

(3) 需要选型的待试件应按真实设计制造。

12.3　舱门功能试验

舱门功能试验一般在详细初步设计阶段进行,验证设计的正确性,以及为设计完善和改进提供支持。舱门功能试验根据舱门的具体功能规划试验内容,其内容较多。一般包括舱门开闭功能试验、舱门锁上锁、解锁试验、舱门操作手柄力试验、舱门锁闭安全性试验、舱门密封功能试验、舱门应急开启试验等,舱门结构(包括机构零、组件)的强度、刚度由于涉及舱门的安全性和机构运动、舱门密封等,因此,这里建议舱门强度、刚度试验也应归入舱门功能试验进行统一考核。

为节省经费,舱门功能试验一般规划一系列试验,在同一试验件上逐步进行各项功能试验、密封试验和强度、刚度试验。要注意的是各项试验的前后顺序安排,引起结构永久变形或强度破坏的试验(如 $1.33\Delta P$ 和 $2\Delta P$ 增压试验)安排在最后,预计的设计薄弱环节在试验中有可能破坏的试验应尽量安排在后面,安全度高的试验安排在前面进行。这样安排是出于对各项试验的真实性、节约试验时间和成本的考虑。对于复杂、重要,或高承载的锁机构也可安排单独的功能、强度综合试验。

12.3.1 试验目的

舱门功能试验目的是为舱门详细设计和强度分析提供依据和支持，试验目的如下：

（1）验证、测试正常使用情况下舱门的各项预定功能。

（2）验证、测试在应急情况下舱门的开闭功能。

（3）验证、测试舱门密封性，以改进和完善舱门密封设计。

（4）验证、测试舱门强度、刚度试验。

12.3.2 试验内容

1. 舱门结构强度试验、舱门结构刚度试验

主要内容是增压强度试验、舱门锁承载安全性试验。另外，包括操作随机手或脚载荷试验、地面（或者包括空中开启）风载试验、模拟卡滞故障的强度试验。

舱门结构强度试验验证、测试舱门在极限载荷下的结构内应力，不致发生结构破坏。增压强度试验包括 $1.33\Delta P$ 抗压试验和 $2\Delta P$ 极限增压试验。

操作随机手或脚载荷试验要求舱门能承受 136kgf 向下作用的最大随机手或脚载荷，能承受其余任意方向上 68kgf 的随机手或脚载荷，且假定手或脚载荷的作用点是在门从关闭到打开任一位置门上任意一点。具体的试验加载方案根据具体舱门形式分析，在其严酷的作用点和位置加载进行试验。

舱门结构刚度试验验证、测试舱门在限制载荷下的变形、阶差、间隙等，不致舱门漏气、机构与结构之间干涉、舱门气动外形超差和结构件的永久变形。刚度试验的内容随强度试验、气密试验等进行，测量门周边点或要求的位置点的位移。

2. 密封试验

密封试验包括气密试验和水密试验，主要是气密试验。座舱气密性试验有流量法和压力降法。

流量法也称补偿法，试验时连续供给座舱一定流量。当座舱压力达到设计的余压值并保持稳定后，则供气流量等于座舱泄漏量，测出的供气流量即为座舱泄漏量。流量法对任何座舱，容积大的或小的均适用，尤其适用于泄漏量较大而容积小的座舱，而且试验数据准确。流量法试验要求有连续的、具有稳定压力的供气装置，并要求有流量测量装置，它适合于地面试验，不适合飞行试验。

压力降法是向座舱供气，使座舱压力达到设计的余压值，然后关断气源，此时座舱压力由于空气泄漏而逐渐下降，根据座舱压力下降的时间或者测量座舱爬升速率来计算座舱泄漏量。这种方法适用于泄漏速度小而容积大的座舱，它

只要一个供气源,将座舱增压到预定的余压值而不需要连续供气,测量时记录座舱压力从一个预定值到另一个预定值的时间,就可计算出泄漏量。用于飞行试验时,停止向座舱供气,用自动记录仪记录下水平飞行中座舱压力随时间的变化后,就可确定座舱空气泄漏量。试验时应保证舱内人员的安全。压力降法使用设备简单、简单易行、成本低,是目前国内常用的密封试验方法。两种座舱气密性试验方法可以互相转换。

在设计研发阶段,舱门密封试验在专用密封盒段上进行,在试验前,要对专用密封盒段进行检漏,除舱门密封区域外,对发现的泄漏区域或泄漏点应进行补胶堵漏。在密封验证阶段,舱门密封试验随全机密封试验进行。

舱门密封试验压降法的步骤:按一定的增量(一般取 10kPa)向密封舱充压,保持 1~2min 进行必要的密封和安全检查。最终充压至正常最大使用压差,即 $1\Delta P$,保持 5min,然后关闭充压活门,持续自然卸压,按 10kPa 递减量记录压降时间。

3. 舱门手柄力测试试验

试验中,测量点的选择和测力方向应尽量模拟真实手动操作情况。舱门正常开启和关闭的手柄力一般不大于 15kgf,在应急无辅助动力情况下,手柄力不大于 22kgf。

4. 舱门正常开启和关闭功能试验

舱门在开启和关闭过程中,要求顺畅,无明显卡滞、干涉、异响或晃动。试验过程中,要求检测运动是否顺畅且无卡滞、干涉,是否有异响,是否存在不正常晃动。

5. 舱门应急开启和关闭功能试验

试验中,需要验证舱门在应急打开时所需开启时间,运动过程中是否顺畅,要求运动无卡滞和干涉情况;运动过程中是否有异响或晃动。试验工况中要求包含应急作动器发挥作用和不发挥作用两种情况。试验中需要模拟舱门在最严重的倾斜角度下工作,常常是通过偏转台架来达到试验目的。试验过程中还需要模拟卡阻载荷,当应急作动器不发挥作用,同时舱门受到卡阻载荷时,要求手动应急开启舱门,推门力不超过 22kgf。应急作动器的阻尼功能在试验中需要验证,要求舱门在 10s 内开启时,作动器在起作用和作动器在失灵情况下对推门力的影响。

6. 飞行锁系统功能试验

验证飞行锁系统在通电情况下,输入模拟信号(飞行速度)后,锁系统能否正常上锁,上锁过程中是否无卡滞、干涉情况,上锁过程是否顺畅,以及是否有异响。当信号结束后,飞行锁系统是否能顺畅、无卡滞、无干涉的进行解锁,解锁过程是否有异响。

12.3.3　试验件设计

功能试验的试验件一般包括舱门、盒段(或台架)、必要的成品,机械化操作的舱门还需必要的电气、液压系统。试验件设计要求如下：

(1) 舱门试验件应该尽可能真实,包括舱门的重量与重心。

(2) 盒段(或台架)设计同 12.3.2 节"2. 密封试验"。

(3) 有电气、液压系统要求时,电气、液压系统试验件能满足试验需要即可。

12.4　舱门人机功效试验

12.4.1　试验目的

人机功效试验主要是检验产品设计是否人性化,从视觉上是否让人觉得舒服,在使用过程中或者操作时是否符合人体的感觉或习惯,是否让人的心理产生舒适感。

12.4.2　试验内容

试验内容如下：

(1) 舱门滑梯预位手柄、阵风锁手柄、开关手柄人机功效试验。舱门滑梯预位手柄、阵风锁手柄、开关手柄需要考虑人性化设计,通过人机功效试验,验证产品设计的合理性。试验时,需要随机抽取一定数量的人员(参与者中女性数量不能少于 50%)参与舱门的开启与关闭,评价各个手柄的开启和关闭舒适度感受,评价各个手柄的开启和关闭手柄力感受。

(2) 指示灯系统人机功效试验。验证舱门客舱压力指示灯位置及显示效果是否满足人机功效。试验时,需要随机抽取一定数量的人员(参与者中女性数量不能少于 50%)参与观察指示灯,评价指示灯位置及显示效果的舒适感。

(3) 液晶指示系统的人机功效试验。验证与舱门传感器关联的指示系统是否工作正常,位置及显示效果是否满足人机功效。试验时,需要随机抽取一定数量的人员(参与者中女性数量不能少于 50%)参与观察液晶指示系统的工作情况,评价液晶指示系统的舒适度感受。

12.4.3　试验件设计

可以借助功能试验或者选型试验的试验设备做滑梯预位手柄、阵风锁手柄、开关手柄人机功效试验。在功能试验或者选型试验的试验设备的基础上加装指示灯系统、液晶指示系统，就可以做指示灯系统人机功效试验和液晶指示系统的人机功效试验。

12.5 舱门可靠性试验

12.5.1 一般知识

可靠性试验是用来提高和验证产品可靠性的试验。可靠性试验与一般的工程研制试验既有联系又有区别。尽管可靠性试验可以与一般的工程研制试验结合进行，而且工程研制试验结果也确实可提供一定的可靠性信息，但是这种可靠性信息多数为定性信息，很少有量化信息。而可靠性试验则需要一定的试验样本量。可靠性试验结果可定量说明产品可靠性水平。在试验顺序上，可靠性试验是在各种工程研制试验（如性能试验、环境试验等）均已获得通过之后下才进行。工程研制试验中的验收试验是判断产品合格与否的试验。合格是可靠的前提。

可靠性试验一般分为可靠性增长试验和可靠性验证试验两类。如果可靠性增长试验成功，并未暴露任何问题，则可靠性增长试验演化为可靠性验证试验。如果在可靠性验证试验过程中暴露出重大问题，须采取改进措施使可靠性获得增长，则可靠性验证试验演化为可靠性增长试验。

12.5.2 试验目的

舱门可靠性试验的目的是验证舱门在规定时间内、规定条件下完成规定功能的能力是否满足可靠性要求。舱门可靠性试验所要验证的可靠性要求一般是以主要故障模式的发生概率给出的，其值一般都很小，而舱门试验件一般是一件，通过对一件舱门试验件进行试验，理论上是不可能得到这些故障模式的发生概率的。因此，可将舱门可靠性试验的对象取为与这些故障模式有关的元件、部件或机构，即通过初步可靠性分析确定的关键件或关键部位，同时尽可能多取一些试验件，通过这些元部件或机构的局部可靠性试验逐步得到主要故障模式的发生概率。如果适航当局认为有必要，舱门可靠性试验也可能作为适航当局监控的验证性试验。

舱门可靠性试验的主要目标可概括如下：

（1）及时发现舱门结构、机构设计、材料、工艺等方面的不足，指导舱门结构机构的设计改进，为实现舱门可靠性要求奠定基础。

（2）验证舱门在规定的使用条件下能够避免各种故障模式，符合指定的可靠性定量指标。

（3）验证舱门结构机构在规定的使用载荷下能否达到指定可靠度下的使用寿命，并为编制相应的修理方案提供重要依据。

12.5.3 试验分类

1. 舱门元件可靠性试验

舱门设计通常会采用弹簧、螺栓等元件，比如弹簧主要用于锁定机构中，其可靠性水平对锁定机构的工作性能有着非常重要的影响。对于标准弹簧，供应商一般会提供其破坏模式和失效概率，对于非标弹簧则必须通过可靠性试验得到。舱门元件可靠性试验主要是通过足够数量的试件，通过统计分析确定其不同受载形式（拉、压、弯、扭、剪等）、不同使用环境（温度、湿度等）下的破坏模式和失效概率。

2. 舱门组合机构可靠性试验

舱门的运动功能主要是靠其组合机构来实现的，组合机构的可靠性水平决定了舱门的功能可靠性水平。组合机构可靠性试验，针对与舱门功能有关的工作性能参数开展，具体可包括舱门锁连杆机构的过中心角度、插销的移动距离、齿轮或凸轮机构运动副的磨损量、手柄机构的启动力或力矩、承载较大机构的变形量等参数的可靠性试验，并且需要对一定数量的组合机构进行试验，结合试验数据分析处理方法，可得到其统计分布形式及数字特征，根据可靠性分析原理进而可得到组合机构的失效概率。组合机构可靠性试验无须以整个舱门为试验对象，可根据所关注的舱门功能选择对应的组合机构，如锁定功能对应的锁定机构、指示功能对应的传感器触发机构等。同时，由于不以整个舱门作为试验件，因而可依据型号进度和经费情况尽可能多选取一些组合机构试验件开展试验。

3. 舱门级功能可靠性试验

舱门级功能可靠性试验一般针对打开、关闭、密封等功能开展相关试验，如舱门的重复开启、关闭试验，气密试验等。这些试验一般选取一个舱门及相应机身门周结构作为试验件进行试验。

受限于试验条件和规模，舱门级功能可靠性试验只能针对打开关闭、气密性等功能进行试验，而对于锁定和指示等功能的可靠性水平难以直接验证，必须通过舱门元件和组合机构的可靠性试验得到各相关元件和组合机构在一定工作条件下的工作性能参数和失效概率，再结合锁定和指示等功能的故障机理，通过可靠性分析方法得到舱门锁定和指示等功能的可靠性水平。

12.5.4　试验一般流程

1. 进行初步的舱门可靠性分析,确定若干薄弱环节或关键部位

影响舱门安全性水平的故障模式包括舱门偶然打开、舱门不能打开及指示系统误示舱门关闭锁定。一般情况下,舱门上闩锁定、打开关闭功能的组合机构分别与偶然打开和不能打开两个主要故障模式有关,指示功能通常由监测关闭上闩锁定组合机构运动参数的传感器实现,所以,试验对象应为以上舱门组合机构(连杆机构、凸轮机构、滑块机构、齿轮)。另外,还可考虑弹簧、关节轴承及螺栓等元件。

2. 确定舱门各环节需要检测的可靠性特征量及其分布形式

可靠性特征量及其分布形式是可靠性试验评估的重要基础。对于舱门系统级试验中的重复开启关闭试验,需要检测的特征量为舱门开关次数;在组合机构的可靠性试验中,通常需要检测锁机构、闩机构的过中心角度或者手柄机构的启动载荷等参数;在舱门元件的可靠性试验中,通常应检测试验元件在各种受载形式下的承载能力。一般需要通过相关分布检验方法确定上述需要检测的参数的分布形式。

3. 明确舱门可靠性试验内容

舱门可靠性试验就是再现舱门各组成机构、部件及元件规定功能实现能力的过程,所以试验内容应与舱门各组成机构、部件及元件实现规定功能相对应。例如,一般用于舱门锁机构的拉压弹簧,主要是在舱门解锁上锁过程中工作,相当于用于频繁往复运动的场合,其可靠性试验内容应当是往复运动的疲劳试验。在试验方法的选择上,从既能够验证舱门可靠性又尽可能节约试验件数量和试验费用的原则出发,尽可能采用可靠性特征量的计量型试验方法代替计数型试验方法。

4. 制定舱门可靠性试验条件

舱门可靠性试验条件应当参照前述所介绍的压力场和温度场构成的舱门使用任务剖面中最恶劣的环境条件制定,即舱门若在任务剖面中最恶劣的环境条件下都能可靠工作,则在该任务剖面中的其他环境条件下就能更加可靠地工作。

5. 实施舱门可靠性试验

制定舱门可靠性试验大纲,完成试验任务书,并对试验方案、试验设施、试验条件及试验人员进行试验前评审。此外,还应对舱门试验件的初始质量情况进行检查,检查试验件在生产、运输、安装过程中有无损伤,确保试验顺利实施。在试验过程中,应记录相关试验数据,为试验结果分析提供依据。同时,必须有相关安全防护措施,防止试验人员和设备受到意外故障的影响。

328

6. 完成舱门可靠性试验报告与验收

舱门可靠性试验完成后,应形成相关试验报告并进行验收。舱门可靠性试验报告应包括试验概况、试验情况叙述、试验结果及分析、试验结论及建议等内容。若试验结果不满足可靠性要求,还要进行舱门设计改进,并进行可靠性增长试验。

12.6 舱门机上试验

舱门机上试验一般是民用运输类飞机适航验证性试验,是按照经适航当局批准的型号适航验证计划,在适航当局的监控下,在真实飞机上实施的地面验证性试验。

12.6.1 试验目的

舱门机上试验目的一般包括:检查舱门开、关门锁、闩机构逻辑是否正确,检查是否具备增压预防措施,检查指示系统设置是否合理,检查应急门应急打开时间是否满足要求,检查是否具备防无意、有意开启安全性措施等。另外,一般结合增压舱耐压极限强度试验,对增压舱门的强度、刚度进行考核。

12.6.2 试验程序

作为适航验证试验,按照 CCAR21-R3 规定的试验审查要求,试验程序如下:

（1）按照适航当局批准的型号验证计划,提交该试验的试验大纲给适航当局审查、批准。

（2）适航当局审查代表检查试验用舱门、门框等结构的设计构型状态、制造符合性状态,给试验件颁发适航批准标签。

（3）适航当局审查代表检查、批准试验用的仪器设备、设施,检查试验现场与试验大纲的符合性。

（4）按照试验大纲完成试验,适航当局审查代表全程目击监控试验。

（5）试验完成后,编制试验总结报告,提交给适航当局审查、批准。

12.7 舱门试验示例

案例一:某运输机货舱门功能试验

1. 试验目的

（1）验证地面停机状态下,后货舱门的开启和关闭功能。

（2）验证在空投空降飞行状态下，后货舱门的开启和关闭功能。

（3）验证后货舱门的气密性。

（4）验证典型飞行条件下，后货舱门的锁闭安全性。

2. 试验件及试验件支持

（1）所需的后机身结构、过渡段、平垂尾载荷加载假件等与后体机身大开口结构强度、刚度试验共用。

（2）后货舱门。包括斜台、中舱门、侧舱门、密封舱门、65框出入门及成品，全部采用真件，依据三维模型和相关技术条件制造和安装。

（3）后货舱门操控系统包括液压、电气系统，其中液压控制系统按试制批飞机图样和相关技术条件制造和安装，电气系统要求能够满足后货舱门的操控要求。

（4）后应急门（包括左右2件）采用真件，依据三维模型和相关技术条件制造和安装。

（5）2号水上应急门（包括左右2件）采用真件，依据三维模型和相关技术条件制造和安装。

（6）后下部设备舱门采用真件，依据三维模型和相关技术条件制造和安装。

整个试验件平台采用承力墙悬挂方式，如图12-1所示。

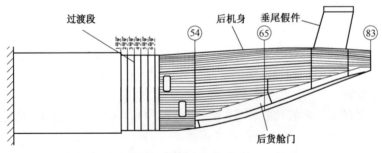

图 12-1　试验件支持方式

3. 试验项目、试验载荷及加载方式

（1）地面停机状态下后货舱门开启和关闭试验，试验件上不加载。

（2）空投空降时后货舱门开启和关闭试验，施加的载荷有后机身及垂尾的空投空降载荷，其与后机身刚度及强度试验选取的空投空降工况一致。

（3）后货舱门气密试验，施加单一的气密载荷（$1\Delta P = 59.7\text{kPa}$）。

（4）典型飞行载荷下后货舱门的锁闭安全性试验，关闭后货舱门并锁定，施加后机身及尾翼载荷，同时对货舱施加气密载荷，工况与后机身刚度及强度试验载荷工况一一对应。

以上各试验载荷的施加方式与后机身刚度及强度试验载荷施加方式相同。

4. 试验内容

在后货舱门液压、电气操控系统调试完成后,进行以下试验:

(1)在后体结构不施加气密载荷及飞行载荷情况下,进行10次后货舱门的开启—关闭,并记录每次"开启—关闭"过程中,中舱门、侧舱门、斜台、密封舱门各自的开启时间和关闭时间。

(2)在机身和舱门上施加空投空降飞行模拟载荷情况下,进行10次舱门的开启—关闭,并记录每次"开启—关闭"过程中,侧舱门、中舱门、斜台、密封舱门各自的开启时间和关闭时间。

(3)气密试验:在气密舱压力充至59.7kPa后,切断充气活门,测量并记录压力变化。

气密试验完成后,在后货舱门关闭状态下,和各种工况的后机身刚度及强度试验同步进行,通过监控录像监控斜台锁、密封舱门的锁闭情况。每种工况试验结束后对斜台锁机构连杆、密封舱门固定锁夹、密封舱门操纵连杆,及其连接螺栓进行目视检查。在整个试验结束后,对上述零组件进行损伤检查。

进行以上各试验内容时,对在进行某项试验内容时出现的问题,须在经分析和处理后重复进行。

案例二:某运输机登机/跳伞门功能及密封综合台架试验

试验件概况:①登机/跳伞门1件(左件)。②试验气密舱段选取机身左侧地板以上、14~21.5框作为气密试验舱段,门框区域采取真实构型,地板以下为支撑台架,其余部位为气密壁板,以及一个气密出入门,如图12-2所示。

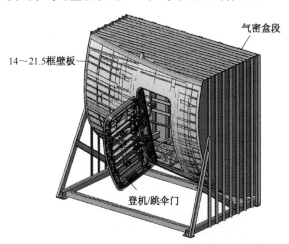

图12-2　登机/跳伞门试验件及气密盒段

1. 试验目的

(1)验证该飞机登机/跳伞门机构设计原理的正确性。

（2）验证舱门的操纵开启/关闭的功能，测试舱门手动操纵时的手柄操纵力。

（3）验证舱门的密封特性，结合舱门手动操纵力测试，验证舱门密封带剖面参数及压缩量的选择是否合理。

（4）验证舱门动力驱动操纵开启/关闭的功能，操纵逻辑的正确性。

（5）模拟空投空降舱门的载荷状态，验证舱门开启—锁定—关闭上锁功能。

2. 试验件安装调试

在气密盒段上安装登机/跳伞门，按照生产图样和安装调整技术条件进行舱门调试。

3. 试验前检查

试验前按安装调整技术条件对各个舱门进行检查和调试：

（1）检查舱门外形与机身外形的阶差是否满足要求。如不满足要求，则进行调整。

（2）检查舱门外蒙皮与门框的间隙是否满足要求。如不满足要求，则进行调整。

（3）检查舱门运动机构是否安装到位，运动是否灵活无卡滞，运动关节部位是否按要求涂润滑脂；紧固件是否按要求进行保险。如不满足要求，则按要求进行调整、润滑脂和打保险。

（4）检查舱门密封带安装是否牢靠，密封带表面是否存在划伤。如果不牢靠，且存在划伤，则重新固定或更换密封带。

（5）检查门框密封挡件表面是否光滑，是否有毛刺。如果不光滑，有毛刺，则打磨光滑，去毛刺。

4. 试验内容

登机/跳伞门在气密盒段上安装调整完成，并按照要求完成试验前检查后进行试验。

（1）按生产图样及安装调整技术条件完成调试后，手动开启/关闭舱门5次，检查和验证开启、关闭功能。

（2）检查和验证动力操纵舱门开启、关闭功能。

（3）按规定进行舱门的 $1.33\Delta P (\Delta P = 0.0597 \text{MPa})$ 的气密试验，按级施加载荷，并测量舱门的变形，包括舱门的阶差和间隙变化，每次加载—卸载后开启舱门一次，记录开启时间。

（4）在过程（3）中，若发生漏气，首先检查结构密封质量，排除结构密封问题后，再检查结构变形的测量数据。若在合理值范围内，通过在门框挡件特征上增加垫板提高密封带压缩量，增加密封带压缩量，调试后重新进行气密试验。

（5）完成以上调试后,分别从内部和外部开关舱门 20 次,测试并记录手柄操纵力,包括内外手臂的解锁、上锁、开门和关门(以扭矩形式进行测量),记录舱门每次开启和关闭的时间。

（6）不施加气密载荷、飞行载荷等其他载荷,通过液压驱动,进行 200 次舱门开启和关闭试验,验证舱门的开启和关闭功能,记录舱门每次开启和关闭的时间。

（7）在舱门上施加空投空降飞行模拟载荷,按 10% 逐级施加飞行载荷(最大不超过飞行载荷的 67%),每级载荷进行 3 次舱门的开启—保持—关闭,验证空投空降飞行条件下舱门的开启和关闭功能,纪录舱门每次开启和关闭的时间。

（8）完成上述试验后,再分别从内部和外部进行 5 次手动/动力开关舱门,记录舱门每次开启和关闭的时间,以及手柄力大小。

（9）进行两次气密试验,加载至 $1.33\Delta P$,检查气密性。

（10）进行淋雨试验,对密封区域进行防雨性能试验。

5. 试验后检查

上述各项试验完成后登机/跳伞门进行详细检查:

（1）检查舱门结构是否存在变形。

（2）检查舱门密封带是否存在划伤情况。

（3）检查舱门与门框及周围结构是否存在干涉而导致的磨痕。

（4）检查舱门运动机构传动元件是否存在永久性变形。

（5）检查舱门运动机构关节部位是否存在磨损。

（6）检查舱门运动机构传动元件与舱门结构是否存在由于干涉而引起的磨痕。

6. 试验总结

根据试验情况和试验记录,分析舱门机构原理设计的合理性、正确性、安全性,初步判断运动机构的可靠性,完成试验总结。

案例三:某飞机登机门密封、功能、选型、人机功效试验

1. 试验目的

某飞机登机门密封、功能、选型、人机功效试验的试验目的主要是验证舱门的功能原理、密封性能、承载能力等。包括功能试验、气密试验、地面风载试验、破损安全试验、随机载荷试验、应急手柄载荷试验、应急开启试验、抗压试验、淋雨试验。

（1）通过舱门的功能试验,验证各个机构原理的正确性,验证正常情况下舱门的操纵特性,助力和缓冲效果,测量手动操纵力大小,测量舱门开启时间;验证舱门的人机功效特性是否满足要求。

（2）通过气密试验，验证舱门气密特性，测量部分结构应力应变情况，对比计算结果，挖掘减重潜力；结合舱门操纵力测试，验证舱门密封带剖面参数及压缩量的选择是否合理。

（3）通过地面风载试验验证舱门在完全打开状态的位置保持特性。

（4）通过破损安全试验对舱门结构及其连接的破损安全特性进行评估。

（5）通过随机载荷试验，验证在极限载荷作用下，舱门结构和机构不破坏。

（6）通过应急手柄载荷试验验证机构卡滞状态下机构内载荷情况以及机构是否破坏。

（7）通过应急开启试验验证舱门在应急开启下的特性，验证是否满足应急开启时间要求。

（8）通过抗压试验验证限制载荷下的舱门承载能力。

（9）通过淋雨试验验证舱门关闭状态水密性能以及排水通路的排水能力；验证舱门开启后、开关过程中的防水性能和排水效果；研究舱门接近关闭位时将雨水带入、溅入舱内的影响。

2. 试验件及试验舱段

某飞机登机门密封、功能、选型、人机功效试验的试验件包括登机门试验件和试验舱段（气密盒段）两部分。

（1）试验件

某飞机登机门位于前机身左侧，客舱地板以上 12～14 框之间，为门梯合一形式半堵塞式舱门（图 12-3），是成员正常登机/离机通道以及地面应急撤离通道。能够分别在外部和内部通过手动操纵开启和关闭。

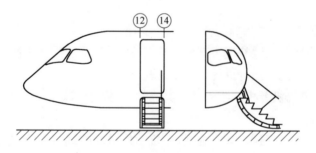

图 12-3　登机门的总体布置图

内部开启时，人员站在舱内提升内手柄，舱门解锁提升到位后，向外推出舱门，向下翻转约 134°触地，舱门完全开启。

内部关闭时，人员站在舱内拉动操纵扶手，舱门向上旋转回收，关闭到位后，下压内手柄，舱门沿导向槽向下落位并上锁。

外部开启时，人员站在地面上拉动外手柄，舱门解锁提升到位后，再向外拉舱门,舱门向下翻转至完全开启。

外部关闭时,人员站在地面上向上托起舱门,舱门关闭到位后,旋转外手柄,舱门沿导向槽向下落位并上锁。

(2)试验舱段

台架主要包括气密盒段和支架(图12-4),选登机门附近(约左右各600mm)取一部分真实壁板和客舱地板,与另外几个钢材焊接的平面壁板连接,组成气密盒段;盒段背后设置一出入门。

下部设置钢材焊接的支撑架,将盒段架高,使盒段地板距离地面的距离与真实型号相同并可调;支撑架是可拆卸的,用于换装其他支架,模拟起落架组合折断时的机身姿态。

图12-4　试验舱段与支架

3. 试验件的安装及检查

(1)试验件的安装调试

将登机门试验件安装在试验台架上,并按照生产图样和舱门安装调整技术条件进行调试。调试完成后进行5次开关舱门检查,确保舱门处于良好的工作状态。舱门的停机状态有两种:第一种客舱地板离地高度为1317mm(空载),第二种客舱地板离地高度为1220mm(满载)。

(2)试验前检查

试验前按安装调整技术条件对舱门进行检查和调试:

① 检查舱门外形与机身外形的阶差是否满足要求;否则进行调整。

② 检查舱门外蒙皮与门框的间隙是否满足要求;否则进行调整。

③ 检查舱门运动机构是否安装到位,运动是否灵活无卡滞,运动关节部位是否按要求涂润滑脂;紧固件是否按要求进行保险;否则按要求进行调整、涂润滑脂和打保险。

④ 检查舱门密封带安装是否牢靠,关闭后压缩是否均匀,密封带表面是否存在划伤,否则重新固定或更换密封带。

⑤ 检查门框密封档件表面是否光滑,没有毛刺;否则重新去毛刺,打磨光滑。

⑥ 检查止动接头与承力挡块相对位置是否符合安装要求。

4. 试验过程及试验要求

完成安装调试和试验前检查后进行试验,试验顺序按 1) 节依次到 2) 节进行,若需调整,应征得设计单位同意。

1) 功能试验预试

(1) 舱门开启和关闭时间测试:

① 内部开启舱门,操纵内部手柄提升舱门,记录舱门提升所需时间,向外推出舱门,记录外翻完全打开所需时间。

② 内部关闭舱门,拉动扶手关闭舱门,记录关闭舱门所需时间,操纵内手柄,关闭舱门落位、上锁,记录所需时间。

③ 外部开启舱门,转动外手柄提升舱门,记录舱门提升所需时间,向外拉出舱门,记录外翻完全打开所需时间。

④ 外部关闭舱门,提起、上推舱门至关闭位,记录所需时间,转动外手柄,关闭舱门落位、上锁,记录所需时间。

重复上述①~④过程 2 次,并记录相关数据,保证试验过程中机构运动顺畅,发现任何机构运动紧涩、卡滞、不协调等问题,调试并记录后继续上述过程。

(2) 舱门开启和关闭力值测试

① 内部开启舱门,操纵内部手柄提升舱门,记录舱门提升的操纵力曲线,向外推出舱门,记录向外推出舱门的力值;内手柄力的测力点如图 12-5 所示,方向是力作用点轨迹的切线方向。

② 内部关闭舱门,拉动扶手关闭舱门,记录关闭舱门的操纵力曲线,操纵内手柄,关闭舱门落位、上锁,记录操纵力曲线;内手柄测力点如图 12-5 所示,方向是力作用点轨迹的切线方向。

③ 外部开启舱门,转动外手柄提升舱门,记录舱门提升的操纵力曲线,向外拉出舱门,记录拉出力值。

④ 外部关闭舱门,提起、并上推舱门至关闭位,记录操纵力曲线,转动外手柄,关闭舱门落位、上锁,记录操纵力曲线;开始关闭时测力点如图 12-5 所示,关闭过程中,根据手动关闭过程中手的着力点确定测力点的位置。

重复上述①~④过程 2 次,并记录相关数据,保证试验过程中机构运动顺畅,发现任何机构运动紧涩、卡滞、不协调等问题,调试并记录后继续上述过程。

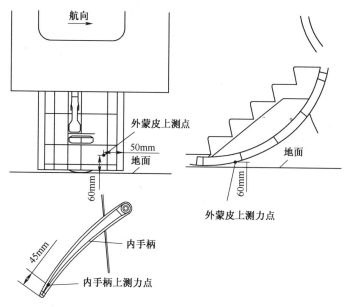

图 12-5　舱门开启、关闭测力点

2）气密、功能试验

进行舱门的 $1\Delta P(42.4\text{kPa})$ 的气密试验加载,按 10% 逐级加载(表 12-2),到达每级压力时保压并测量舱门的变形(包括阶差和间隙变化,测量位置见图 12-6)以及舱门上应变片的应变。

表 12-2　加载级差

级别	—	1	2	3	4	5	6	7	8	9	10
压力/kPa	0	6	10	14	18	22	26	30	34	38	42.4

在增压至 42.4kPa 后,自然泄漏,分段记录压降时间,压降所用时间需满足表 12-3 要求。

表 12-3　压降时间指标

气密盒段压降/kPa	压降时间指标	总时间
42.4 降至 30	>2min	>2min
~20	>2min15s	>4min15s
~10	>2min30s	>6min45s

气密试验合格判据,主要从三个方面综合考虑判断,听觉、触觉和保压时间:

（1）在听觉上无明显漏气声,例如明显的啸叫声,允许有微小的"咝咝"声。

（2）在密封线附近触觉上无明显漏气气流。

337

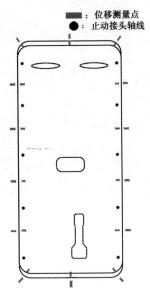

■ ：位移测量点
● ：止动接头轴线

图 12-6　位移测量点示意图

（3）压降时间是否满足表 12-2 要求。

在以上过程中若发生严重的漏气或盒段充不上气的情况，卸载并检查舱门和气密盒段的密封质量；根据实际情况，排查问题后重新试验。

随后开展功能试验：

（1）舱门开启和关闭时间测试：重复 1）节①～④试验过程 50 次，并记录相关数据（每 5 次记录一次数据），保证试验过程中机构运动顺畅，发现任何机构运动紧涩、卡滞、不协调等问题，通知甲方调试后，重新上述试验。

（2）舱门开启和关闭力值测试：重复 1）节①～④试验过程 50 次，并记录相关数据（每 5 次记录一次数据），保证试验过程中机构运动顺畅，发现任何机构运动紧涩、卡滞、不协调等问题，通知甲方调试，重新上述试验。试验过程中，手柄力超出 15kgf，通知甲方调试后，重新上述试验。

3）淋雨试验

进行关闭状态防雨特性试验，将舱门关闭并锁定，雨滴方向分两种情况进行：雨滴垂直地面向下落下和雨滴与地面成 45°方向落下。在盒段内部观察漏水情况并记录、拍照，如图 12-7 所示。

模拟雨水从竖直方向淋到试验台架的上部蒙皮，被淋雨的蒙皮投影区域不得小于 1350mm×1430mm，如图 12-8 所示。

试验 1：雨水浸润试验（舱门关闭，上闩，上锁）。

此试验模拟飞机停靠在地面时泄压口关闭状态下遇到 50mm/h 无风降雨，

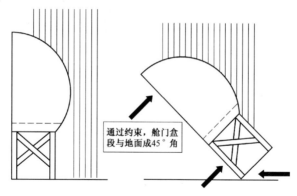

图 12-7　防雨特性试验示意图

通过约束,舱门盒段与地面成45°角

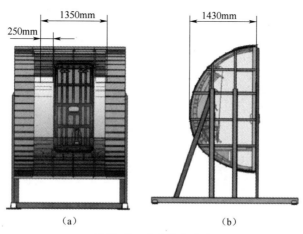

（a）　　　　　　　　　（b）

图 12-8　雨滴覆盖区域

持续 4h;50mm/h 的雨量 = 1350mm×1430mm×50mL/h = 96.5L/h = 1.61L/min。

试验期间从试验舱内检查:1 舱门周边密封条;2 泄压口;3 手柄盒区域。为了方便检查渗漏,需拆除内饰;为了确定渗漏点,可以使用吸墨水纸。在盒段内部观察漏水情况并记录、拍照。

试验 2:暴雨峰值雨量试验(舱门关闭,上闩,上锁)。

此试验模拟飞机停靠在地面时泄压口关闭状态下遇到229mm/h 无风降雨,持续 20min; 229mm/h 的雨量 = 1350mm × 1430mm × 229mL/h = 442L/h = 7.37L/min。

试验期间从试验舱内检查:1 舱门周边密封条;2 泄压口;3 手柄盒区域。为了方便检查渗漏,需拆除内饰;为了确定渗漏点,可以使用吸墨水纸。在盒段内部观察漏水情况并记录、拍照。

试验 3:打开状态淋雨(舱门关闭,上闩,上锁)。

同试验1内容,淋雨3min,关闭舱门10min后检查是否积水,并记录、拍照。

冷凝水模拟试验检验排水路径;先拆除内饰,使用注射器和橡胶管,从舱门上部辅梁到下部辅梁缓慢向每个盒结构内注射大约0.1L的水;等待15min使水流排下。

检查内容和标准如下:①在结构、横梁、口框界面处部件上的每个盒结构内没有积水;②具有足够的排水孔和排水路径来排水(盒结构内不能有积水);③开口处地板下部应设置通畅的排水路径(设计应防止水的聚积,防止水接触到电器及电器接口)。

模拟雨水45°方向淋到试验台架的上部蒙皮,重复做试验1与试验2。

4)应急开启试验

0.25psi压力下,操作人员通过内手柄全速操纵舱门开启并向外推舱门,记录开启情况(测力值)及开启时间;

0.25psi压力下,操作人员通过外手柄全速操纵舱门开启并向外拉舱门,记录开启情况(测力值)及开启时间。

5)平衡缓冲系统单点连接舱门功能试验

通过试验,验证舱门在平衡缓冲系统出现故障的情况下能否正常开启、关闭。

如图12-9所示,第一步,断开平衡缓冲系统与舱门悬挂摇臂之间的连接(螺栓),即平衡缓冲系统与舱门单侧连接,进行10次功能试验(重复4.1节中①~④过程,各10次),根据功能试验的要求,记录开关手柄力值曲线和舱门开启、关闭时间。观察和记录试验件变形情况。

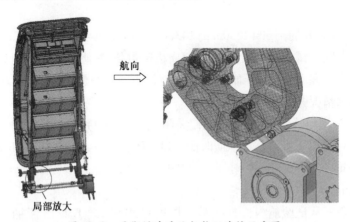

图12-9 平衡缓冲系统与舱门连接示意图

第二步,拆卸悬挂摇臂与转轴之间的连接螺栓。

试验过程中发现任何机构运动紧涩、卡滞、不协调等问题,进行记录,报设计

340

部门试验情况判断后,决定是否继续试验。

完成本条试验项目后,报设计部门试验情况,判断是否恢复上述连接进行后续试验。

6)乘客载荷试验

通过试验,验证舱门在完全打开状态下,承受最大载荷时,扶手的变形情况。

如图 12-10 所示,完全打开舱门,6 阶台阶在垂直于踏面的方向上各施加 1 个载荷 F(1 个标准旅客和携带行李的总重量,即 $F=77kg+5kg$),同时在扶手上选取 6 个点,模拟旅客手臂施加给扶手力 f,f 载荷的值初值为 5kg,每次增加 5kg 逐级增加,最大值 27kg,方向为逆航向方向;试验过程中 f 值每增加一级,进行应变(应变片粘接位置见附件)、位移的测量(测量位置见图 12-10),观察和记录试验件变形情况。试验过程中如果出现扶手结构应力超过许用应力,停止试验,并通知设计单位调整 f 值。

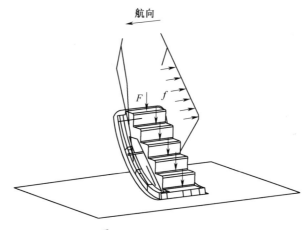

图 12-10　力施加位置

7)舱门悬空试验

通过试验,飞机在撑起状态,登机门在不接地的情况下,应保证至少 100kg 的人员使用登机门时,登机门无任何结构和机构的损坏。

撑起盒段,使盒段客舱地板离地高度大于 1360mm 小于 1465mm,打开登机门,在不接地的情况下,给图 12-11 中第六阶台阶垂直于踏面施加 60kg 的力,然后每次增加 10kg,一直增加至 100kg,应保持加载的协调、均匀和稳定,卸载后对试验件进行仔细检查,并通过内部、外部各开关舱门两次,对舱门的开关功能进行检查。

分别对第五、第四、第三、第二、第一阶台阶重复做上面的试验。试验过程中如果出现结构变形或开关功能变化,停止试验,并通知设计单位调整载荷。

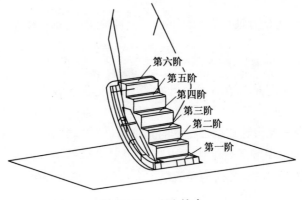

图 12-11　台阶排序

8）起落架组合折断下舱门开启功能试验

起落架组合折断形式如下：

（1）前起落架折断，右主起落架折断，左主起落架正常。

（2）前起落架折断，左主起落架折断，右主起落架正常。

（3）右主起落架折断，左主起落架正常，前起落架正常。

（4）左主起落架折断，右主起落架正常，前起落架正常。

将盒段摆放分别根据组合折断飞机姿态表，进行舱门开启功能试验，记录试验情况。

舱门开启和关闭时间、关闭力测试：

重复 1）章节中（1）~（4）过程 10 次，并记录相关数据，保证试验过程中机构运动顺畅，发现任何机构运动紧涩、卡滞、不协调等问题，调试并记录后继续上述过程。

注：手柄力以扭矩形式测量。

9）卡滞试验

通过应急手柄载荷试验，验证当舱门机构卡滞时，应急手柄在极限载荷作用下，舱门结构和机构不破坏。

舱门结构和机构应当承受 204kgf 的应急手柄极限载荷。

选取舱门关闭状态，约束舱门与机身相对位置，用两种方式分别施加约束模拟机构卡滞：第一种约束闩门框支座处的滚轮（如图 12-12 所示，舱门提升导向滚轮支座槽内施加约束）；第二种约束导向槽内的滚轮（如图 12-12 所示，锁闩滚轮槽内施加约束）。两种约束下分别做应急手柄载荷试验，手柄载荷作用于手柄中间，沿手柄运动轨迹切线方向，从 0 开始逐级加载至 100% 的极限载荷，每级载荷增量不超过 10% 极限载荷。

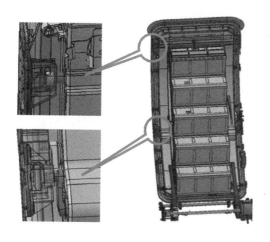

图 12-12　约束施加位置

试验步骤如下：

（1）预试。按 30% 极限载荷进行预试。检查试验件及其试验加载、测试设备，正常后再进行正式试验。

（2）限制载荷试验。从 0 开始逐级加载至 67% 极限载荷，每级载荷增量不超过 10% 极限载荷。在各级试验载荷下同时进行应变、位移的测量，观察和记录试验件变形情况。应保持加载的协调、均匀和稳定，加载到 67% 极限载荷时保持载荷 30s 后卸载。卸载后对试验件进行仔细检查，对舱门的运动灵活性进行检查。

（3）极限载荷试验。从 0 开始逐级加载至 100% 极限载荷，每级载荷增量不超过 10% 极限载荷。加载到 100% 极限载荷时至少保持载荷 3s 后卸载。其余要求同限制载荷试验。

10）地面风载试验

将舱门完全打开至触地，阵风锁上锁，分别进行两个方向的 65kn 水平稳态风载荷试验，垂直航向风载等效载荷 122kgf×1.5 = 183kgf，顺航向风载 87kgf×1.5 = 130.5kgf，分别按 10% 逐级加载，验证舱门能否可靠的保持在打开位置。

垂直航向载荷施加方式：通过两侧 10 个止动接头施加水平方向载荷（图 12-13）。

试验后，内外手柄风别进行 5 次开关门测试，检查舱门机构功能是否正常。

顺航向载荷施加方式：通过单侧 5 个止动接头施加水平方向载荷（图 12-14）；

试验后，内外手柄风别进行 5 次开关门测试，检查舱门机构功能是否正常。

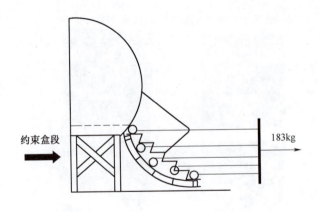

图 12-13　垂直航向 65kn 风载加载示意

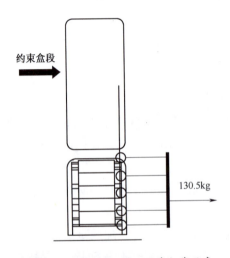

图 12-14　顺航向 65kn 风载加载示意

11）抗压试验

进行舱门的 1.33 倍 ΔP 的气密试验,逐级施加载荷(级差见表 12-4),在到达每级压力时保压并测量舱门的变形(包括阶差和间隙变化,测量位置见图 12-6)以及舱门上应变片的应变(应变片黏结位置见附件),记录漏气情况;达到 $1\Delta P$ 以上载荷后,实时监控应力情况,发现危险及时停止试验。

表 12-4　加载级差

级别	—	1	2	3	4	5	6	7	8	9	10	11	12	13
压力/kPa	0	6	10	14	18	22	26	30	34	38	42.4	47	52	56.4

12）破损安全试验

拆掉后侧 5 号止动块上的止动螺钉,模拟后侧 5 号止动块破损状态,进行气密试验;恢复安装后侧 5 号止动块上的止动螺钉,拆掉前侧 1 号止动块上的止动螺钉,模拟前侧 1 号止动块破损状态,所拆止动块位置如图 12-15 所示。

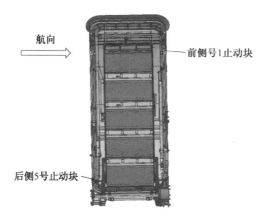

图 12-15　拆掉止动块位置

（1）预试。按 30%极限载荷(1.15ΔP=48.8kPa)进行预试。检查试验件及其试验加载、测试设备,正常后再进行正式试验。

（2）限制载荷试验。按 10%极限载荷逐级加载到 100%极限载荷时至少保持载荷 3s 后卸载,在各级试验载荷下同时进行应变、位移的测量(包括阶差和间隙变化,测量位置见图 12-6),观察和记录试验件变形情况。

第 13 章　舱门常见故障处理

13.1　概　　述

舱门作为飞机上具有特定功能的活动部件,在研制(试制、试验)、试飞和使用过程中容易出现故障。

以舱门的全寿命过程而言,据统计,舱门故障的 80% 出现在飞机的研制过程,10% 在试飞过程,10% 出现在交付用户后。对于电、液控制的舱门,由于受环境、振动、气候的影响,容易出现故障的依次为电气、液压、机构等零部件。

从舱门的故障现象看,大多表现为运动干涉、卡滞,手柄力过大,舱门阶差、间隙不满足要求,舱门漏气漏水,舱门解锁,虚报警等。

从造成故障的原因看,有设计缺陷,制造、安装、调整不到位,使用维护问题。其中 80% 的故障为设计、制造、安装、调整不当带来的问题。

13.2　漏　　气

对于机身增压区的舱门,在飞机研制的增压试验中,经常有不同程度的漏气。造成漏气故障的原因多种多样,常见原因如下:

(1) 舱门密封装置处刚度设计控制不好。在承受气密载荷时,舱门密封带处结构与机身门框对应结构变形不协调,导致密封带压缩量变小,产生泄漏。

某型飞机后应急门在机上完成安装调整后进行全机气密试验,舱内气压充至目标值 60% 时,舱门上缘固定密封带处产生明显变形,突出机身外形,并伴随有大量的气体泄漏,舱内的压力值无法继续上升。对舱门故障进行记录后试验停止。

设计人员对该处结构进行了复查,发现舱门上缘结构设计较弱,承受气密载荷时,该处结构产生明显变形,导致密封带与其压条脱离,失去密封功能,造成大量气体泄漏。后设计人员对该处结构进行了更改,实施了补强措施,重新机上实验后,该处满足气密要求。

处理这种故障的关键是,分析受载情况下,舱门密封装置处结构和机身门框对应结构的变形,确保密封带足够的压缩量,以达到气密的效果。

（2）舱门在机身上的安装调整不到位。舱门在机身上安装时没有按制造安装调整技术条件或维修手册要求，安装、调整到位，导致密封带的压缩量或压靠位置没有达到设计要求。

舱门的安装调整应按相关文件严格执行，只有在满足安装调整技术条件前提下，才能保证密封带的有效密封。比如一架 B737-300 飞机登机门在增压舱泄漏超标排故时，发现前登机门漏气严重，检查密封带完好无损，重新打开关闭登机门时，发现操作力变大，经对登机门重新调节，操作力正常后，泄漏现象基本消失。

（3）密封装置本身设计、制造、使用有问题。比如密封带压缩量确定不合适，压靠密封带的结构形式不好，制造安装偏离，密封带老化、起皱、破损等。

密封带在设计时考虑的问题较多，主要包括密封带的使用环境（耐老化、耐油等）、材料、压缩量、硬度、结构形式等选择。另外，密封带的储存和运输也很重要。发现舱门增压泄漏，应首先检查密封带压合部位是否有异物或压缩贴合不好。由密封带自身的问题引起舱门泄漏，应认真分析设计失败原因，采取整改措施。由密封带的损伤引起泄漏，应查明原因，修理或更换密封带，消除隐患。

（4）在舱门结构的气密线上有漏气孔或缝隙未填堵。某型机在进行全机气密试验时，服务门的后边缘发生了严重的漏气现象，同时伴随啸叫。舱内释压后，设计人员对密封带及其压缩量进行了详细检查，密封带无破损且压缩量满足要求，后采取措施加大密封带压缩量重新进行试验，故障依然存在。设计人员对舱门气密线附近的结构进行了详细的检查，发现密封带附近两个结构加强条带的对缝没有封堵。用密封胶对该缝隙进行处理，重新进行充压试验，漏气现象消失，故障排除。

舱门发生泄漏时，应对气密线上的结构进行详细检查，应填堵的缝隙及多余孔应及时填堵，消除泄漏源。

舱门的漏气是新机研制时舱门设计人员经常面对的问题。在舱门设计开始，设计人员关注的是机构、结构的功能、承载及其减重设计，对密封装置和舱门密封线上的密封问题考虑的不深入，等到舱门试制时问题就会暴露。

另外，舱门作为增压舱的泄漏源之一，要做到完全不漏气是不可能的。这是因为舱门是机身上的活动部件，在关闭时依靠橡胶密封带实现密封，而不像机身壁板靠贴合面、填角密封和涂胶的铆接和螺栓密封连接。

对于运输类飞机而言，机身增压舱的排水阀、窗户、舱门尤其是大型货舱门，穿越气密舱的管路、线缆、钢索处都会存在不同程度的气体泄漏。大的舱门由于密封线长，是飞机的最主要泄漏源。另外，空调增压系统本身的安全活门、负压活门、排气活门在关闭时也不能做到一点不漏气。从飞机使用的角度，由于空调系统对增压舱压力自动调节，需要适时换气，绝对的气密也是没必要的。

但是，结构不当的气密铆接螺接，未严格按照增压舱密封工艺做彻底的贴面、填角密封造成泄漏，则必须通过严格工艺控制，密封返修予以解决，实现无泄漏的要求。比如，某飞机机身结构气密试验经过了多轮试验，泄漏指标总是达不到要求。检出的漏气点累计38处，其中舱门是主要的漏气点（不同舱门漏气程度各不相同）。

因此，设计人员在设计完增压舱的舱门后，应明确舱门的允许最大泄漏量。必要时，应通过地面小舱段密封试验验证是否符合指标要求。

根据航空公司维修人员的实践和波音飞机和空客飞机的维修手册，如果飞机空调增压系统按规程地面试验，能够实现增压舱的座舱高度调节，不出现座舱高度报警，舱门即使有些微漏气，只要不产生明显啸叫，就认为舱门气密密封合格。

13.3　漏　　水

舱门漏水问题也是新机研制中经常遇到的问题。某飞机驾驶舱顶应急出口舱门在淋雨试验时，舱门前边最低点存在滴水、渗水。随着舱门打开，有积水落下。检查舱门发现，舱门密封带跟舱门侧壁之间的缝隙在试验时积水，水会越过密封带底部卡槽，渗入机身内部。同时，（关舱门后）机身门框蒙皮压缩密封带，密封带会向门框一侧变形，降低了密封带压紧量。经舱门设计人员更改密封带截面形状（图13-1），增大密封带底部橡胶厚度，底部由弓起改为平坦，增加密封带顶部尖齿数目，在密封带与舱门侧壁之间填胶，关门后压缩变形靠紧舱门，不存在积水区域，最终不漏水、不渗水。

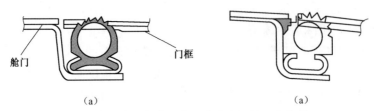

图13-1　某飞机驾驶舱顶应急出口舱门密封带

(a)改前；(b)改后。

解决舱门漏水问题：一是完整全面正确理解舱门的防排水设计要求，靠密封带彻底防水难度很大，也不经济，尽可能门槛下设置排水通路，既解决舱门渗漏水问题，也解决舱门冷凝水排放防腐设计问题。二是注重密封装置细节设计，让水顺畅流走，不要积水。气密区的舱门，在飞机起飞增压后，气密压力有助于密封带防水，但在飞机停放地面后，舱门的防水完全要靠密封带自身的弹性张力贴紧在密封构件上，阻挡外部雨水。密封带是橡胶制品，随着使用年限增长，会老化、蠕变,减少张力,防水的能力变差。舱门上应设置排水通路,其下部应尽可能设置排水装置,这样大量的雨水通过密封带阻挡在外,特大雨水或长时间降雨造成的透过密封带的渗水则通过排水装置排泄。从经济性的角度考虑,若密封带气密功能仍完好可用,即使密封带防水效能降低,但也能继续使用,延长寿命。

13.4 卡　　滞

舱门运动的卡滞也是舱门工作中常见故障之一,主要表现为舱门机构运转不灵活,运动的阻力较大,甚至构件之间有干涉,导致舱门无法关闭和打开到位,或关闭和打开到位比较困难。

产生这种故障主要有以下原因:

(1) 运动构件之间的摩擦力过大。

① 运动构件之间的公差配合或运动间隙设置有问题。构件之间的运动间隙过大或过小都会对舱门的运动造成不良影响,选择要慎重。构件之间的公差配合或间隙最好参考相关的经验值或通过试验确定。

② 润滑不足。运动构件之间没有润滑或润滑不足,容易在相对运动面上形成干摩擦,构件表面的保护层被破坏后发生腐蚀,引起舱门运动的卡滞。

③ 构件材料选择不当。构件材料选择不当容易在相对运动的部位产生较大的摩擦力,对舱门的运动产生阻碍。

(2) 机构运动死点设置不当。

(3) 舱门没有安装调整到位。

(4) 机构支撑刚度不好,运动时动作变形。

舱门运动出现卡滞后应对舱门进行认真的分析检查,如果为运动构件之间的公差配合或运动间隙设置有问题,则应进行设计更改。运动构件应选择合适的材料,并对摩擦面充分润滑以减小阻力。

如果运动机构的死点设置不当,过死点的挠度过大,则应在保证机构使用性能的前提下更改机构运动交点,减小过死点时机构上的力。

如果舱门没有安装调整到位,则应按舱门安装调整技术条件或维护手册安装调整到位。

13.5 手柄力超差

对民用飞机而言,正常开门的手柄操纵力有规定的力或力矩值。

舱门手柄力超差的原因比较复杂,较常见的有以下原因:

(1) 密封带设计不当。开关门时,密封带上过大的压缩力或摩擦力通过操纵机构传递到手柄,对手柄的运动产生阻力,导致手柄力过大。

(2) 机构的设计没有优化,机构交点布置不当及机构的传力效率不高。

(3) 运动构件之间的摩擦力过大。

(4) 手柄轴支撑细节设计不好。

某飞机应急舱门,在制造安装调整好后,发现手柄力比预想的大,特别是使用多次后手柄力感觉更大。复查制造调整情况,没有发现异样。后经过反复研究,发现手柄安装于前后两段手柄轴上,每段手柄轴两点支持在舱门的两个隔框上,由于装配误差,两段轴不可能完全同轴,造成手柄转动时互相较劲。尤其是使用多次后,感觉手柄力更大。后来,将手柄轴两段合二为一,通过一个完整手柄轴在舱门隔框上协调装配,解决了手柄力超差的问题。

对手柄力超差问题,如果确定为密封设计不当,则应对密封带的结构进行更改。更改时应在满足密封带使用功能的条件下考虑密封带的硬度、压缩量、结构形式以及密封带与其压条之间的摩擦力。

针对原因(2),应对机构的运动交点进行优化,调整机构过死点的挠度,提高机构的传力效率。

如果手柄力超差由运动构件之间的摩擦力过大引起,则应检查构件的选材、运动间隙及润滑条件的设置是否合理。

13.6　阶差、间隙不满足要求

在舱门的安装和调试中,舱门外形的阶差和间隙不满足要求的故障也经常发生。出现此种故障主要有以下原因:

(1) 舱门结构的刚度不足。

(2) 舱门的安装调整没有到位。

(3) 舱门安装处口框变形造成安装挂点偏离设计位置。

(4) 舱门机构交点布置不当,在舱门关闭上锁、受载变形后,阶差、间隙变大。

舱内增压时,如果舱门结构的刚度不足,舱门结构变形过大,容易出现舱门外形和阶差不满足要求的情况,此时通常伴随着漏气发生。解决此故障应对舱门结构进行加强,使其刚度满足使用要求。

如果因舱门的安装调整没有到位导致舱门区外形不满足要求,则应按相关设计要求对舱门的安装进行调整。必要时锉修舱门或门框蒙皮边缘(注意保证铆钉边距),满足舱门间隙的要求。

舱门挂点偏移造成舱门阶差、间隙超差,常见于起落架舱门等。某运输机起落架舱门在机身型架上安装,调整满足间隙和阶差要求。在飞机装配完毕,起落架三点着地后,该舱门开口边梁变形,致使舱门阶差和间隙相对型架上调整好的数据发生变化,从而出现超差。解决这个问题可从设计补偿和制造补偿两方面考虑。一方面,设计人员应将舱门悬挂接头设计为可调接头;另一方面,制造部门应预先考虑到机体各大部件装配顺序对舱门在机身上安装的影响,机身的变形规律,通过改进舱门在机身上安装工艺流程和工装来解决各种误差积累造成的舱门阶差和间隙超差问题。

对于某些在空中开启、关闭的舱门,在方案设计时就应该明白,舱门的阶差和间隙要求是飞机空中飞行时舱门已关闭并上锁的状态要求。因此,在舱门的机构设计和铰链、锁闩交点布置时要统筹考虑,防止设计的舱门,在地面间隙、阶差满足要求,到空中飞行时舱门与口框的间隙与阶差不满足要求的情况。

13.7 虚 报 警

比较重要的舱门上一般安装有终点电门(微动开关)或接近传感器,用以控制舱门的运动或向相关系统或告警系统传递舱门及其锁机构的位置状态信息。如果终点电门及其操纵机构安装调整不到位,则有可能出现虚报警的故障。

某机型在飞行时,驾驶舱控制面板指示某维护口盖关闭到位的信号灯出现闪烁,显示下维护口盖可能空中解锁,但观察员经过察看后,下维护口盖并未打开,判断是终点电门出现虚报警。

飞机着陆后设计人员对下维护口盖的终点电门进行了检查,发现终点电门及其压靠机构的安装调整未按设计要求实施到位,一些连接件的防松措施漏实施(开口销未打),这样飞机长时间的飞行后,在空中出现颠簸时,终点电门的压靠行程不够,导致驾驶舱控制面板指示灯出现报警信息。

原因查明后,相关人员对终点电门按照安装调整技术条件重新进行调整,并将连接件防松措施实施到位。其后经过多次的飞行验证,该维护口盖未出现虚报警的故障。

舱门出现虚报警时应对终点电门及其压靠机构进行认真的分析检查:首先应复查电门及其压靠机构设计原理是否正确,能否满足使用要求;其次应检查电门及其压靠机构的安装调整是否到位,零件生产是否超差;最后检查终点电门及其线路是否损坏。查明故障原因后有针对性地进行处理。

现在民用客机舱门的位置告警指示传感器多采用接近传感器,该传感器对舱门或舱门机构的靶标要求在额定的感应范围内,这就要求在设计时一定要有措施,确保靶标在使用时能到达预定的感应范围,否则容易给出错误的信号。

13.8 其 他 故 障

13.8.1 腐蚀

运输类飞机舱门一般由专业机体供应商制造,通常作为成品供应,在储存和运输的过程中有可能出现舱门结构腐蚀。发生故障的原因可能是舱门的储存和运输没有按相关规定进行,或零件或组件的防腐蚀设计不当,或防腐蚀措施没有按规定执行。

对于腐蚀较轻的零组件通过打磨的方法去除腐蚀层,重新进行防腐蚀处理。对于腐蚀较严重的零组件应分解更换。

对于设计不当造成的腐蚀问题,应从选材、防排水、密封等方面进行改进设计。

13.8.2 划伤、碰伤

舱门在储存、运输及安装的过程中,如果行为不当,很容易出现舱门表面的划伤和碰伤,对于不必加强便能排除的小划痕、擦痕和压坑的允许深度取决于蒙皮的厚度:

(1)蒙皮厚度在 1.2mm 以下的,损伤深度最大为 0.1mm;

(2)蒙皮厚度在 1.5~2.2mm 的,损伤深度最大为 0.15mm;

(3)蒙皮厚度在 2.2mm 以上的,损伤深度最大为 0.2mm。

打磨、修整划痕,擦痕或压坑,使其没有锐边和磨伤,修整时应使用光滑表面的钝工具。

损伤部位应按相关规定重新进行表面防腐蚀处理。

对于损伤较严重的部位则应进行相应的加强措施,必要时更换零件。

13.8.3 构件损伤或断裂

一架 B747-400 飞机执行航班任务,在某地机场出现货舱门打不开的故障,机务人员做了检查后,电动开启货舱门时,发现舱门后部的位置锁钩拉杆断裂,而且拉杆断头在舱门蒙皮刺穿了一个 $0.25\text{in}^2(1\text{in}^2=6.45\times10^{-4}\text{m}^2)$ 的洞。据核实,该飞机飞行 37117h,7788 个起落循环。

舱门位置锁钩断裂拉杆外形如图 13-2 所示,断裂位置如图 13-2 中箭头所指。

用手转动,发现拉杆两端的关节轴承均已卡死,拉杆断口附近观察到明显的颈缩现象。

图 13-2　断裂拉杆

拉杆断裂发生在杆端轴承与拉杆内螺纹最后一扣啮合螺纹处,此处为危险截面,拉杆断口为 45°的斜断口,呈浅灰色,部分断面被磨损,断口微观形貌显示典型的韧窝花样。

将拉杆组件剖开,去除关节轴承的内环及外环进行观察,发现轴承内环外表面与外环等宽度的工作面上尚有镀层,但其两侧的表面镀层不存在,并且形成非常明显的磨损带,在体视显微镜下还观察到轴承内环磨损带上有两处电接触损伤蚀坑,一个长约 1.3mm,另一个长约 1.0mm。关节轴承外环内表面有一层非金属涂覆层,其表面没有发现磨损或其他损伤痕迹。

在扫描电子显微镜下观察关节轴承内环外表面,发现轴承工作面上的镀层呈龟裂形态,并伴有很多蚀坑。

拉杆断口附近有明显的变形及颈缩,而且断口宏观特点是与拉伸应力呈45°角的斜断口,其微观断口形貌是韧窝花样,这些宏、微观形貌特征是过载拉伸断裂的典型特征,因此可以判断拉杆属于过载断裂。

检查发现拉杆两端的关节轴承卡死,将轴承分解后又观察到轴承内环工作面龟裂及两侧磨损严重,由此可以判断关节轴承与其他零件发生了干涉,因磨损最终卡死。四连杆机构一旦卡死,机构不能运动,拉杆便会承受超出其材料的断裂强度的载荷而发生过载断裂。由于在相关资料中不能了解轴承两端面的装配情况,推测关节轴承干涉的原因可能与安装不当有关。

13.9　小　　结

舱门在研制和使用中出现的故障多种多样。在研制过程中出现的故障大多跟设计相关。舱门设计人员受经验和技术积累所限,经常出现舱门机构原理正确,功能或可靠性差的情况。比如,具体结构、机构的细节设计不好,公差分配不当,或图样技术条件中安装调整制造要求、步骤表述不准确,让制造方不易理解或可操作性差,导致舱门故障发生。这都需要舱门设计人员不断积累,提高设计水平。

第 14 章　舱门创新设计

舱门创新设计是运输类飞机发展的必然要求。舱门创新设计必定围绕轻质、可靠、安全和以人为本的目标开展,总的趋势是向自动化、智能化、整体化方向发展。研究专利技术、了解分析标杆企业现状和学习创新设计方法是实现舱门创新设计的基础。

14.1　舱门专利现状分析

14.1.1　引言

随着知识经济日新月异发展与经济全球化不断深入,知识产权日益成为国家核心竞争力的战略性资源。在我国进行新一轮产业结构调整,加快经济发展方式转变,提升国家核心竞争力,建设创新型国家的背景下,充分利用专利信息促进科技创新和经济发展,对于缓解我国资源环境约束,实现科学发展具有重要战略意义。

我国航空产业随着国家的不断发展壮大也在逐渐强大,发展脚步也在不断加快,而作为运输类飞机的重要组成部分——舱门,也扮演着及其重要的角色。为了了解当前航空领域舱门技术的最新技术动态,为研究者选择研究方向提供帮助,我们对舱门专利进行检索分析,借助专利信息启发创新思路,获取进入新技术领域的跳板或捷径,同时也加强我国技术人员对保护创新成果的法律意识。

14.1.2　专利的作用与分类

专利信息是集技术、经济、法律信息于一体的综合性信息,是一种基础性、战略性资源,关系国家产业发展安全。专利不仅是企业用来保护自己发明创造的途径,而且是开展市场竞争的手段。据报道:专利文献中含有 90% ~ 95% 的研发成果;企业有效运用已有的专利技术,可缩短产品研发时间 60%,节省研发费用 40%。同一发明成果出现在专利文献中的时间比出现在其他媒体上的时间平均早 1 ~ 2 年。

专利是专利权的简称,其广义还包括获得专利权的发明创造和记载发明创造内容的专利文献。专利权是基于知识产权,是一种无形的财产,是智力劳动者对其智力活动取得的创造性劳动成果依法享有的一种专有权利。

专利具有时间性、地域性、独占性和公开性的特性。时间性:从申请日起,发明专利20年,实用新型专利10年,外观设计专利10年。地域性:一个国家或地区授予的专利权,仅在该国或地区有效。独占性:我国《专利法》第十一条规定,专利权被授予后,未经专利权人许可,不得实施该专利。公开性:只有充分公开才能受到法律保护。

我国《专利法》规定,申请专利有发明专利、实用新型专利和外观设计专利三种类型。

(1)发明专利。发明专利指对产品、方法或者改进所提出的新的技术方案。它分为产品发明和方法发明两大类。

产品发明是指人工制造的各种产品,如机器、设备、仪器、装置等,既可以是独立产品,也可以是一个产品中的部件。

方法发明是指把一种对象或物质变成另一种状态或另一种物质所采用的手段,它包括产品的制造方法、使用方法及不改变物质状态的方法,如测试方法或化验方法等。

(2)实用新型专利。实用新型专利指对产品的形状、构造或者其结合所提出的适于实用的新的技术方案。必须具备两个要素:一是产品而不是方法;二具有一定形状和结构。因此对于粉末、饮料等无固定形状的产品,不能得到实用新型专利的保护。

(3)外观设计专利。外观设计专利指对产品的形状、图案、色彩或者结合所做出的富有美感并适用于工业应用的新设计。它应具备4个要素:

① 必须与产品有关。即产品是它的载体,因此单独的风景画、雕塑或美术作品,由于不是用于物品上的不能算作外观设计。但如果把画用到茶杯、脸盆上,成为该物品的装饰就可申请外观设计专利。

② 必须是有关形状、图案和装饰的设计。形状是指产品或零部件的外表轮廓,它可以是立体的(如录音机、电视机等的外壳),也可以是平面的(如地毯、花布图案等)。图案是通过绘画或其他各种手段设计的各种线条的各种排列组合,往往是二维的平面设计。色彩指用于该图案的产品颜色或其结合,一般指制造产品的材料本色以外的装饰性颜色。

③ 适于工业应用,能够成批生产。

④ 能产生美感。

14.1.3 我国飞机舱门专利现状分析

为了更好地了解我国飞机舱门专业的技术发展水平,本节通过专利检索的方式进行归纳分析。

此次分析数据的来源是中国专利数据库,检索截止时间为2015年12月底。为了保证数据全面准确,首先确定了飞机舱门的关键技术,此次分析确定了舱门结构、舱门锁机构、锁把手、止动装置、合页、铰链、撑杆、舱门密封、装配等关键技术,然后根据关键技术确定检索词进行检索,据不完全统计,最后筛选得到78条授权有效的相关专利(见表14-1)。

表14-1 国内舱门专利检索一览表

序号	申请人	类型	申请日	公开号	名称
1	中航通飞	实用新型	2012.12.21	CN203129788U	一种用于飞机舱门开启状态的支撑机构
2	沈飞民机	实用新型	2015.07.30	CN204998746U	一种民用飞机半堵塞式舱门导向槽
3	西飞公司	实用新型	2013.10.11	CN203487894U	一种飞机舱门开关的检测结构
4	西飞公司	实用新型	2013.10.11	CN203487914U	一种飞机舱门的限位结构
5	西飞公司	发明	2014.05.08	CN104005633A	一种飞机舱门的开启结构
6	西飞公司	实用新型	2014.05.08	CN203889051U	一种飞机舱门的排水结构
7	西飞公司	实用新型	2014.05.08	CN203889052U	一种飞机舱门的踏板结构
8	西飞公司	发明	2014.10.15	CN104358504A	一种用于飞机航拍窗口的保护舱门
9	西飞公司	实用新型	2014.10.15	CN204186254U	一种用于飞机航拍窗口的保护舱门
10	西飞公司	实用新型	2015.07.14	CN204827012U	一种飞机舱门极限位置保护装置
11	西飞公司	发明	2015.10.10	CN105270601A	一种飞机舱门内外手柄联动装置
12	西飞公司	发明	2015.10.10	CN105298262A	一种飞机舱门锁销的限位座
13	西飞公司	发明	2015.11.30	CN105501431A	一种飞机底部维护舱门的收放结构
14	上飞院	发明	2010.10.29	CN102452475A	一种飞机舱门止动装置
15	上飞院	实用新型	2011.01.20	CN202055620U	手柄机构
16	上飞院	发明	2011.11.07	CN102501966A	一种用于飞机舱门的扰流片及装有该扰流片的飞机舱门
17	上飞院	发明	2013.01.05	CN103061641A	一种消除飞机前起落架前舱门安装超差的位置调节方法

356

序号	申请人	类型	申请日	公开号	名称
18	上飞院	发明	2013.10.25	CN103600837A	用于控制飞机起落架舱门的连杆机构
19	上飞院	发明	2014.03.20	CN103879545A	用于飞行器的舱门飞行锁系统
20	上飞院	发明	2014.05.05	CN103967373A	飞机电动舱门安全控制系统及其控制方法
21	一飞院	实用新型	2011.02.17	CN201972517U	一种舱门运动同步机构
22	一飞院	实用新型	2011.02.17	CN202138535U	一种外开式增压舱门
23	一飞院	发明	2011.09.14	CN102390519A	一种新型机组空中应急舱门
24	一飞院	实用新型	2011.09.14	CN202279228U	一种新型飞机舱门手柄机构
25	一飞院	发明	2013.01.29	CN103963992A	飞机铁鸟试验台起落架及舱门的安装方法
26	一飞院	实用新型	2013.01.29	CN203114775U	一种飞机舱门用锁作动筒
27	一飞院	发明	2013.08.23	CN103603555A	一种舱门锁
28	一飞院	实用新型	2014.11.17	CN204299294U	一种飞机舱门内外手柄联动机构
29	一飞院	实用新型	2014.11.19	CN204299295U	一种飞机舱门手柄机构
30	一飞院	实用新型	2014.11.19	CN204299332U	一种舱门闩机构
31	一飞院	实用新型	2014.11.19	CN204299344U	一种飞机舱门下位锁机构
32	一飞院	实用新型	2014.11.19	CN204299345U	一种飞机舱门锁钩
33	一飞院	实用新型	2014.11.19	CN204299362U	一种用于飞机舱门的偏心调节机构
34	一飞院	实用新型	2014.11.19	CN204299364U	一种飞机舱门的开关操纵机构
35	一飞院	实用新型	2015.08.13	CN204850698U	一种飞机舱门手柄锁键机构
36	一飞院	实用新型	2015.08.13	CN204937462U	一种登机门挡风板
37	一飞院	发明	2015.08.14	CN105059527A	一种舱门辅助提升组件
38	一飞院	发明	2015.08.14	CN105129070A	一种具有过压保护功能的泄压口盖机构
39	一飞院	发明	2015.08.14	CN105133991A	一种舱门平衡系统
40	一飞院	发明	2015.08.14	CN105178757A	一种舱门助力装置
41	一飞院	实用新型	2015.08.14	CN204826951U	一种舱门操纵机构
42	一飞院	实用新型	2015.08.14	CN204826956U	一种锁组件
43	一飞院	实用新型	2015.08.14	CN204937463U	一种舱门增压预防机构
44	一飞院	实用新型	2015.08.14	CN204937464U	一种舱门泄压口盖
45	一飞院	实用新型	2014.04.01	CN203793637U	一种飞机起落架舱门摇臂

序号	申请人	类型	申请日	公开号	名称
46	一飞院	发明	2015.12.08	CN105442962A	一种从外部调整锁环位置的舱门锁环座
47	一飞院	发明	2013.11.08	CN103567387A	某型飞机舱门铸件的整体浇注系统
48	航翼光电科技有限公司	实用新型	2013.10.10	CN203603604U	驾驶舱门锁
49	西北橡胶塑料研究院	实用新型	2013.01.06	CN203008731U	飞机应急门组合式橡胶密封带
50	西北工业大学	发明	2012.02.15	CN102530265A	一种飞机舱门锁可靠性试验装置
51	西北工业大学	实用新型	2012.02.15	CN202481325U	一种飞机舱门锁可靠性试验装置
52	西北工业大学	发明	2014.05.21	CN103982093A	一种不破坏舱门原结构变更锁环位置的装置
53	西北工业大学	发明	2014.05.21	CN103983443A	用于飞机起落架舱门上位锁可靠性试验的卧式试验装置
54	西北工业大学	发明	2014.05.21	CN103983444A	用于飞机起落架舱门上位锁可靠性试验的立式试验装置
55	西北工业大学	发明	2014.06.23	CN104019983A	一种飞机舱门锁可靠性试验装置
56	西北工业大学	发明	2014.08.19	CN104163250A	一种用于飞机起落架舱门锁系统的可靠性试验装置
57	西飞公司	发明	2010.10.27	CN101975008A	舱门柔性操纵保险锁机构
58	西飞公司	实用新型	2010.10.27	CN201915745U	舱门柔性操纵保险锁机构
59	西飞公司	实用新型	2010.11.24	CN201915794U	一种舱门密封结构
60	陕西气弹簧公司	发明	2013.12.30	CN103708022A	端部自锁式舱门撑杆
61	陕西气弹簧公司	实用新型	2013.12.30	CN203638078U	端部自锁式舱门撑杆
62	陕西气弹簧公司	发明	2013.12.31	CN103708024A	折叠自锁式舱门撑杆
63	陕西气弹簧公司	实用新型	2013.12.31	CN203638080U	折叠自锁式舱门撑杆
64	庆安集团有限公司	发明	2013.12.09	CN104695794A	一种使舱门平行开启的铰链机构
65	儒一机械装备有限公司	实用新型	2015.08.14	CN204937465U	一种飞机舱门框
66	洪都公司	实用新型	2014.05.14	CN203891685U	一种下翻式飞机舱门结构
67	洪都公司	发明	2014.09.17	CN104176244A	一种起落架舱门联动收放装置
68	洪都公司	实用新型	2014.09.17	CN204078066U	一种起落架舱门联动收放装置
69	洪都公司	发明	2015.09.24	CN105113882A	一种电磁吸附式舱门连接结构

（续）

序号	申请人	类型	申请日	公开号	名称
70	逸帆科技有限公司	实用新型	2015.05.05	CN204640773U	一种飞行器逃生舱门吸塑成型模具
71	哈飞公司	实用新型	2012.11.16	CN202987494U	一种飞机组合式后开货门
72	哈飞公司	发明	2013.04.24	CN104118575A	一种飞机主起落架舱门装配协调台
73	哈飞公司	发明	2014.07.08	CN105235887A	一种舱门钩形限位机构
74	成都飞机设计研究所	实用新型	2014.12.19	CN204433026U	一种舱门收上到位和锁定检测装置
75	成都飞机设计研究所	实用新型	2014.12.19	CN204433027U	飞行器舱门密封结构
76	昌飞公司	实用新型	2012.03.02	CN202483404U	一种新型防水密封胶条
77	成飞民机	发明	2014.10.29	CN104266611A	测飞机应急门止动块卡孔中心线用辅助工具
78	成飞民机	实用新型	2014.10.29	CN204188142U	测飞机应急门止动块卡孔中心线用辅助工具

注:中航通飞:中航通用飞机有限公司;沈飞民机:中航沈飞民用飞机有限责任公司;西飞公司:中航工业西安飞机工业集团公司;上飞院:中国商飞上海飞机设计研究院;一飞院:中航工业第一飞机设计研究院;洪都公司:洪都航空工业集团有限责任公司;哈飞公司:中航工业哈尔滨飞机工业集团有限责任公司;昌飞公司:中航工业昌河飞机工业(集团)有限责任公司;成飞民机:成飞民机有限责任公司

从表14-1得知,从2010年初到2015年底,国内航空研究院所、高校、企业共申报了大约78项舱门专利,其中发明35项,实用新型43项。2010年以前,我国申报的飞机舱门专利较少,2010年后专利申报数量逐年增加,如图14-1所示,这与国家大力提倡技术创新和申请人专利保护观念提升有直接关系。

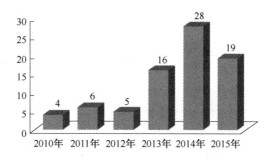

图14-1　国内申请人专利件数年度分布图

国内申请人较集中于从事运输类飞机研发的科研院所、航空制造企业和航空大学。中航工业第一飞机设计研究院（一飞院）、中航工业西安飞机工业集团公司（西飞公司）、中国商飞上海飞机设计研究院（上飞院）位于专利数量的前三位，紧随其后的有西北工业大学、洪都航空工业集团有限责任公司等，专利权人占比如图14-2所示。

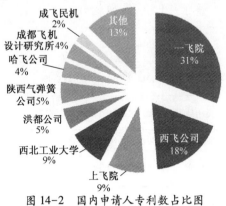

图14-2　国内申请人专利数占比图

14.1.4　国外飞机舱门专利现状

为了更好地了解国外飞机舱门专业的技术发展水平，本节同样通过专利检索的方式进行归纳分析。

通过中国专利数据库，确定以舱门结构、舱门锁机构、锁把手、止动装置、合页、铰链、撑杆、舱门密封、装配等检索词进行检索，筛选得到外国公司在中国申报并得到授权的有18项舱门专利，见表14-2。

表14-2　国外公司在中国申请舱门专利检索一览表

序号	申请人	类型	申请日	公开号	名称
1	波音公司	发明	1996.08.22	CN1174796A	向内向上开启嵌入式飞机货舱门的平衡装置
2	波音公司	发明	1998.05.08	CN1212937A	插塞式翼上紧急出口舱门总成
3	波音公司	发明	2005.01.28	CN1938190A	操纵飞机起落架的方法和系统
4	空中客车德国公司	发明	2005.07.19	CN1997549A	飞机铰链的盖罩装置
5	欧直德国公司	发明	2006.12.02	CN101341069A	飞机门装置以及具有这种飞机门装置的飞机机身
6	空中客车法国公司	发明	2007.09.14	CN101516725A	用于锁定和解锁飞行器驾驶舱门的系统以及包括该系统的门

序号	申请人	类型	申请日	公开号	名称
7	空中客车英国公司	发明	2007.10.01	CN101522519A	用于打开和关闭飞行器门孔的舱门
8	B/E航空公司	发明	2008.09.29	CN101896400A	用于飞机门的组合把手
9	梅西埃-道蒂公司	发明	2009.12.03	CN102239085A	具有双钩机构的起落架舱门
10	梅西埃-道蒂公司	发明	2009.12.03	CN102232038A	滚轴插槽式门机构
11	庞巴迪公司	发明	2012.02.29	CN104144851A	用于飞机舱门的连接组件
12	拉蒂尔-菲雅克公司	发明	2012.10.22	CN103075067A	包括开启延迟装置的飞机舱门紧急开启致动器
13	空中客车德国公司	发明	2012.10.26	CN103085965A	盖板，舱门盖和飞机或航天器
14	欧直德国公司	发明	2013.03.26	CN103362396A	飞行器机舱门的紧急开启系统
15	空中客车公司	发明	2013.08.29	CN103661952A	平衡飞机舱室内过压的系统与方法、飞机门及飞机
16	拉蒂尔-菲雅克公司	发明	2013.10.17	CN104838165A	飞行器舱门操作辅助设备
17	空中客车公司	发明	2014.01.27	CN104015921A	飞行器舱门设备及包括该飞行器舱门设备的飞行器
18	空中客车公司	发明	2014.12.16	CN104709462A	起落架舱门的两个挡板的同时打开或闭合装置

通过表 14-2 可见，国外公司在中国申请的运输类飞机舱门专利类型均为发明专利，近几年基本稳定保持在每年 2~3 件的申请量，申请人集中在美国、法国、德国、英国、加拿大等航空强国的 7 家世界著名飞机制造商，其中空客及其子公司共申报了 7 项专利，占全部 18 项专利的大多数，这与欧洲各国在舱门研发上的强大实力不无关系。外国公司在我国专利申报的年代及申请人统计对比如图 14-3、图 14-4 所示。

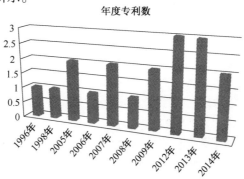

年度专利数

图 14-3　国外在中国申报专利件数年度分布图

361

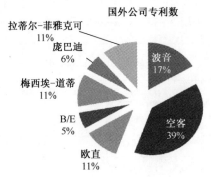

图 14-4　国外公司在中国拥有专利件数占比图

可见，大多数专利是在 2005 年以后申请的，这一时期正是我国 ARJ21 新支线飞机研制期间，随着我国 C919、MA700 等运输类飞机陆续开展研制，国外制造商在中国稳步推进舱门知识产权保护。

从专利技术内容来看，国外公司对翼上应急门技术保护明显，波音和庞巴迪各有 1 项专利，几乎对整个舱门做了专利申请保护。对于最新的复合材料舱门结构制造技术，欧直德国公司也及时做了专利申请保护，而对于考虑舱门是否锁闭到位进行的机舱的应急泄压或余压控制国外公司也有新的技术，同样做了专利保护。

值得一提的是，舱门的作动系统专利保护也很明显，表现在飞机主制造商对系统的定义和作动器厂家实施方案两者同时申请专利保护。对于提升式舱门结构上部增加的盖板与飞机机体之间贴合方法有两项专利做了保护，小小盖板也大藏玄机。

据不完全统计，国外舱门专利大约有 183 项，分布在约 18 个国家和组织。美国为舱门专利保护竞争最为激烈的国家，共有 68 项，其中本土企业拥有 32 项，境外企业拥有 36 项，本土以波音公司为首，境外以空客母公司及法国、德国子公司以及诸如拉特尔公司等的一级供应商为首，航空强国在飞机舱门间的技术竞争可见一斑。运输类飞机舱门专利在国外及欧洲专利局 EP、世界知识产权组织 WO 分布统计如图 14-5 所示。

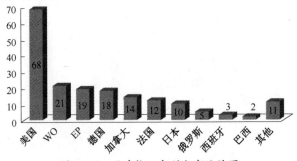

图 14-5　国外舱门专利分布统计图

按照年代统计,舱门专利分布如图 14-6 所示。由图可见,2002—2003 年、2006—2008 年、2012—2013 年三个时期各国申报专利数量较多,明显与新型飞机投入市场或研制有关。

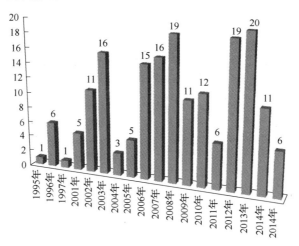

图 14-6　国外舱门专利年代统计图

14.1.5　国内外舱门专利差距简析

我国舱门专利与国外公司的差距,表现在以下方面:

(1)专利的数量较多,但质量不高,新颖性、创新性不足。

(2)部分专利实用价值低,保护意义不大。

(3)发明少,实用新型多,容易被规避。

(4)审查不严,部分专利存在被撤销的可能。

虽然差距明显,但我国对舱门知识产权的保护意识不断加强,专利申报量逐年增加,相信随着我国运输类飞机研制工作不断深入,加强对国外专利技术内容的分析研究,做好专利侵权规避,我国也会产生众多高质量、代表国家舱门研制技术创新成果的专利。

14.2　波音、空客飞机客舱舱门技术发展现状

14.2.1　波音飞机客舱舱门技术发展现状

波音公司研制的 B737、B747、B757、B767、B777 等机型上是传统的金属结构客舱舱门的典型代表。客舱舱门门体结构从以钣金件组合为主(如 B737 舱门)到以机加工整体件组合为主(如 B777 舱门)发展。为了进一步减轻结构重量,

新材料新工艺在舱门上的运用也逐渐加大,波音公司最新宽体飞机 B787 创新地使用了复合材料舱门。2005 年 10 月,萨伯航空结构公司与波音签署协议,负责为 B787 飞机设计并生产复合材料舱门。每架 B787 飞机均安装 7 个外部舱门,其中包括 2 个大型货物舱门、1 个散装货物舱门以及 4 个出入舱门。2006 年第 3 季度,萨伯航空结构公司为波音交付了首批测试用 B787 飞机舱门。波音飞机从 B737 到 B787,舱门机构有继承,但更多的是创新。最典型的继承就是舱门内手柄机构,开闭舱门时,内手柄全部是在基本上垂直框的平面内旋转。机构创新不仅体现在不断满足适航安全性方面提出的新要求,也体现在降低成本、改善维修性与提高人机工效品质。如图 7-1 所示的 B737 登机门,该舱门是堵塞式舱门,布置有上、下折板机构,舱门是侧向翻转式打开。而 B777 与 B787 等新一代飞机的登机门取消了上、下折板机构,舱门也改为平移式开闭。为满足 FAR25-114 修正案中座舱安全增压的要求,B787 飞机舱门采用泄压装置。

14.2.2　空客飞机客舱舱门技术发展现状

空客公司研制的飞机机型有 A300、A320、A330、A340、A350、A380 等及其派生型号,客舱舱门门体材料也同样经历从金属结构向复合材料结构的转变。空客系列飞机客舱舱门机构最典型继承就是内手柄机构,开闭舱门时,内手柄全部是在基本上平行框的平面内旋转,这是与波音系列飞机的明显区别。空客系列飞机的登机门、服务门基本上全部采用平移式开闭机构。

从 FAA 与 EASA 针对舱门的适航要求来看,相关安全性要求大同小异,这也使得这两家公司的客舱舱门设计除各自保留一些较小的技术特征外,总体上技术向趋同化发展。

14.3　TRIZ 创新法在舱门中的应用探讨

据统计,世界上有约 300 种传统的创新方法,这些方法中最常用的是试错法、头脑风暴法等,但这些传统的方法效率低下。苏联的海军专利审查员根里奇·阿奇舒勒在专利审查中,研究分析了成千上万例从世界上顶尖工程技术领域中产生的专利,然后又对这些专利中最有效解决问题的例子进行分析。这项工作使他对技术系统进化趋势的规律产生了最初的理解,也奠定了他创立解决发明问题的分析方法的基础,然后成为著名的 TRIZ(发明问题解决理论)理论基础。TRIZ 原理的核心思想如下:

(1) 很多的方法和原理在发明的过程中是在重复使用的。

(2) 技术系统的进化和发展并不是随机的,而是遵循着一定的客观规律。

在过去的 40 年中,TRIZ 已发展成为解决创造发明难题的一套强有力的实践工具。它以自然科学和工程领域中的科学原理为基础,充分利用相关专业的知识,通过 39 个技术参数概括定义技术矛盾,使用 40 种创新法则中的一种或多种组合法则,从而形成最终的解决方案。

飞机舱门是一个独立的技术系统,包含若干个分系统,如密封组件分系统、机构分系统、结构分系统等。每个分系统又包含多个子系统,如机构分系统包含手柄机构子系统、提升机构子系统、锁定机构子系统等。在舱门的设计过程中,分系统之间、子系统之间经常会产生技术矛盾,如为保证气密与水密,可能要去增大密封组件的压缩量,但会造成在开关门时手柄操作力偏大,又如为减轻重量,将门体承力结构厚度减薄,但可能在充压时门体变形较大,造成密封组件不密封等。

在舱门的设计研制过程中,往往会遇到难以解决的技术问题或矛盾,如气密、水密、舱门机构可靠性、安装调试、隔音降噪、超重、强度、刚度、耐久性、腐蚀、人机工效、工艺性、成本等,这些技术问题或矛盾大多涉及舱门专业的关键技术。当遇到技术问题或矛盾时,可通过 TRIZ 方法的如下三个实施步骤,探索解决方案:

(1)确定需要改善的舱门技术系统的特性。

(2)定义舱门主要技术矛盾。

(3)解决舱门技术矛盾。在技术矛盾索引表查找对应解决问题的一种或多种法则,运用法则逐一提出可行性方案,逐一对方案进行分析论证,直至找到解决问题的最佳解决方案。

在运用上述步骤时,一方面要对舱门的技术系统、分系统、子系统特性的定位要准确;另一方面还要熟悉 40 种创新法则,才能熟练的运用。

名 词 术 语

登机门:乘员或旅客上下飞机的专用门。

服务门:用于供给品补充、垃圾清理等的专用门。

货舱门:用于装卸货物的专用门。

应急门:应急情况下用于人员撤离的出入门。

应急出口:广义上同应急门,狭义上除应急门外还包括应急通道。

泄压门:与舱门锁或闩系统联动的小型压力口盖。在舱门未完全关闭并上闩和上锁时,泄压门开启,限制座舱压力。泄压门可设计成,当舱内压力超过预定值时,阻止舱门解锁、解闩。

气密门:飞机增压舱结构的一部分,能够承受飞机增压气密载荷的门。

起落架舱门:用于在起落架收起后关闭轮舱开口,保证飞机结构外形完整的门。

跳伞门:用于军用运输机乘员空中跳伞时打开的门。

设备舱门:用于飞机上设备安装和维护的专用舱门。

增压舱门:位于飞机机身增压舱,能够承受预定的压差载荷,并能较好地实现气密功能。

全堵塞式舱门:舱门门体结构的尺寸大于机身开口尺寸,舱门为内开式舱门。舱门在关闭位飞机增压时,即使舱门锁机构未上锁,也不会对飞机的安全造成影响。舱门所承受的气密载荷由门体结构上的承力挡块以集中力的形式传递到门框结构上。

半堵塞式舱门:舱门的初始运动一般向内运动。其部分结构边界大于机身净开口尺寸,这里的部分结构边界指的是承力挡块、导槽等。该种舱门在关闭位而锁机构未锁闭时,可能会对飞机的安全造成影响。该类型舱门承受的气密载荷主要由承力挡块传递。

非堵塞式舱门:为外开式舱门,参与机身整体受力。门体结构尺寸不大于机身开口尺寸。只有舱门在完全关闭锁定的条件下,飞机才能增压到不安全水平。舱门承受的气密载荷主要由锁机构和铰链把载荷传递到机身结构上。

平均压力平面:与作用在舱门上的座舱正压合力方向垂直且同向的平面。对于位于机身等直段的舱门,其平均压力平面即为舱门顶部和底部密封边界处外形的弦面;而对于非等直段的舱门,其平均压力平面通过分析定义。

装卸台:也称为斜台,货运飞机后货舱或前货舱门的一个部件,用于货物通过到达货舱地板。

初始打开运动:指通过操作手柄或其他舱门操纵机构引起的舱门运动,该运动旨在将舱门置于远离妨碍舱门继续打开的结构。

内向打开:同机身名义(压力)开口平面方向相反的运动

关闭:门收到门框内,闭锁机构能操作到闭锁状态。全关闭意思是门收到门框内占用本应该改占用的位置并且闭锁机构处于闭锁状态。

闭锁:可移动机构,工作时阻止门打开。

已闭锁:在闭锁操作机构作用下闭锁与其配合结构完全工作并保持其位置。

闭锁系统:闭锁操作机构和闭锁。

锁:机构元素,附加于闭锁机构,监控闭锁的位置,工作时阻止闭锁运动。

锁定:锁完全工作。

锁系统:锁操作系统和锁的统称。

闩系统:闩操纵机构和闩的统称。

止动块:固定于门或门框上,彼此相互接触,限制门方向性移动。

门操作状态:门关闭、闭锁、锁定操作时的状态。

人为疏忽操作:一种不经过思考或无意识的动作。

适航性:依照批准的用途和限定范围(对民用飞机在预期的使用环境中和在经申明并被批准的用途和使用限制之内),航空器(包括其部件和子系统的性能各操纵特点)能安全地实现、保持和终止飞行的特性。始终保持符合其型号设计标准和始终处于安全运行状态是保持航空器适航性的两个要素。

型号合格审定:是中国民用航空局(CAAC)对民用航空产品(指航空器、发动机和螺旋桨)进行设计批准的过程(包括颁发型号合格证、型号设计批准书及对型号设计更改的批准)。

符合性验证方法:型号合格审查过程中,为了获得所需的证据资料以表明适航条款的符合性,申请人通常需要采用不同的方法,而这些方法统称为符合性验证方法(简称符合性方法)。

许用值:在一定的载荷与环境条件下,由试样、元件或细节件等试验数据,经统计分析后确定的性能表征值。

设计值:材料、结构元件和典型结构件性能。这些值已经由试验数据确定并选择以保证整个结构完整性具有高置信度。最通常,这些值以许用值为基础,根据实际结构情况进行调整而得到,并用于安全裕度计算分析。

安全裕度:设计值(许用应力或应变)减去工作应力或应变的余量与工作应

力或应变之比。正值表示满足设计要求,负值表示不满足设计要求。数值大小表示承载能力的余度或缺额。

限制载荷:服役使用中预期的最大载荷,即飞机应能承受可能出现的最大载荷,有可能在全寿命期内只出现一次,对应于可接受的风险程度。

极限载荷:限制载荷乘以规定的安全系数所得到的值。

安全系数:为消除不确定因素(如难以发现的制造缺陷、使用损伤等)对飞机安全的影响,结构设计时对载荷采取的放大系数。飞机结构一般采用安全系数1.5。

强度:构件在载荷、环境作用下抵抗破坏和保持安全工作的能力。

刚度:构件在载荷、环境作用下抵抗变形的能力,具体指产生单位位移所需要的载荷值。

稳定性:表征结构受载变形后所处的平衡状态的属性,指构件应有保持其原有平衡形态的能力。

破损安全:在主结构元件全部或部分破坏后,在一段维修使用期内结构保持其要求的剩余强度的一种结构属性。

损伤容限:结构遭受定量的疲劳、腐蚀、意外或离散源损伤,在使用期内,结构防止损伤增长到灾难性破坏的能力。

偶然损伤:结构与飞机以外的物体接触、相碰,或其他的影响,或飞机制造、使用或维修过程中的人为差错所造成的。此类损伤来源包括地面和货物运输设备、外来物、雨水的侵蚀、冰雹、雷击、跑道碎物、渗漏、冰冻、融化以及不包括在其他损伤来源中的在飞机制造、使用、维修过程中的人为差错。

环境损伤:由于结构所处的环境或天气因素导致发生化学反应或电化学反应造成该结构的物理特性退化进而造成强度或抗失效能力的下降,包括腐蚀与应力腐蚀。

疲劳损伤:初始裂纹或由于交变载荷及持续扩展而造成的裂纹。

无损检测:不破坏结构的检查方法,包括着色渗透、X射线、磁粉、超声波、低频涡流和高频涡流等方法。

结构优化设计:在规定的强度、刚度、寿命、可靠性、工艺要求和环境条件等多种设计约束条件下,主要以减轻重量为目标的一种结构设计的原理和方法,又称结构综合设计。

可靠性:产品在规定的条件下和规定的时间内,完成规定功能的能力。

固有可靠性:设计和制造赋予产品的,并在理想的使用和保障条件下所具有的可靠性。一般合同中多采用这类指标,如平均故障间隔时间。

使用/任务可靠性:产品在实际的环境中使用时所呈现的可靠性,它反映产品设计、制造、使用、维修、环境等因素的综合影响。对于民用飞机常选签派可靠度或延误率。

结构可靠性：结构在规定的使用条件和使用环境下，在给定的使用寿命期间，结构有效地承受载荷和耐受环境而正常工作的能力。

机构可靠性：机构在规定的使用条件下是规定的使用时间内，为实现其规定功能，而使其性能保持在允许值范围内的能力。

可靠度：产品在规定的条件下和规定的时间内，完成规定功能的概率。

可靠性分析：根据新产品已经设计好的图纸、数据、技术说明书及有关的统计数据，用计算的办法得出其可靠性度量值。它可以是要求寿命下的度量值，也可以是给定可靠度下的寿命值。也可以对现有产品进行可靠性分析。

可靠性分配：将整个系统的可靠性需求转化为特定的低层次需求，如分系统或构型项级。

可靠性预计：从组成系统的元件级开始，由下至上逐级估计部件、设备、分系统，直至系统可靠性的一种工程设计手段。

失效：影响到部件、零件或元件操作，以至无法实现预期功能的事件（包括丧失功能和故障）。注意：错误可能引发失效，但错误不认为是失效。

结构失效概率：结构在规定的使用条件和使用环境下，在给定的使用寿命期间，结构不能有效承受载荷和耐受环境而正常工作的概率。

故障模式及影响分析：分析产品中每一个潜在失效模式并确定其对系统的影响，以及把每一个潜在失效模式按它的危害程度进行分类的一种分析技术。

故障树分析：在系统设计过程中，通过对可能造成系统故障的各种因素（包括硬件、软件、环境、人为因素等）进行逻辑因果分析，画出逻辑框图（故障树），从而确定系统故障原因的各种可能组合方式及其发生概率，并计算系统的故障概率，采取相应的纠正措施，以提高系统的可靠性、安全性的一种设计分析方法和评估方法。

安全性：产品可能产生的风险低于风险边界的技术过程或状态。风险边界即为可接受的风险的上限。

功能危险评估：对产品的功能进行系统、综合的检查，按其严重性对这些功能的失效状态进行识别和分类。

初步系统安全性评估：在功能危险性评估和失效状态分类的基础上，对提出的系统构架和其实施进行系统性的评估，以确定对架构中产品的安全性要求。

系统安全性评估：对于已经实施的系统进行系统性的、全面的评估，以表明相关安全性需求得到了满足。

区域安全性分析：对系统的安装、系统之间的交联以及潜在的维修错误进行检查的一种安全性分析标准。

共因:破坏系统冗余或独立性的失效或事件。

共因分析:区域安全性分析、特别风险分析以及共模分析的通称。

共模:同时影响多个元件的事件,否则被认为是独立的。

共模分析:用以验证飞机安全性评估/系统安全性评估中确定的失效事件在实际实施过程中独立性的一种分析方法。

参 考 文 献

[1] 飞机设计手册编辑委员会. 飞机设计手册:第 10 册、第 20 册[M] 北京:航空工业出版社,2000.

[2] 中国民用航空总局. CCAR21-R3,中国民用航空规章第 21 部:民用航空产品和零部件合格审定规定 [S]. 中国民用航空总局, 2007.

[3] 中国民用航空总局. CCAR25-R4 中国民用航空规章第 25 部:运输类飞机适航标准[S]. 中国民用航 空总局,2011.

[4] FAA AC25-17A, Transport Airplane Cabin Interiors Crashworthiness Handbook[S]. US. Department Of Transportation,2009.

[5] FAA AC25-783-1A, Fuselage Doors and Hatches[S]. US. Department Of Transportation, 2015.

[6] FAA AC25-785-1B, Flight Attendant Seat And Torso Restraint System Installations[S]. US. Department Of Transportation,2010. 5. 11.

[7] FAA AC25-795-2A, Flight Deck Penetration Resistence[S]. US. Department Of Transportation,2008.

[8] FAA AC25-803-1A, Emergency Evaluation Demonstrations[S]. US. Department Of Transportation,2012.

[9] FAA AC25-807-1, Uniform distribution of exits[S]. US. Department Of Transportation,1990.

[10] SAE ARP488D, Exits and Their Operation – Air Transport Cabin Emergency[S]. Revised 2000.

[11] HB8397-2013,民用运输类飞机应急撤离的安全要求[S]. 北京:中国航空综合技术研究所,2013.

[12] 牛春云. 实用飞机结构工程设计[M]. 北京:航空工业出版社,2008.

[13] 朱岩,王卯升,罗涛. 货机货舱门结构和机构优化设计[C],Altair 2012 HyperWorks 技术大会论文 集. 上海:2012.

[14] 郭琦,任舜. 某型飞机前服务门强度刚度分析与结构改进[C]. Altair 2012 HyperWorks 技术大会论 文集,上海:2012.

[15] 王卯升,朱岩. 某型机登机门机构优化分析[C]. Altair 2012 HyperWorks 技术大会论文集. 上 海:2012.

[16] 杨建忠,等. 运输类飞机适航要求解读:第 3 卷[M]北京:航空工业出版社, 2012.

[17] 徐李石,孙欢庆. 舱门信号控制系统设计[J]. 航空制造技术, 2012(9).

[18] 朱新宇,王有隆,胡焱. 民航飞机电气仪表及通信系统[M]. 西安:西安交通大学出版社, 2006.

[19] 中国航空工业总公司. 货运飞机专用技术设计指南[M]. 北京:航空工业出版社,1997,3(1).

[20] MacArthur Job. Air Disaster, [J]. Aerospace Publications Pty. Ltd. (Australia),2001,1:127-144.

[21] 冯蕴雯,姚雄华,薛小锋,等. 民机舱门安全性分析方法研究[J]. 西北工业大学学报,2013,31(5): 803-809.

[22] 顾井峰,冯蕴雯,冯元生. 任意空间四连杆机构运动精度及其可靠性分析[J],机械科学与技术, 2013,315(5):813-816.

[23] 张浩,冯蕴雯,薛小锋. 基于气密载荷作用的飞机舱门可靠性分析[J],航空计算技术,2012,421 (1):46-49.

[24] Shi X Q, Pang H L J,Zhang X R. Investigation of long-term reliability and failure mechanism of solder in-

terconnections with multifunctional micro-moiré interferometry system[J]. Microelectronics Reliability, 2004,44(5):841-852.

[25] Koo H J Kim Y K. Reliability assessment of seat belt webbings through accelerated life testing[J], Polymer Testing,2005,24,(3):309-315.

[26] Wu Jianing,Yan Shaoze,Xie Liyang,Reliability analysis method of a solar array by using fault tree analysis and fuzzy reasoning Petri net[J]. Acta Astronautica,2011,69,(12):960-968.

[27] Martin P. Review of mechanical reliability[J]. Process Mechanical Engineering, 1998,212:281-287.

[28] 冯元生. 机构可靠性理论的研究[J]. 中国机械工程,1992,(3).

[29] Wang Jinge ,Zhang Junfu,Du Xiaoping. Hybrid dimension reduction for mechanism reliability analysis with random joint clearances[J]. Mechanism and Machine Theory,2011,46(10):1396-1410.

[30] Kim K,Song W J,Kang B. Stochastic approach to kinematic reliability of open-loop mechanism with dimensional tolerance[J]. Applied Mathematical Modelling,2010,34(5):1225-1237.

[31] Lin Qing,Nie Hong,Ren Jie,et al. Investigation on design and reliability analysis of a new deployable and lockable mechanism[J]. Acta Astronautica,2012,73:183-192.

[32] Masayoshi Misawa. Deployment reliability prediction for large satellite antennas driven by spring mechanisms [J]. Structural Dynamics and Materials Conference,1993,4.

[33] Bocchetti D,Giorgio M,Guida M,et al. A competing risk model for the reliability of cylinder liners in marine Diesel engines[J]. Reliability Engineering & System Safety,2009,94(8):1299-1307.

[34] SAE ARP4761. Guidelines and methods for conducting the safety assessment process on airborne systems and equipments [S]. America:The Engineering Society For Advancing Mobility Land Sea Air and Space,1996.

[35] 刘维信. 机械可靠性设计[M]. 北京:清华大学出版社,1996.

[36] 张英会,刘辉航,王德成. 弹簧手册[M]北京:机械工业出版社,2008.

[37] 刘文珽. 结构可靠性设计手册[M]北京:国防工业出版社,2008.

[38] 井惠林,赵海龙,王铁军. 考虑铰链磨损时飞机舱门运动精度可靠性研究[J],机械设计,2011,28(4):55-59.

[39] 刘韩巍. 张鹏,运输类飞机舱门增压预防措施分析[J]. 飞机工程,2011,6.

[40] 孙中雷. 飞机装配工艺仿真与可视化技术研究[J]. 现代制造工程, 2006(2): 55-58.

[41] 王云渤,等 飞机装配工艺学[M]. 北京:国防工业出版社,1984.

[42] HB7086-94. 民用飞机气动外缘公差[S]. 北京:中航工业总公司 301 研究所,1994.

[43] 周道生,等 现代企业技术创新[M]. 广州:中山大学出版社,2007.

[44] 阿奇舒勒. 创新 40 法[M]. 成都:西南交通大学出版社,2004.